所罗门的密码

[德] 奥拉夫 · 格罗思（Olaf Groth）[美] 马克 · 尼兹伯格（Mark Nitzberg） 著

董丹丹 译

SOLOMON'S CODE

Humanity in a World of Thinking Machines

中信出版集团 | 北京

图书在版编目（CIP）数据

所罗门的密码 /（德）奥拉夫·格罗思，（美）马克·尼兹伯格著；董丹丹译 . -- 北京：中信出版社，2022.5

书名原文：Solomon's Code: Humanity in a World of Thinking Machines

ISBN 978-7-5217-3503-1

I. ①所… II . ①奥… ②马… ③董… III . ①人工智能 IV . ① TP180

中国版本图书馆 CIP 数据核字（2021）第 178078 号

所罗门的密码

著者：［德］奥拉夫·格罗思 ［美］马克·尼兹伯格
译者：董丹丹
出版发行：中信出版集团股份有限公司
（北京市朝阳区惠新东街甲 4 号富盛大厦 2 座 邮编 100029）
承印者：嘉业印刷（天津）有限公司

开本：880mm×1230mm 1/32 印张：11.25 字数：257 千字
版次：2022 年 5 月第 1 版 印次：2022 年 5 月第 1 次印刷
京权图字：01-2020-0559 书号：ISBN 978-7-5217-3503-1

定价：69.00 元

本书献给我们的孩子们——汉娜·格罗思·里迪、菲奥娜·格罗思·里迪、亨利·尼兹伯格和塞西莉·尼兹伯格：

愿智能机器时代为你们的人生赋能

目 录

第二章　一种新的力量平衡

第三章　共生思想

第四章　智慧世界的前沿

第五章　全球人工智能群雄逐鹿

第六章　潘多拉魔盒

推荐序

詹姆斯·斯塔夫里迪斯

《海权：海洋帝国与今日世界》[①] 的作者

美国塔夫茨大学弗莱彻学院院长

从美国海军学院毕业后，我在公共服务领域工作了40年，长期以来一直在分析公共服务领域面临的机遇和威胁，并领导了大量的工作以抓住机遇、减轻威胁。我很幸运能够与美国及其盟国政府中的许多令人敬佩的同事共事。我们一起经历了冷战、冷战后的恐怖主义威胁，以及此后几年地缘政治和地缘经济格局加速变化等不同时期。如今，随着数字技术的迅猛发展，全球变革进程的加速促进了各国的和平与繁荣，但它同时也是一种威胁。我们已经看到，技术的发展在近代史上促成了一系列关键性转变：从两极分化的世界，到出现众多新参与者的多极全球秩序；从模拟经济到数字经济，达到了前所未有的连通性和匿名性；从技术为精英服务到技术为大众服务，带来了全新的教育和参与方式；从体力劳动者到脑力工作者，产生了新的工作和收入分配方式。

---

① 此书已由中信出版集团于2019年出版。——编者注

目前，我们正处于第五次巨变之中，即从纯线性计算系统过渡到更具认知能力的拟人技术。神经网络和机器学习技术的应用使计算机系统能够在最少的监督下进行学习，识别复杂的模式，并向人们提供建议和决策。有些决定只是一些细枝末节的小事，为我们的日常生活带来了一点儿便利；有些决定则会对世界各地的人们产生举足轻重的影响。这两种类型的应用都在飞速增长，主要由商业界和政界参与者悄无声息地推动着。他们中的大多数人都怀有崇高的目标，想要让这个世界变得更美好。在很大程度上，世界确实变得更好了。但即便如此，这些先进的认知技术所带来的影响深远的连锁反应和出人意料的后果，使它们既是人类的灵丹妙药，又是潘多拉魔盒。

十多年前，作为一名军队指挥官，我远程监督遥控飞机在伊拉克、阿富汗和非洲之角进行空袭。这些系统非常高效，并降低了附带损害的可能性。几年后，作为一名四星上将和北约指挥官，我在利比亚也大量使用了同样的技术。2011 年的战役是人类历史上重大空战中附带损害最少的战役。但每一次行动，我们都坚持让至少一人处于整个行动流程之中。那时在我看来，如果我们决定将人类排除在整个流程之外，我们迟早要面对一些关键的技术、伦理道德的问题。如今兴起的相关讨论其实已经酝酿很长时间了。

类似的关键性讨论正在人工智能技术的各个领域展开，我们都将参与到这些讨论中来。当利用人工智能多方位分析知识、形成新的见解和智慧时，它们就成了那些掌权者手中强大的指挥和控制工具，而不了解这些认知系统的人将处于绝对的劣势。这种权力的不平衡展示了这一迅速扩张的领域的阴暗面。但我们必须记住，权力也在于这些新兴的人工智能模型能否整合各种数据流，并为棘手的复杂问题提供可行的解决方案。人类用来研发人工智能技术的非凡能力突破了人类大脑的限制，弥补了人类的弱点，这也是这个新的认知时代所带来的光明一面。

我们可以想象一下人类在保护自然资源和防止气候变化方面所面临的复杂问题。在美国，当我们寻求更公平的医疗保健方式时，我们总是把这个问题看作金钱和福利之间的零和博弈，往往忽视了更全局化的视野，放弃了更加健康的生活。那么，现实生活中的多样性和生产力所带来的种种挑战我们又该如何应对呢？这是一项难以平衡的难题，使我们长时间陷入刻板印象和疏远之中。所有这些重大挑战的复杂性可能会让我们不堪重负，所以我们往往会寻求简化思维，找到快速而简单的答案。

在我们的生活和工作中，所有人都必须处理那些使大脑达到极限或超越极限的难题。我在职业生涯中也遇到过类似的难题，无论是作为一名驱逐舰舰长，还是作为一名最高指挥官，无论是作为一名世界一流学院的院长，还是在日常生活中作为父亲和丈夫，无一例外。但让我们成功的是我们的适应性和可塑性，即我们能将这些挑战转化为个人和社会成长的新视野。在这方面，人工智能和认知计算系统能够帮助我们做出决策，带来巨大的收益。

想象一下，一个复杂的人工智能系统可以预测出下一次世界粮食危机将在哪里发生，然后重新调整全球供应链，先发制人地解决瓶颈问题。事实证明，我们已经在着手研究这个问题了。想象一下，以人工智能为基础的心理健康干预措施可以大幅降低精神病患者的自杀率。已经有聪明人在研究这个问题了。我们正在开发新技术，帮助文盲通过计算机视觉技术参与经济活动。开发人员已经创建了一些方法，采用更有趣、更个性化、更高效的方式来教儿童学习语言、数学和其他科目。一些研究人员正在研发创新的激励机制来帮助雇主激励员工，让他们的工作更有意义，并为他们提供更深层的使命感。还有一些人击败了网络恐怖分子，利用认知计算系统来预测恐怖分子的攻击模式，从而对攻击做出迅速反应。

这些发展让我备受鼓舞，但作为一个过去几十年来一直致力于保护和领导人们的人，我知道，如果人们被错误的价值引导，那么权力和信任就会被滥用。在抵达光明之前，人们必须先穿过黑暗。这就是为什么我们需要设计和应用这些认知技术，使它们为全人类服务，而不仅仅是为权贵服务。我们要确保收获有益的结果，利用这些认知技术的潜力，限制它们的破坏力，我们需要再次广泛号召世界精英开展全球协作。我鼓励大家参与其中，成为这一过程的一部分。

如果我们希望人工智能系统给人类提供指导，那么我们必须首先确保人工智能系统了解我们，反之亦然。在这方面，我们还有很多工作要做。人工智能系统需要反映人类的推理方式，同样重要的是，它们应该以人类可以理解的方式解释自身的决定和行动，尤其在生死攸关的重大决定上。它们应该建立相应的可行性创新机制，对用于分析和学习的数据进行检查并纠正偏差。它们不应该被用于压迫他人、歧视少数族裔或者欺骗和利用那些缺乏数字化经验的人。

《所罗门的密码》是我读到的第一本全面系统地描绘人工智能系统的书籍。这本书阐述了智能机器如何在世界各地创新发展，以及由此形成的价值、权力和信任在不同社会形态所表现出的不同形式。奥拉夫·格罗思和马克·尼兹伯格两人为我们的思想构建了一部预告片，勾勒出了未来10~15年认知系统影响人类生活的可能路径。两位作者描绘了一幅宏大的未来愿景，并说明了我们需要做些什么来实现这一愿景。他们并不回避我们在前进过程中所要面对的危险和陷阱，所以他们描绘了一个充满希望、妙趣横生，又困难重重的未来。同时，他们并没有陷入不切实际和过分简化的乌托邦或反乌托邦的幻想之中。

这是一种负责任的领导力，它适用于战场上的士兵、经济利益相关者、接受教育的学生，以及我们所有公民。如果我们想要进入人类发展的下一个阶段，那么设计和控制新一代智能机器的人必须要拥有同样的领导力。

前言

曾经辉煌一时的人工智能故事如今听起来已经不足为奇。在机器人看起来和听起来像人类之前，它们就已经开始自动化工作，并颠覆了一些行业。人工智能虽然还未将自动驾驶汽车送上高速公路，但它已经帮助人类驾驶员绕过交通拥堵的路段。人工智能虽然还未直接植入人类的大脑，提升我们的思考能力，但它已成为人们的私人助理，能够回应我们的语音，和我们交谈。虽然之前的人工智能故事预示着我们的生活将会突然被彻底改变，但今天人工智能正在渐进式地兴起，而非爆发式地一夜改变。

如今，人工智能在我们的生活中无处不在，而且未来也不会消失。当然，我们今天所说的智能机器，可能在明天看来就是僵硬刻板的了。但是，人工智能在计算能力、大规模数据采集的可用性，以及工程和科学上的突破，已经使人工智能从早期的莱特兄弟时代跃升到了美国国家航空航天局的高度。随着研究人员不断巩固强化人工智能所依赖的基本元素，越来越多的公司将把智能机器整合到他们的产品和服务中，进而使其深入我们的日常生活。

这些进步和发展将继续以或激进或平凡的方式重塑人类的存在，而它们的持续出现将会引发更多的新问题，不仅关于智能，还涉及人性的本质。我们这些没有深度参与这一领域的人可以被动地当一个旁观者，随波逐流，或者我们可以记录一个关于人类与机器共存的故事。这就是本书要做的：帮助各位读者应对日益强大的人工智能技术将会带来的社会、伦理、经济和文化困境。这本书阐述了人工智能将如何迫使我们去思考智能、人性和自动化究竟意味着什么，以及人性如何让我们质疑人工智能能否做出有道德意识、有同情心的决策，而不仅仅是实现无情的高效。

这些问题将挑战人类对价值、权力和信任的理解。价值、权力和信任，是我们在《所罗门的密码》整本书中反复涉及的三个主题。书名中的所罗门王指的是《圣经》中的一个人物，他是财富和伦理智慧的原型，但也是一位有缺陷的领导者。当我们编写为未来的人工智能系统提供动力的计算机代码时，我们应注意到所罗门王的警世故事。他所建立和统治的王国发生了内讧，这很大程度上是由于他自己的罪恶。随着所罗门王国土崩瓦解，人们进入了一个暴力动荡和社会衰落的时代。天赐的智慧被浪费了，社会为此付出了沉痛的代价。本书认为，如果在设计下一代人工智能时以智慧和远见行事，从错误中吸取经验与教训，人类就能实现繁荣昌盛。毕竟，我们已经在着手处理这些先进技术为我们的价值、权力和信任带来的新考验。世界各地的政府、公民和企业都在讨论保护个人数据的问题，并努力就个人隐私和安全方面的价值观达成一致。谷歌的 Duplex（智能电话助手）可以自动拨打以假乱真的语音电话来帮用户预订餐厅，而亚马逊的 Alexa（智能音箱）可能会不小心听到用户的私密对话。这样的例子不禁让人心有余悸，人们究竟能对人工智能系统有多少信任？美国、中国、欧盟等已经在寻求利用这些先进技术来扩大自己的影响力和权力，这可能有助于应对气候变化，但也同样有可能导致更多国家干涉别国内政。

与此同时，从技术上来说，随着这些系统获得越来越多的认知能力，它们也许能在一定程度上反映我们所说的“意识”，或有能力对其行为和所处的环境做出反应。如果我们能首先在人工智能开发人员和他们所创造的系统中灌输良知，那么我们就会实现共赢，这样我们就可以确保这些技术以有益的方式影响我们的生活。要实现这一点，我们必须携手合作，参与公开的对话，制定新的政策，教育自己和子女，开发并遵循一套全球协作达成的开放道德规范。无论人工智能未来将带我们走向何方，我们必须创造一个包容和开放的社会环境，使个人和公司都能提高生产力，提升专业水平和个人满足感，推动人类进步。

人类与生俱来的大无畏的探索精神，以及对发展和进步的渴望将继续催生人工智能的革命性新应用。现在这个“妖怪”已经跳出了瓶子，它可能会带来未知的风险和回报。如果我们想努力建造一台能够促进人类更快发展的机器，那么我们必须关注人工智能如何以微妙的方式改变人类的价值、权力和信任。要做到这一点，我们应该了解人工智能将如何帮助我们更好地理解人类自身。

第一章

当人类遇见机器

人们总是在幸福的无知中度过一生。从很多方面来说，我们的身体和生活就像一个黑匣子。当疾病或灾难来袭时，我们总觉得这是一个意外的不幸。无论是好是坏，我们都在摸索前行，在试错中发现自己的长处和短处。但是，当我们开始采用智能算法生成的观点来填补我们世界的未知时，会发生什么呢？也许我们会惊奇地发现人工智能的强大威力，它能强化我们的长处，改进我们的不足，化解生活中的种种威胁。但我们也可能会因为信任人工智能而限制自己的选择，放弃人生的各种可能性。如果我想要做一个有风险的选择，那么我是否可以完全由自己说了算？我的雇主是否会因为我没有选择一条最保险的道路而歧视我呢？我们是否要因噎废食呢？

等到15年后，当人工智能技术渗透到我们日常生活的方方面面时，我们的生活究竟会发生什么样的变化呢？

* * *

突然，阿娃家中的人工智能系统传来了闹铃声，而且声音越来越响，催促她起床。她翻了个身，用枕头蒙住了头。尽管她心里明白，智能助手也在不断提醒不能喝酒，但是昨晚临睡前的最后一刻，她还是忍不住喝了一杯伏特加，因为她恨透了这一天——30 年前的今天，她母亲被诊断为患有乳腺癌。现在，宿醉后的头疼让她整个早晨痛苦不堪。窗帘缓缓打开，卧室灯光渐渐变亮，但这些都无济于事。“好了，好了。我起床了。”她一边咆哮着，一边一只脚踩在地板上。阿娃站起身，慢慢地走向浴室。智能助手在一旁默默地提醒她：今天去做肿瘤筛查。

到目前为止，医生和他们的诊断机器人都还没有认为有采取行动的必要。但是阿娃知道，鉴于母亲的病史，自己患乳腺癌的风险会更高一些。她想，自己才 29 岁，不应该担心这个。她的母亲确诊时，已经怀上了阿娃。因此，当时真的是一个晴天霹雳。她的父母感到手足无措，不知该如何应对癌症和即将到来的婴儿。他们痛苦万分，直到遇见了一位改变一切的医生。从那以后的 20 年里，人工智能和生物医学方面的技术突破根除了许多严重的疾病，而且在之后的几年中，医药科学好像又攻克了一些新的疾病。阿娃还记得，当年人工智能对疾病的识别和预测准确率已经达到 50%。如今，这一准确率已经上升到了 90%，大多数人相信机器能做出关键性的判断（虽然他们还是希望房间里能有一位人类医生在场）。

阿娃回到了现实生活中：“我该死的钥匙在哪儿呢？”

一个耐心的虚拟声音提醒道：“你把钥匙和太阳镜忘在厨房的台子上了。我来为你叫一辆车。”

她露出了嫌弃的表情：“我要更改你的语音设置，你听起来还是太像前男友康纳了。”现在没有时间了，她走出房门，去找医生。如果可以，她会选择跳过预防性检查，但这样她会失去健康保险。所以今天，她需要完成所有的检查流程。

几个小时后，阿娃坐在咨询室里，头疼终于慢慢减轻，但她心中的焦虑并未消散。“对不起，来晚了，”说话间，医生轻轻地走了进来，坐下来说道，“目前看起来一切都好，但我们注意到，你的生物标记物里开始出现一些变化。健康扫描检查显示，和你拥有一样的生物标记物和遗传特质的病人中，大约 78% 的人会在 10 年内患上癌症。所以，我们该考虑采取一些预防措施了。”

阿娃很冷静地听着医生的理性分析，因为她对这个消息早有预料。她知道，鉴于家族病史，她有很大概率患上癌症。然而，当她真正听到“癌症”这个词的那一刻，她还是像挨了当头一棒，脑子一片空白，之后才慢慢缓过神来。医生微微向前，一只手搭在阿娃的前臂上。阿娃再一次想起来，自己为什么一直来找她。医生说：“从现在到将来出现肿瘤，我们还有充裕的时间，我们有很多选择。”

阿娃开始松了口气，试着说服自己相信这是件好事：所有的检查和机器在她缺少选项之前，就发现了这个问题。医生对着墙上的大屏幕点了点头，墙上随即弹出了为阿娃量身定制的病人档案。几秒钟后，阿娃手腕上的健康监测器成功连接并上传了她的实时生物数据。前男友康纳的声音又出现了，这个略显别扭的声音让她确认："你确定授权病人档案获取你的个人数据吗？"

各种治疗方案填满了屏幕，医生开始解释道："你打算要孩子吗？研究表明，妊娠相关的激素可以有效阻止某些乳腺癌的发展。如果你未来 10 年内有了孩子，最佳模型显示，你罹患癌症的概率将会下降到 13% 左右。但是基于你的家族中存在的癌症类型，我们会为你提供一套量身定制的激素疗法。你现在就可以开始接受治疗，那样它的效果会更好，而且不会像你母亲当年接受的激素药量那样猛烈。副作用会有一些，但对大多数病人来说是非常轻微的。这些药物将使你患癌症的概率降低到 20% 以下。如果你选择了这两个疗法中的任意一种——生育孩子或是激素疗法，并换上乳房假体，那么在接下来的 8 年里，你患乳腺癌的概率基本为零。"

医生注意到阿娃皱起了眉头。"你并不需要马上做决定，回去之后好好考虑一下。你可以在自己的病人档案上随时查看所有的治疗方案。当然，你也要花几天时间来看看这个免责条款。如果你愿意，那么我们将开始搜集关于你的家庭和你的生活习惯的数据，通过你的健康管家和它与你的生活相关联的日常生活用品，如冰箱、卫生间及活动传感器床垫等，来搜集关于环境质量、饮食和锻炼情况的常用数据。这可能会吓跑某些人，但这种监控有利于我们提出一些改善你生活方式的小建议，从而提高治疗的成功率。一旦有了数据，我们就可以帮你调整日常生活方式，思考如何改善饮食结构，提升锻炼效果。你购买了蓝星保险公司的保险，对吧？他们的‘生存和发展激励计划’为参与环境和健康监测的用户准备了一大笔奖励金。你虽然放弃了一些控制权，但说到底，我们是为了你的健康着想呢。”

医生笑了笑。阿娃打了个寒战。她对医生描述的治疗方案不太关心。回家的路上，她一直在想，这个诊断会对她的梦想产生多大的影响：“我的患癌倾向会使我失去赴南极旅行的资格吗？我个人感觉挺好的，但我没有大把的钱。如果我选择过几年再开始预防性治疗，保险公司会提高我的保费吗？如果我的老板发现了怎么办？他们是会辞退我，还是给我换个岗位？那么埃米莉呢？我是否应该告诉我的爱人、伴侣，说我如果不调整现在的生活方式就可能会患上癌症？她还会想要买下山上的那套公寓吗？”

埃米莉会离开我吗？阿娃对医生描述的治疗方案不抱任何幻想。当然，这样做会延长她的寿命，但这也意味着向机器交出生活的控制权，如果她不同意，她将付出经济和个人代价。回家路上，她的智能助理开始向她描述这一治疗方案。阿娃慢慢意识到，这个方案是多么面面俱到。保险公司和医生会为她制订一个全方位的治疗方案，综合考虑了她的情感健康，甚至考虑了她和哪些朋友出去玩。她的闺密之夜不可能再玩儿得那么嗨了，至少不会像昨晚那么嗨了。阿娃是否要重新审视一下自己的整个社交生活、朋友圈和时间安排，来做出更加健康的选择呢？她可能不得不改变自己的家庭生活环境，来最大限度地配合激素治疗。她可能不得不减少来自工作的压力，甚至换个新工作。

她的大脑飞速运转："我是不是得放弃印度的阿育吠陀草药疗法，因为它从科学上还未被证明可以将我的患病风险降到最低？我也可以搬到德国，因为那里的监管机构承认阿育吠陀草药疗法，还允许个人的人工智能助手整合来自印度医学和中医的数据。埃米莉喜欢旅游，但我们还从未想过要去国外生活……"

"够了，"她低声自言自语道，"真是够了。"阿娃深吸了一口气，揉了揉太阳穴。"我现在不能回家，我也非常肯定自己不能集中精力工作了。"她用颤抖的手指翻遍了手包，找出智能助理。她对着那台设备笑了起来，每当她需要人性的关怀，她就会来找它。

"阿娃！怎么了？"

"妈妈？"阿娃说道，声音沙哑。

阿娃的智能助理已经自动拨通了电话，耳机里的传感器第一时间通过她的大脑和皮肤上的微小电磁脉冲接收到了她的焦虑。

智能助理马上找了一位当下最适合的联系人选——父亲或母亲。阿娃甚至记不得自己是否真的确认了连接通话的提示。有时，智能助理会自动打电话，阿娃设定了在自己特别紧张的时候，智能助理可以自动拨号。

通常，从她妈妈用了8年的iPhone（苹果手机）上传来的爽朗问候声和背景噪声让她抓狂。但今天，这真是再温暖不过了。"你爸爸向你问好，"母亲说，"他今天在上海教书。他说给你准备了一份世纪大礼。我告诉他我甚至不关心那是什么。"

"他也收到了提醒？"

“当然，亲爱的。还好你没有把我们删除。你最好不要。你需要你的家人和朋友们。”

“是的，我想是吧。”阿娃说道，声音越来越小。每周，阿娃的智能助理都会问她是否想将接收提醒的列表从家人与朋友改成只有埃米莉。埃米莉一直不理解为什么阿娃不愿做出改变。阿娃试图解释她和妈妈的关系，当她需要一个安慰电话或一句肯定的鼓励时，她需要从多位她爱的人的回应中获得内心的平静。但当初，阿娃是把康纳设为唯一联系人的，而现在她不愿这么做真的让埃米莉很恼火。

妈妈的声音打断了阿娃的思绪：“所以，扎特在伯克利对吧？至少我的手机是这么说的。”

虚拟康纳的声音又开始说话：“我们将在15分钟后到达扎特！”

那是他们最喜欢的午餐地点。他们已经是那家餐馆的老顾客了，从市区开车去那里简直是熟门熟路。扎特餐厅跳出来成为阿娃的最新目的地其实也出乎阿娃的意料，她已经有几个月没有去了，但她的智能助理还是基于语音分析和心理状态给它设定了一个独特的评分。阿娃仍然惊叹于康纳的声音总能给出完美的地点推荐，像过去那样。

当两人在餐厅见面时，阿娃情不自禁地拥抱了她的妈妈。没有什么能比得上真实的身体交流，它能让你感受到另一具身体所带来的温暖、温柔和脆弱。母亲的建议和阿娃的医生及人工智能的推荐完全一样，这些都不重要。情感上的联系和亲情的温度使它变得更加可信。阿娃想，人工智能无所不知，但母亲亲身经历过。

“我活了下来，”她母亲说，“你也会的。现在的康复概率大多了，至少你可以花点儿时间去规划一条更加可预测的道路。天哪，我永远不会忘记当时的情景，当第一位医生告诉我们要终止妊娠时我是多么震惊。”

泪水湿润了阿娃的眼眶，她的母亲继续说：“亲爱的，我绝不会让这种事发生的，绝对不会。当我们和第二位医生交谈时，他意识到这一点是毫无商量余地的，就开始寻找其他选择。好在他当时在一家天主教医院工作，我认为他很理解我如此渴望当母亲的心情，这可能帮我赢得了机会。”她母亲摇摇头，叹了口气，擦去了眼泪。她的眼睛开始盯着阿娃看。“没有什么事情比某人告诉你没有选择更糟糕的了，特别是他们可能是错的。你要照顾好自己，但你也要过自己的生活。”

与母亲分开后，阿娃抬头眺望了远处的群山，微笑着驾车朝她的电影工作室驶去。父母不会永远陪在自己身旁，但在开车过程中她注意到，智能助理如此贴心地根据那些录音、笔记、谈话以及她父母的潜心引导，精心挑选了播放曲目。梅乐蒂·佳朵的《谁会安慰我》的旋律响起，紧接着是康放顺的《与我摇摆共舞》。父亲最爱的音乐都很老了。但是智能助理把她的情绪和父女间互动的数据联系起来，找到了适合她的安慰。“去尽情享受时光吧。”她的助理说道。阿娃甚至懒得去检查究竟是她父亲对她说的，还是人工智能恰好知道他最喜欢的这句话。

她又笑了，沉浸在阳光灿烂的日子里。

在电影工作室里，每次走向办公桌时她都会产生一种感激之情。她一开始接受了一份华尔街的工作，为了金钱和刺激，甚至没有咨询过职业导航系统。如果在搬到纽约之前，她从来没有听从母亲的建议，也没有咨询她的老人工智能助理，那么谁知道她会在那家投资银行度过多少悲惨岁月呢？

幸运的是，职业导航系统以她的热情和对所有生活和环境的喜好为导向，虽然她极力地说服自己去做别的尝试。职业顾问基于他们内置的偏见和不完美的数据告诉她，她是一名科学高手，所以科学相关的工作推荐似乎更适合她。无论如何，这肯定比进投资银行要好。于是，她开始参与一项致力于缓解气候变暖的活动，加入了社会公益项目，并在坦桑尼亚当了一年的公园管理员。那是一段美妙的时光，但她从未对这份工作感到称心如意。她花了一年时间做思想斗争，直到她的人工智能最终为她描绘出一幅真正让她兴奋的生活画面。这是一幅美妙精彩、栩栩如生的工作画面，与她今天所处的工作室并没有太大的不同。这幅画面最终将她带到了纽约大学的写作和导演课程。第一天与同学们出去的夜晚，第一次看到康纳独自坐在酒吧的尽头，她亲吻了她的新智能助理。

从那以后，她的工作发生了巨大的变化。人工智能对用户消费模式、社会情绪波动和政治趋势的看法越来越准确。现在，工作室的人工智能能够提炼出故事，引导情节发展，并为人们的日常生活创造意义。阿娃会把握这些故事的方向，通过富有情感的内容、富有想象力的画面和讲述人类思想与精神的故事来丰富它们。无论如何难以描述，这是在2034年发生的事。

但是，当工作室以及其他许多公司安装了深度人工智能系统时，并不是所有人都能很好地完成整合。阿娃有不少朋友学习了会计、土木工程、药学等专业。他们毕业时就失业了。因为他们突然发现，现在的机器已经可以进行分析、计算，完成各种常规或重复的任务。阿娃依稀记得，多少个漫长的夜晚，她与那些苦苦挣扎的好朋友一起借酒消愁。但是，正是人工智能的预见性帮助阿娃走上了正确的道路。

阿娃开始翻阅工作室下一部动画电影的故事，偶尔停下来记录一些想法。每当她觉得自己受到某个变化的特别启发时，她就会从头开始重新审视修改过的剧情主线。然而今天，她无法与这些故事产生共鸣。她靠在椅子上，将智能助理切换到倾听模式。

她的理财智能助理比索马上说话了："嗨，阿娃。看起来明天市场会反弹。我们注意到，下一季度的地缘政治、生产力和气候预测将会改善。我们还有时间行动。我可以从你的储蓄中拿出2 500美元投入市场吗？你的医疗和通信数据表明，接下来几个月你将减少消费和出行，也许这些钱可以用于股票投资？"

"好的。"阿娃顺从地答道。这是正确的建议，理性而且目的明确，尽管它重新点燃了今天早些时候的焦虑。

"你听起来好像很担心，"她的助理说，"你想和佐伊说话吗？"

啊，佐伊，那位金融心理学家。金融心理学家这一职业直到六七年前才出现。在理财人工智能成为主流之前，没有人需要别人来协助处理面对机器推荐的艰难选择。再也没有投资顾问这一类角色了，至少在阿娃记忆中是没有的。人工智能可以处理所有可量化数据的集合。人们需要的是情感上的智慧来支撑这些选择，并让它们变得吸引人。这些脆弱、复杂、情绪化的动物仍然需要这样的支持。

“我需要喝一杯酒。”阿娃喃喃自语，收拾好了自己的东西，走出了工作室。她爬上山，朝家里走去。尽管她身边有来自机器和真人的各种支持，但她还是觉得自己和以前一样脆弱。这一定是当年利奥的感受，当阿娃走过利奥的旧公寓时，她这样想。多年前，她的大学朋友利奥把自己锁在房间里，喝了一瓶顶级伏特加酒，吞下了一大把药片。那是在10年前，当时，他刚结婚不久，就对“同性恋雷达”应用进行了抨击。该应用可以通过照片识别一个人的性取向，精确度高得令人不安。[①] 离婚之后，他的智能恋爱顾问开始说服他，让他相信自己并不是那个自以为的浪荡公子。即使他曾在抑郁症发作的时候承认自己性取向不明，但他从未接受这一点。

康纳也无法接受。在利奥自杀后的第二天，他离开了阿娃，无法面对或不愿意面对失去朋友的痛苦，以及阿娃的智能助理所表达的她对伴侣选择的模糊性。智能助理曾说过，阿娃的性取向并不像他们中任何一个人所认为的那样简单明确。阿娃告诉自己和康纳，她并不是某种特定类别的人。当她开始更全面地了解自

---

① Heather Murphy, “Why Stanford Researchers Tried to Create a ‘Gaydar’ Machine,” *New York Times*, Oct. 9, 2017.

己时，他们以前所未有的方式起了争执。阿娃手足无措，不知该如何对待康纳。是与他争得面红耳赤，还是压抑自己对两人关系的感觉？利奥自杀以后，一切都不重要了。康纳去了加拿大，伤心欲绝。一年后，埃米莉进入了阿娃的生活。

一想到她，阿娃就笑了。

“我需要改变我的朋友列表设置，”当她走进与埃米莉一起居住的公寓时，阿娃对自己说道，“我还要换掉这该死的声音。”

她的助理询问是否要做这两件事，但她反手关上了它，然后给自己倒上了一杯酒。

她瘫在沙发上，灯光自动变暗，扬声器轻声地发出海浪拍打着沙滩的声音。

当门锁打开时，阿娃已经睡着了。

埃米莉回家了。

人工智能的当下与未来

在未来的几十年里，人工智能将拥有各种令人难以置信的能力，变得越来越强大，这对人类发展提出了根本性问题：机器可能会大大增强人类的能力，但它们也可能会限制我们对自己能力上限的预估，让我们不再相信自己的自我认同和生活态度可能会发生变化，因为理性的抉择可能会让你放弃一些人生选择。到那时，你还能幸福地无知下去，义无反顾地选择在生活的磨难和试错中蹒跚前行吗？

这些不是关于世界末日的问题，机器还没有主宰这个世界。在阿娃和她的世界里，人工智能为她的健康、爱情和事业提供帮助，同时也带来一些问题。虽然这样的日子离我们仍然有些遥远，但是人工智能的应用程序已经控制了我们生活的诸多方面。每一个让我们更靠近阿娃式生活的进步，在当下都很有现实意义。它们可能会给人类带来福祉，使我们的世界更加安全（例如预测犯罪），让人们更加健康（例如识别癌症风险），改善人们的生活（例如更好地匹配工作，或处理复杂的金融交易）。每一项积极的技术进步都可能让人类避免一个严重的错误。但是，这样做可能也会减少意外的发现，剥夺人们从错误中学习和获得情感成长的机会。人生是一场探险，生命的意义在于体验。从这一角度来说，人工智能将改变个体进行自我发现的人类特性。那么，其代价是什么呢？我们又将如何界定人类和机器的边界？如果现在全社会不采取共同行动，未来我们还有可能控制这样的关系吗？

现在正处于智能系统被大规模应用的关键时刻。计算机技术无处不在，数据分析日益复杂，利益冲突的参与者与日俱增。这让我们进入了一个充满活力而又混沌不明的“人类与数字共生”的寒武纪，新的人工智能应用将像数亿年前的物种大爆发一样迎来它们的野蛮生长时期。虽然技术革新将创造不可估量的经济和社会效益，但它们也会为公开透明和公正判断制造巨大的障碍。复杂的算法模糊了选择、影响力和权力的作用机制。回顾2016年的美国总统选举，我们就会发现那时到处充斥着虚假新闻以及俄罗斯黑客的干预。

在这些动荡中，新一轮人工智能的研究和投资热潮开始兴起。神经网络（大体上以人类大脑为模型）的突破使人工智能领域在长期蛰伏之后又开始重新焕发生机。这些技术架构可以使系统在大量非结构化数据集中构建模型，找出其中的规律，通过数据的积累提升性能，快速准确地识别对象。人们甚至不需要对提供给计算机的数据流进行预处理，系统就能完成这一切。

当人工智能网络创造出越来越高的价值，生产越来越多人们每天都在使用的产品和服务，而人类对设计和决策的控制越来越少时，我们的工作和生活将发生天翻地覆的变化。几个世纪以来，技术已经用高产出的工作取代了低效率的体力劳动。但是，经济学家比历史上的任何时候都更加担心：我们是否能以足够快的速度创造新的就业机会，取代因人工智能自动化而失去的工作？我们自己一手创造的成果正在将我们甩在身后，令我们难以望其项背。

人工智能和自动化所带来的破坏性影响已经渗透到了生活的方方面面。机器在我们不知情的情况下就在为我们做决定，不需要我们主动参与，甚至无须征得我们同意。算法会梳理关于我们的综合数据，总结我们过去的模式，以及世界上其他相似人群的模式。我们收到的新闻，是基于自己和同类人在过去的行为中所透露的潜意识倾向而生成的。但这些新闻又反过来塑造了我们的看法、观点和行为。开车时，我们与汽车制造商和保险公司分享自己的行为模式，以获取导航的便利和越来越自动化的驾驶技术。作为回馈，这些技术为我们提供了更加便捷安全的出行体验。大家享受着更加丰富、个性化的娱乐服务和电子游戏。这些生产商对用户的社会经济背景、行为模式和认知、视觉偏好了如指掌。他们利用这些信息进行差异化定价，以适应每个人的感知满意度、对消磨时间的需求度和成瘾程度。某位用户可能花 2 美元就能买下一款游戏，而另一位可能需要花 10 美元。

这些并不意味着机器将奴役人类并剥夺人类的自由意志。我们已经“自愿”接受了许多互联网公司的协议，经常为了获得一些好处，不假思索地同意勾选一堆蝇头小字写成的长篇条款。但是，当人们选择使用的服务越来越多时，人工智能可能会全面介入个人生活，帮人们管理和决定错综复杂的大小事务，让人们过上更加自动化的生活，享受更加便捷的服务，获得更加个性化的推荐。我们不再需要刻意地重新审视每个决定，而是可以相信机器会“帮我们做出正确的选择”。这就是人工智能的魅力之一。可以肯定的是，至少从严格的理性的角度来看，机器比我们更加了解我们自己。

然而，即使我们心甘情愿地参与其中，机器也无法解释理想自我和现实自我之间的认知失调。基于真实行为所获得的真实数据，会让机器将我们束缚在自己的过去，而无法让我们成为自己想要的样子。即使拥有最好的数据，人工智能开发者也可能根据自己的经验来设计算法，无意中创造出一套引导人们采取原本不会选择的行动的系统。如果这样，机器是否扼杀或减少了人们的选择？它是否剥夺了生活中那些意外的惊喜？它是否设计了我们的生活，让我们只遇到和自己相似的人，剥夺了我们与另一群能够碰撞出思想的火花、引发我们深思自省，从而让自己变得更好的人相识的机会？

生活中处处是选择。机器可能基于用户表现出来的价值观，特别是商业喜好，来为用户画像，投其所好，但是机器会忽略用户压抑在心底的其他隐性价值观。机器可能无法解释新信念的出现或人们价值观的改变，甚至可能为了维护我们的安全而牺牲他人的利益，做出我们并不同意的决定。也许更令人不安的是，机器可能会歧视那些不那么健康或不那么富裕的人，因为算法倾向于统计平均值。毕竟，人类是复杂的生物，我们经常会根据当下情况进行利弊权衡。而这些情形对人工智能而言，可能鲜有先例可以参考。

我们也不能假定人工智能可以始终客观高效地工作，丝毫没有偏见或先入为主的想法。虽然机器没有复杂的情绪，也没有人类那样的古怪性格，但是程序员的个人经历、倾向及隐性偏见，或者其雇主的动机，仍然可能会被植入算法，潜移默化地反映在数据集的选择之中。我们已经看到一些例子，即使最善良的意愿也会产生人们意想不到的结果。2016 年，人们抱怨在少数族裔人口较多的地区用优步叫车等待时间过长。那是因为优步的算法以用户需求为导向，导致在该地区加价叫车的情况较少，无法吸引更多司机前往这些地区。[①]

所以，我们应该如何平衡这些经济、社会和政治因素的优先级？上市公司是否会开发一些主要迎合自己的客户、伙伴、管理

① Jennifer Stark and Nicholas Diakopoulos, “Uber seems to offer better service in areas with more white people. That raises some tough questions,” *The Washington Post*, March 10, 2016.

层和股东的人工智能？如果某个人工智能由科技公司、医院和保险公司共同开发，它会始终将病人利益放在第一位，还是会优先考虑一定的经济回报？当军用无人机和警用机器人接收了系统更新，它们会采取防御型的行动，还是进攻型的行动？这些指令是否会随政府的换届而改变？无论在经济、社会还是政治方面，我们都面临关键性的问题，即应该由哪些机构和人员对人工智能与人类的互动负责？没有这一前提，我们永远无法对人工智能抱有足够的信任，充分利用它所带来的无限机遇。

你可能会说，这太复杂了。但是，不管我们是回答这些问题，还是对它们置之不理，机器对生活的影响都在不断扩大。我们无法再把妖怪装回瓶子里了，当然我们也不应该试着那么做。几乎每种场景下的收益都可能是变革性的，它将引领我们进入人类发展的新领域。但是，不要搞错，我们正处在一个进化爆炸的十字路口，这是自寒武纪的物种大爆发以来，地球从未经历过的时代。即将到来的人工智能大爆发将带来巨大的希望和巨大的风险。价值取舍将变得难以琢磨、难以衡量。我们会犯错，会遭受重大挫折。但是，如果人们能够制定清晰的指导方针，首先确保智能机器的可信度和可靠性，我们就可以预防最严重的灾难，为深入研究人工智能的最佳发展道路奠定基础。

人工智能进化中的“三个C”

未来，人工智能将无处不在。理想情况下，人工智能的发展将激发各种新思想和新政策。然而，要引导这场注定无法预测的快速演化，我们应该在一个鲜活的、可塑的框架下思考，抓住推动人工智能基本进步的“三个 C”：认知（cognition）、意识（consciousness）和良知（conscience）。第一个，认知，是要提取大脑的各个功能，包括感知（例如对象识别和语音识别）、模式识别、意义建构、推理、解决问题、任务规划和学习。自 1955 年，约翰·麦卡锡发明“人工智能”一词以来，研究者对这些能力的研究已经进行了半个世纪。但是，如果机器只有认知，而没有意识，不具备对自己所见和所推荐内容的思考能力，那么这将会产生严重的风险。如果机器不能对自己的行为和存在方式进行反思，它就不能评估自己的角色及其对人类环境带来的影响。更进一步，如果有思考的能力，却没有与之相称的道德评价能力，那么它将会带来更大的危险。从人类心理学的角度来说，我们会称这样的角色为“反社会分子”，或是“没有良知的人”。

认知、意识和良知这“三个 C”为人工智能的发展提供了重要的里程碑。人工智能科学家们正在朝着唤醒机器意识的终点冲刺。他们究竟是刚刚离开起跑线，还是已经进入了冲刺阶段，取决于你问的是哪位专家。但不论是哪一种情况，我们都必须在机器意识觉醒之前为它们灌输良知。我们需要在人类实践中贯彻这“三个 C”，思考人工智能系统如何了解我们的过去、现在和未来（认知）；思考人工智能如何看待我们未来几年的生活、社会和经济发展（意识）；制定章程，指导人工智能朝着有利于人类未来的方向发展（良知）。

关于透明度的一个关键性问题

对于人工智能进程在“三个C”方面的任何深入思考，最终都绕不开透明度和独立评估机会的问题。如果对人工智能的发展、算法和数据集没有高度的洞察，我们就很难保证机器会遵循一套保护人类价值观的有良知的模型。监测这些机器提供的广阔机会，减少它们可能带来的巨大风险，是释放人工智能所有潜能的必经步骤。

我们无法通过召开几次科学家、风险投资家或黑客们参与的小组会议就解决掉这样的问题。解决问题的过程需要人们广泛的参与。我们已经看到一些努力解决问题的尝试。例如，美国的一群科技精英成立了一个名为OpenAI的组织，并为该研究机构共同注资10亿美元。这一组织的使命是“打造安全的人工智能，确保人工智能的效益尽可能广泛而均匀地分配”。但是，和其他大多数努力一样，这些科技精英关注的也是为一个伦理问题提供技术解决方案。然而，新的政策和社会解决方案不能仅仅依靠技术，它们需要更广泛的社会讨论，以应对人工智能新时代的机会和挑战。时不我待。我们的工作机会和身份认同正变得岌岌可危。如今，随着大公司相互结盟，共同探讨标准和操作程序，如脸书、谷歌和阿里巴巴等数字巨头正在巩固各自巨大的权力。我们能否建立一个道德框架，既保护全世界公民的共同的权利和利益，又保护他们多元化的权利？我们能否在不扼杀人工智能创造的海量机会的前提下做到这一点？最终，我们能否培育出最好的人类和最好的机器？

价值、权力和信任

从轮子的发明到内燃机的出现，从第一台个人电脑到当下最复杂的超级电脑，科技一直在改变我们的生活和工作方式。科技重新定义了我们如何生产、学习、获取财富、与他人互动，也重新定义了我们生活中的制度规则。但是，凭借着复制人类认知和身体机能的能力，人工智能已经成了我们日常生活的一个独特的参与者。人工智能比之前任何一种科技都更能模仿人类。这样新鲜而强大的技术的出现，让我们重新审视科技以及人类背后的价值、权力、信任。DARPA（美国国防部高级研究计划局）前局长阿拉蒂·普拉巴卡尔表示："与人工智能对话的最大问题在于，我们正在谈论的是人工智能会对我们做什么。而随着人工智能的演化，我们应该谈论的是，人类正在对自己做什么。"

随着我们允许人工智能以我们的名义做更多的决定，人类对价值、权力和信任的理解又会有新的改变。从人类对个体自我投射于社会的需求，到自动驾驶汽车该如何应对"电车难题"，智能机器的广泛使用使我们不可不考虑：我们究竟想让这些智能系统如何代表人类多元化的价值观和身份？我们有多希望人工智能的决策以主人为中心？我们究竟希望人工智能将我们的自身利益和家庭利益最大化，还是希望它被设为"圣人模式"，通盘考虑其他人的利益？各个社会群体的价值和自我价值该如何分出高低？又该由谁来进行这样的评价？

当然，这些决定直接关系到我们要对社会和周围的人施加什么样的影响力。无论是从个人、企业，还是国家层面来看，人工智能加持下的权力之争都将重塑我们的生活，不论我们是否主动融入其中。但是，重塑的方式也取决于人类和机器之间的力量制衡。当公司搜集到越来越多关于用户态度、行为和偏好的数据时，他们使用的算法是否会将顾客利益和社会利益放在第一位，抑或会完全唯利是图？本书撰写之时，我们仍然对人工智能这一黑匣子的内部运作知之甚少。我们无从知晓智能系统如何将人类进行分类和表示，以及它们为什么这样做。这样的行为将改变个体自我投射于这个世界的方式，以及对世界产生的影响。或许，那些聪明的算法和算法设计者决定要忠实地给用户画像，所有的缺陷都不放过。我们可能会在某个相亲网站上对个人形象稍加润色，让自己显得更有魅力，但是算法利用海量数据流，早已看穿了我们的伎俩，它会更加客观地呈现我们。这样做可能使我们更真实、更受人尊敬、更值得信任，但这也使我们失去了对自己生活地位的控制权。

在价值和权力充满不确定性的环境中，我们脆弱的信任成了这个社会中最宝贵的货币，甚至比金钱和知识更宝贵。对人工智能缺乏了解将为可信度和诚信度带来更高的溢价。人类和机器如何互相信任仍然是一个开放的问题。2018 年初，在美国伯克利市区的一间会议室里，我们作者二人分别在谷歌搜索中输入了“所罗门的密码”和我们的名字，寻找最早在亚马逊上线的这本书。我们面对面隔着桌子坐，连接着同样的无线网络，输入同样的字词，却得到了不同的搜索结果。在一条搜索结果中，这本书出现在页面顶端，而在另一条结果中，它被挤到了后一页的搜索结果中。为什么会出现这种差异呢？为什么算法会区别对待我们？当搜索医疗方案、理财建议或政治候选人时，我们是否也会遭到这样的区别对待？根据我们的搜索历史，要给出解释可能再简单不过，而我们也只是笑笑。但事实上，我们不可能总是知道系统会如何对我们进行分类和划分。随着算法在生活中的角色越来越重要，我们希望机器会公平地对待每一个人，引领人类走向最美好的未来。这一重任将落到那些指引我们未来创新的算法设计者和道德框架制定者身上。

人的因素

当涉及人类最基本和最亲密的需求，也就是个人的福祉时，这些关于人类的重大问题显得尤为紧迫。医疗保健行业已俨然成为最受瞩目的人工智能应用行业之一。例如，2016 年，IBM（国际商业机器公司）的沃森肿瘤医生（Watson for Oncology）宣布将与探索诊断公司（Quest Diagnostics）开展一项合作，将其强大的人工智能技术与后者的肿瘤基因组测序技术相结合。沃森强大的研究能力和探索诊断公司对基因组的精确识别能力相得益彰，可以对具体患者的特定癌症突变提出个性化治疗方案，从而增强疗效，减少副作用。发布消息时，两家公司表示，合作伙伴关系将把这项服务扩展到服务近 3/4 的美国癌症患者的肿瘤医生。

未来几年里，沃森和其他人工智能系统将进一步深入医疗保健领域。随着机器的能力越来越强，作为病人的我们开始慢慢接受机器扮演越来越重要的角色，来确保我们的健康。现在，以机器和人类为主导的医疗服务之间的界限正在变得越来越模糊。考虑到人工智能系统能够搜集、处理和学习的研究数据超过任何一位人类专家所能消化的研究数据，我们将在多大程度上信赖这些系统的分析能力？相比之下，我们又将如何看待医生的专业水平？我们应该如何平衡冰冷客观的人工智能和所有使我们成为人类的感性因素？

举一个我自己的例子，在这个例子中，那些鲜明的人类特质使得结果完全不同。当我（奥拉夫）的妻子安被诊断出患有乳腺癌时，她已经怀上了我们的第一个孩子。2004 年 4 月，我们结婚了。同年的圣诞节，当我们去看望她母亲时，我们发现她怀孕了。我们坐在餐桌旁，一脸难以置信的表情，只有我们两个人知道我们的快乐。但是不到三个月，当我们正准备告诉朋友和家人这件喜事时，安去做了一次乳腺癌筛查。她的乳腺组织曾有良性肿瘤的病史，我们已经把这种检查当作例行检查了。但当那天晚些时候她打来电话时，我听到了她声音里的恐惧。放射科医生想让她回到医院，因为他们发现了一些东西，但不想在电话里讨论这个问题。当我们抵达医生办公室时，安告诉我，她无法直接从放射科医生那里听到这个消息。她要我以一种她能承受的方式来转达给她。

医生的诊断证实了我们最担心的事，那天晚上，我们都没怎么睡着。怀孕的妇女很少会患上乳腺癌，而一旦患有乳腺癌，母亲和孩子都会受到威胁。所以，第二天，当我们与柏林顶级的乳腺癌专家见面时，他说安必须终止妊娠，并立即开始接受化疗。他的建议直截了当，毫无回旋余地，把我们都震住了。安结结巴巴地提出反对，却被一名前患者打断了。医生之前将他带进了办公室，本想要缓和一下他那冷淡的态度，但没有成功。他们两人都认为：这是我们唯一的选择。

我们离开了医院，感觉比我们进去的时候更糟糕，所以我们改变了策略。安拒绝放弃我们的孩子，于是我们决定依靠身处世界各地的朋友和家人。我们失去了与人们分享安怀孕的纯粹的喜悦，不得不扫兴地告诉他们关于癌症的消息，但是我们收获了大量的支持和内心的平静。如果你现在问安，她就会告诉你，那天晚上她睡得比任何时候都好。

几天后，我们在一家小型天主教诊所遇到了第二位专家，我们立即感受到他想要拯救安和孩子的渴望。他告诉我们，有一小部分证据表明，一些孕妇可以在不伤害胎儿的情况下接受化疗，这让我们重新燃起了希望。当安成功切除了乳房，并进行了一次初步病理检查以后，我们的希望又上升了。检查显示，这是一种激素引发的癌症。这可能是一个可怕的诊断，但在当时的情况下，这意味着安可能根本不需要化疗。于是，我们和医生一起制订了计划：她会提前一个月分娩，然后开始接受激素治疗，对抗癌症。

我们的女儿汉娜于2005年8月17日降生了。

现在回想起来，我们很难想象沃森或其他任何人工智能给出的建议会与我们最终选择的道路相同。我们的放射科医生在柏林因其精准识别能力而闻名。但如今，机器检测放射影像异常的能力已经远远超过了人类。如果当时有沃森或者类似的人工智能平台，那么我们的第一位医生可能会向我们展示一系列可选择的治疗方案。他可能向我们展示一些确定性不高的选项，说服我们听从他的医疗建议。但这样做也可能会给我们提供更多的信息，给我们选择其他途径的更多希望。

另一方面，如果我们的第二位医生用人工智能生成的统计分析来补充他的建议，那么我们还会决定遵从自己的内心去选择风险更大的道路吗？虽然在选择了方向之后，人工智能可能会给医生和我们更多的资源来帮忙。安的性格、学术背景以及进行深入研究的能力，帮助我们的医生发现了一些他以前未见过的新的检查方法和疗法。值得称赞的是，他乐于承认自己在专业知识上的局限性，并欣然接受了其中的一些新信息。

许多在现代医学的客观分析框架之外所发生的事情，最终对安的康复产生了巨大的影响。她告诉自己，这种疾病是可以战胜的，她将癌症想象为被白细胞取代的行为不当的细胞。她从世界各地的朋友们的祈祷和支持中汲取力量。出于母亲的本能，她有强烈的意愿要保护孩子的健康，这也使她更加坚强。人工智能能否捕捉到这些人类内在的特质和动机？尽管从科学角度来说，数据具有客观性和真实性，但人工智能并不能保证所有的治疗都能奏效。它的建议只是基于过去的结果，它只能基于统计归纳来预测未来。有时候，直觉反应可能会更好。

汉娜出生后的一段时间里，安依然在仔细研究各种可能性，试图找到方法，让情况朝对她有利的方向发展。尽管她的决定是坚定的，但她还是忍不住想知道，她是否因为避免化疗而犯下了一个致命的错误。然而最终，我们再次决定不采纳许多专家的建议。他们推荐了一种为期 5 年的激素疗法，而我们选择了另一套治疗方法。一位医生将传统的中医疗法与现代西医结合在了一起。根据医生的专业知识，他知道怀孕期间产生的激素通常足以预防乳腺癌。安决定停止激素疗法，这样我们就可以再生一个孩子了。汉娜的小妹妹菲奥娜于 2008 年 10 月 24 日出生了。

在最初的诊断过去 13 年之后，安没有再患上癌症。她的癌症是否可能复发，谁也不知道，但如果她选择了与标准治疗方案更接近的治疗路径，同样的风险依旧存在。替代路径并不总是奏效，而且大多数的标准治疗方法之所以成为标准，是因为它们的疗效和其他疗法一样好，甚至更好。但安的经历说明了人们决策的广度和由此产生的可能性，这也表明让机器去捕捉人类的复杂性是多么困难。安愿意承担风险，因此成了一个产生不同结果的积极例证。一个以人工智能为基础的平台可能会更倾向于规避风险，而不愿尝试另一种未经证实的方法。

机器的因素

2016年，印度马尼帕尔综合性癌症中心（Manipal Comprehensive Cancer Center）的一组医生进行了一项实验，将他们的癌症治疗方案与人工智能机器提供的建议进行了比较。当时，IBM已经与世界各地的数十家癌症治疗中心建立了合作关系，其中最著名的一家是纽约的斯隆–凯特琳癌症中心，该中心向沃森系统提供了患者病历信息和大量医学文献、期刊与研究报告等，旨在训练人工智能学习、诊断癌症并推荐治疗方法。参与IBM沃森肿瘤解决方案实验的印度专家想看看，机器所做的决定能在多大程度上与肿瘤委员会的决定相匹配。肿瘤委员会是由12～15名肿瘤学家组成的小组，他们每周会聚在一起讨论病例。

2016年12月，圣安东尼奥乳腺癌研讨会上的一篇论文称，在对638个乳腺癌病例进行的双盲研究中，90%的沃森提出的治疗方案与肿瘤委员会的建议类似。当遇到更复杂的癌症时，包括类似于安所患的癌症，这一匹配率会下降。但研究人员注意到，这些类型的病例中存在更多的治疗选择方案，在人类医生之间，这样的治疗分歧甚至更为常见。然而，最引人注目的就是沃森得出结论的惊人速度。在系统了解了病例类型及相关辅助研究后，它能够在平均40秒的时间内读取病人的数据进行分析，并反馈治疗建议。而人类小组处理一个病例需要大约12分钟。

沃森当然不是万能药。2017年9月，著名的生命科学新闻网站STAT在一份报告中质疑沃森目前是否真的能胜任癌症治疗的工作。[1]但是，除了偶尔召开的新闻发布会或大胆预测，没有一位沃森的开发人员或参与研究的医生声称人工智能将取代人类医生及其专业技能。相反，人工智能是一种有用的补充，可以从大量的癌症文献中学习，更好地帮助医生制订诊疗方案。人工智能将帮助人类（而非取代人类），已成为人工智能支持者的普遍观点。虽然机器在某些诊疗任务中已经达到甚至超过了人类的能力，例如梳理大量的医学报告或识别异常的放射影像，但它们还不能提供可靠的诊断，也不可能具备情感。但不难想象，将来这些系统的结合将能更好地发现异常现象，并提供关于该疾病全球研究的简明概要，然后把两者都交给医生，并帮助病人在知情的情况下做出选择。

一个强大的人工智能或一组这样的系统将提供丰富的信息来源，帮助医生和患者选择最佳的治疗方法。作为病人，大多数人在讨论健康这样重要且私密的事情时仍然需要与他人密切互动。而且目前很少有人像信赖医生那样信赖机器，这也是情有可原的。这两方面都不会很快改变。但是，对那些热衷于科学技术所带来的好处的人来说，人工智能在人类专业知识和能力之外的领域拥有一种神奇的力量。从这个角度来看，印度的研究报告可能为强大的人工智能开始补充甚至取代充满了局限性、错误和偏见的人类判断提供了新证据。沃森可能研究了数百万个病例和数百万页的期刊，并且整合了几乎所有治疗方案的功效。它可以从海量数

① Casey Ross and Ike Swetlitz, “IBM pitched its Watson supercomputer as a revolution in cancer care. It’s nowhere close,” STAT, Sept. 5, 2017.

据中进行学习，改进并调整建议，让它们更加客观。

不管具体发展方向如何，没有一位专家怀疑人工智能将重塑整个医药行业，不论是药品、支付方式、成本控制，还是医患关系。例如，AliveCor公司发明了一种口香糖大小的设备，它可以监测用户的心电图及其他生命体征，并将数据发送给医生进行诊断。有了它，有心脏病患病风险的人可以每天检查心电图，而不用定期到医生办公室进行检查。由于搜集到的信息会回传至数据库中，数据量不断积累，AliveCor的机器学习系统可以通过反复训练，提高对心电图数据中细微心率模式的识别率。这些人类肉眼不可能注意到的微小异常，可能预示着高钾水平、心律不齐以及其他各种心脏和健康问题。而所有这些监测功能都集成在你的腕表中，只要通过手指触摸就可以实现。

这些领域的各种进步预示着人类在健康监测、诊断和治疗方面取得的非凡成就。但是这些技术也带来了一些不利影响，就像药物存在着副作用一样。大数据并不一定代表强大的分析能力。沃森关于癌症治疗的建议充其量只是与现有的存活率、癌症突变和治疗相关数据表现得一样好。新的发现可以从根本上改变癌症及其他疾病的诊断和治疗方法。人工智能系统可能会为个人和社群健康提供一种预测，但任何预测最终都依赖于数据和算法的质量，没有什么是完美的。而且，正如安的经历所预示的那样，个人的任何偏好都会影响治疗效果，不论是更好还是更坏。

此外，随着机器变得更具洞察力，储存了更丰富的人类生物学、疾病和症状知识，重要的伦理问题也就随之而来。Face2-

Gene 公司开发了一款应用程序，通过将患者的面部特征和患有疾病的人的面部特征做比较来诊断疾病，在疾病检测方面取得了令人印象深刻的进步。这一应用程序仍然依赖医生的把关，有时还需要其他检查来确诊。但在一项验证研究中，它从 444 名幼儿中成功预测出，约有 380 人具有自闭症谱系障碍。[①] 但是，有什么能阻止保险公司通过面部扫描来识别潜在的高成本客户呢？雇主们是否可以开始要求通过面部识别来剔除那些不太健康的求职者，或者他们是否可以偷偷地用求职者分享在脸书上的照片来做面部识别呢？移民官员是否可以通过扫描旅行者来判断他们携带某些疾病的可能性？这将如何影响我们对医疗方案和生命轨迹的决定权？我们是否能信任医疗机构、保险公司和雇主不会使用这些信息？

处理巨大机遇和风险之间的平衡已经不只是一个医疗健康领域的问题了。一些雇主已经开始利用人工智能对求职者的一段 15 分钟的语音样本进行分析，由此评估每一位对象，以寻找更具合作精神的员工或者更优秀的领导者。其他公司也在使用人工智能整合各部门的不同数据流，以此判断谁是好员工，谁需要进一步培训，谁应该被解雇。工人们也加入了这一行列，要求在工作中获得更多的主动性和创造力，倒逼雇主进一步思考如何吸引和激励新一代员工。

人工智能及类似的技术正在改变一个个行业。汽车学会了自

---

① Megan Molteni, “Thanks to AI, Computers Can Now See Your Health Problems,” *Wired*, Jan. 9, 2017.

动驾驶，机器人提高了自己的制造能力或学会了对坐在一旁的人类情绪变化做出反应。脸书和百度正在开发日益复杂的人工智能应用程序，为用户提供个性化的新闻和商业广告，希望借此提升用户满意度，刺激用户消费，但这种做法也模糊了个性化服务和操纵用户之间的界限。这两个平台都因对偏好相似用户进行归类、制造“同温层”而广受批评，但这些网站仍然广受欢迎。

无论是好是坏，人工智能的创新已经改变了我们大多数人的生活和工作方式。在未来的几年里，这种改变还将继续。但要理解这对未来意味着什么，我们首先需要了解当下的技术前沿。

今天的人工智能

人工智能的一个通俗化定义是：模仿人类认知和身体机能的先进技术。然而，随着每一项重大突破的出现，人工智能的定义似乎都有所改变。从最广义上说，人工智能是机器进行学习、推理、规划和感知的能力，这些也是我们所认为的人类认知的主要特征。人工智能系统不仅可以处理数据，还能从中学习，并在这个过程中变得更加聪明。自21世纪初以来，人工智能系统使用和改进新技术的能力也得到了显著提升。在图像识别、自然语言处理等领域，人工智能的准确率已经从爬行的水平提升到了冲刺的水平。如今，通过模拟人脑神经元相互连接的各计算层，新型神经网络可以处理海量数据，并且处理能力大幅提高。所有这些进步开创了一个人工智能投资的新时代。根据市场研究公司Research and Markets 发布的一份报告，2016 年，投资者在机器学习领域投入了近 13 亿美元，到 2025 年，这一数字预计将接近 400 亿美元。[①]

人工智能虽未如此风光，但也曾经盛极一时。大多数人认为，1956 年是人工智能发展史上的开创性年份。当时，约翰·麦卡锡组织了一场关于人工智能的会议——达特茅斯夏季研讨会。研讨会的提案这样写道："我们将尝试研究如何让机器使用语言，形成抽象和概念，解决目前只有人类能解决的各种问题，并让机器不断改进自己，等等。我们认为，如果一组优秀的科学家在一个夏季的时间里共同努力，那么我们将能在一个或多个方面取得重大进展。"这次研讨会最终引发了第一次人工智能热潮，掀起了一股人工智能投资、研究和宣传热。然而，到了 20 世纪 70 年代初，这种热度逐渐褪去，资金渐渐枯竭，"人工智能的寒冬"降临。认知机器无法实现英语和俄语的互译，没有在冷战期间发挥作用。"连接主义"学派试图以人工神经网络来重现人类的心理过程，但未能总结出一套普遍适用的知识体系。在接下来的 10 年里，"专家系统"开始兴起，计算机基于大量知识和逻辑规则来模拟人类专家的决策过程。但因为专家系统在实践中表现过于脆弱、难以维护，人工智能再次陷入低潮。20 世纪 90 年代，虽然仍有一些重要研究在进行，人们对人工智能的投资和兴趣逐渐冷淡。

然而今天，人工智能已经深深扎根于我们的日常生活中，尽管我们少有察觉。先进的学习算法已经大量运用于许多决定我们

---

① *Machine Learning Market to 2025—Global Analysis and Forecasts by Services and Vertical*, The Insight Partners, February 2018.

行为的基本活动中，从脸书的新闻推送到谷歌的搜索结果，从手机上的导航系统到亚马逊的商品推荐等。人工智能还可以快速、准确地翻译外语，并且译文越来越流畅自然。

计算能力、内存和数据量的突飞猛进为这一波复苏浪潮奠定了基础。2017 年初，最先进的算法已经可以处理一段几分钟的语音，然后合成一段以假乱真的人工语音。不难想象，在不久的将来，完美的视频处理技术也将出现。谷歌通过运用 DeepMind（深度思考）的深度学习技术，将其庞大数据中心的冷却成本削减了 40%。数据中心会产生大量热量，由于各个中心的配置和条件各不相同，每个中心都需要一套定制化的系统，可以根据所处环境学习、优化冷却系统。在开发 AlphaGo（阿尔法围棋）的过程中，研究人员发现，在 2016 年击败世界围棋冠军李世石的人工智能系统可以使数据中心的能源效率提高 15%，每年为公司节省数百万美元。DeepMind 认为，如果这些技术能够与大型工业系统合作，形成规模效应，“将在改善全球环境、降低成本方面具有巨大潜力”。①

在某些方面，不断学习、改进和优化的机器的表现已经超过了人类，例如通过照片判断皮肤癌、识别唇语等。②③ 虽然这些

---

① Richard Evans and Jim Gao, *DeepMind AI Reduces Google Data Centre Cooling Bill by 40%,* DeepMind blog, July 20, 2016.

② H.A. Haenssle et al, “Man against machine: diagnostic performance of a deep learning convolutional neural network for dermoscopic melanoma recognition in comparison to 58 dermatologists,” *Annals of Oncology*, May 28, 2018.

③ Joon Son Chung et al, *Lip Reading Sentences in the Wild*, eprint arXiv:1611.05358.

进步非常显著，但它们仍然局限于某些特定的功能，只是在狭义的人工智能领域取得了令人瞩目的成绩。一台机器虽然可以击败世界上顶级的国际象棋大师，但无法区分一匹马和骑在马上的装甲骑士。事实上，这在很大程度上是因为这些进步发生在非常细分的领域中，而给我们带来了一种“人工智能效应”。我们曾经认为它们是人工智能，但现在认为它们只不过是简单的数据处理，而不是“智能”本身。我们改变目标，然后再改变那些进步，很快我们就进入了一个完全不同的竞技场。

当机器开发出通用人工智能时，当机器像人类一样在各方面展现出智能，并且替代人类的工作，不断自我改进代码时，这些进步就会停止改变。人工智能在实现这一目标之前，还需完成几项重大的技术突破。但通用人工智能实现的可能性和它会带来些什么，既让人着迷，又让人害怕。这不禁让人联想到科幻电影里的情节，例如超级智能机器人统治者将奴役人类，或者如 2003 年牛津大学哲学系教授尼克·波斯特洛姆（Nick Bostrom）描述的各种思想实验，让一切人类和物质沦为生产更多回形针的工具。

然而，狭义人工智能也已经对我们的生活产生了深远的影响。在特定的应用领域中，人们运用夺人眼球的技术创新已经越来越频繁。没错，人工智能还处在捉摸不定的青春期，该领域仍然在使用启发式模型，以经验法则或有根据的猜测来引导，而不是提出机器智能新理论框架的深度创新。即使当今世界最先进的人工智能也与科幻故事中的机器人霸主相去甚远。尽管如此，现实与未来之间的差距仍在不断缩小。

这种稳步进展已经推动了各个领域的显著进步，有些具有现实意义，有些给人们带来便利，有些可以挽救生命。例如，思科公司研发了一种算法，可以用来分析网络流量，识别对服务提供商而言更有价值的互联网用户，从而为他们提供更快捷的服务和其他福利。呼叫中心的语音识别技术可以通过将客户连接至具有类似性格类型的接线员来改善服务。[①] 创业公司和大型电子商务集团正在利用机器学习来分析用户的游戏行为、所在地点、购买行为、消费模式和社交互动等数据，实现差异化定价。亚马逊利用深度学习将具有同样消费习惯的客户聚集起来，交叉销售产品，从而实现每小时高达数百万美元的销售额。“飞行汽车”自动驾驶飞机的试点项目即将在迪拜（由中国的亿航智能）和达拉斯（由美国的优步公司）开展。这将要求空中交通管制人工智能系统来避免碰撞，并需要制定相应的法规来监管超额预定、支付等问题。

尽管 2018 年自动驾驶汽车系统发生了一些致命车祸，但支持者指出，即使是普通的地面自动驾驶汽车，也可以通过清除易犯错的人类司机让道路变得更安全。但是，引导和控制这些复杂的交通和交易也可能需要人工智能系统。人类大脑无法追踪某个城市内数以百万计的自动驾驶飞机或自动驾驶汽车。因此，我们还需要考虑，当自动驾驶系统或人工智能支持下的国家指挥中心

① Luke Dormehl, “Algorithms: AI’s creepy control must be open to inspection,” *The Guardian*, Jan. 1, 2017.

必须在两个可能的致命选项之间做出选择时，人们该怎么办？汽车会如何平衡司机利益和周边行人及其他司机的利益？应该由谁做这样的决定？

什么才是人工智能

我们在本书中采用了一个广义的人工智能概念，它涵盖了人类的认知和身体功能。当然，许多重要的子领域都属于这一范畴，从传统的知识百科、问题解决方案，到如今前沿的机器学习、感知和机器人创新。但是，其中只有很少一部分完全属于一个很小的类别，大部分是通过重叠或结合的方式来创建有能力的系统，包括人工智能与人类的互动。例如，有效的机器学习可能靠感知搜集数据，但接下来，它可能会以社会智能的形式来输出人类在情感上能够接受并觉得有用的内容。

但从本质上讲，所有不同类型的人工智能技术都有一个共同的目标：获取数据，处理数据，从数据中学习。数据的爆炸式增长使得人工智能的技术突破越来越大。海量的数据喷涌而来，它们来自数十亿部智能手机、数以百万计的汽车、卫星、集装箱、玩具娃娃、电表、冰箱、牙刷甚至厕所。理论上，任何能放入微芯片的东西都可以成为新的数据来源。所有这些数据都可以被输入机器，用来训练机器学习算法，包括深度网络。深度网络使用分层的数据结构，目前实现了机器学习领域的一些强大应用。[①]另一种机器学习方法叫作强化学习，它基于大量原始数据，通过不断试错来确认或否定其现有假设，完全依靠自己学会完成一项任务。这些人工智能的决策模型可以带来非凡的成就。谷歌公司将谷歌大脑的深度学习模型运用于外语翻译上。几乎一夜间，相比于前一代已经做了10年的谷歌翻译系统，它的性能产生了质的飞跃。在用BLEU方法（一种自动评估机器翻译的方法）对翻译结果进行评判时，英法互译的最高得分是20多分。在这一级别上，即使2分的提升也是非常了不起的。而新人工智能系统的得分比旧版高了整整7分。[②]

未来几年，所有这些人工智能的发展将从根本上改变人们的经济和生活现状。就像过去的几次重大经济转型一样，这场由人工智能推动的“第四次工业革命”将在全球范围内摧毁并创造数百万个就业机会。我们今天无法想象的一些职业将成为现实，它们将提高生产率，提升人们的生活质量，但同时也会导致许多其他工作变得多余，我们必须为这种社会后果做好准备。这意味着，

---

① 深度网络中的每一层都包含一组数字，用于处理其下一层的数据。训练网络就是对每层的参数进行调整的过程。在物体识别中，这一网络的总体结构模仿了人类视觉系统的神经架构。底层是原始数据（比如照片中的像素），顶层是对每一种物体的判断节点，例如判断它是猫还是花。当它最早在20世纪60年代被提出时，研究者在有限的计算机上只能做到两层或三层。如今，因为它拥有的层数较多，所以被人们称为“深度”网络。它还在不断改进之中。

② Gideon Lewis-Kraus, “The Great A.I. Awakening,” *New York Times Magazine*, Dec. 14, 2016.

我们与社会讨论个人生计和自我身份的议价能力将发生改变，而我们还不知道这一变化将何时到来、如何到来。无论是个体调整自己的生活方式和个人愿景，还是社会为大量人员进行重新培训，使人们获得新技能、新工作，如果变化的速度远超人类适应的速度，社会就将面临巨大的动荡。

在2016年12月发布的一份关于人工智能未来影响的报告中，美国前总统奥巴马的CEA（经济顾问委员会）试着勾画出了这些即将出现的职业可能会是什么样子。他们预测，4个主要领域将出现就业岗位增长：那些与人工智能系统打交道的人（例如，根据人工智能的建议调整治疗计划的医生），帮助开发新机器的专业人员（例如，计算社会学家或认知神经科学家），监督现有系统的人（例如，通过监控系统确保安全，并对伦理冲突进行裁决的人），还有一群"促进人工智能社会转型"的新型工人（例如，为一个自动化的世界重新设计实体基础设施的新一代土木工程师）。

报告称，最终这些由人工智能推动的转型将为个人、经济和社会带来新的机遇，但转型也有可能破坏数百万美国人目前的生计。在卡车运输和交通运输行业，虽然自动驾驶汽车有望使道路变得更加安全，但这关系到数以百万计的工作岗位。据CEA估计，自动驾驶汽车可能会威胁或大幅改变220万~310万个全职岗位或兼职工作，这还不包括运输行业的变化对卡车休息站、仓储及其他附属行业造成的连锁反应。

不是只有中低技能的任务可能会被人工智能替代。机器可能会让法学院新毕业的学生变得一文不值。这些毕业生通常会通过挖掘案例开始他们的职业生涯，然后慢慢往行业的上游发展。10 年后，当律师事务所使用更可靠、更能干的人工智能系统来做研究时，一位新律师的入门级工作将会变成什么呢？可以肯定的是，在短期内，常规的中低收入工作将最容易被人工智能取代，但白领工作也是许多机器瞄准的目标。

我们不需要走很远的路就能看到这一剧变。人工智能已经在影响我们的阅读、思考、购买和消费。在医疗保健领域，它帮助我们保持健康。人工智能已经普遍存在于我们的设备中和生活中。人工智能增强了人类潜能的事实令人激动不已。但我们现在需要思考的是，在未来几十年里，人类将如何塑造与人工智能的关系，以及我们希望人工智能如何塑造我们的生活。

混乱的人类，有序的机器

人工智能开发人员的官方观点是，人工智能将增强人类的能力、直觉和情感。IBM 的沃森肿瘤解决方案将为医生和专家的诊疗提供补充，而不是取代他们。但正如卡内基-梅隆大学机器学习与健康中心的执行主任乔·马克斯（Joe Marks）所指出的那样，技术开发团队几乎总是首先关注技术，人类与机器的互动是被放在第二位的。

2016 年 10 月，麻省理工学院媒体实验室主任伊藤穰一（Joi Ito）在与奥巴马总统的连线问答中说：“这可能会让我在麻省理工学院的一些学生感到不安，但我的一个担忧是，正在开发构建人工智能的核心计算机技术的研发人员主要是一些男孩子，而且大部分是白人，他们更愿意与计算机交谈，而不是与人类交谈。他们中的很多人认为，广义的人工智能可以让我们不用再担心政治和社会这些乱七八糟的东西了。他们认为，机器会帮我们解决所有的问题，但他们低估了困难。我觉得，在今年，人工智能已经不仅仅是一个计算机科学方面的问题了。每个人都需要明白，人工智能的行为是很重要的。在媒体实验室，我们会使用'扩展智能'（extended intelligence）这一术语，因为关键在于我们如何在人工智能中构建社会价值观。"①

科技极客们想要摆脱人为因素，因为他们觉得人类会把事情搞得一团糟。公平地说，他们的行为反映出一种下意识的反社会倾向，但是基于合理的动机。如果我们消除人类之间的恶性政治和心理冲突，那么涉及气候变化、能源流动或其他极端复杂系统的不稳定优化过程可能会稳定下来。但是这些考虑仅仅代表了人工智能解决方案对复杂问题的一阶效应，科技极客们很少考虑这些机器产生的大量二阶和三阶效应，而这些效应需要人们开展开放、包容和跨学科的讨论。

随着人工智能开始与世界各地的价值体系发生碰撞，这一点变得越来越重要。西方科学家开发的机器可能会包含对其他社会造成不必要伤害的偏见。在中国开发的强大系统可能无法反映美

---

① Scott Dadich, "Barack Obama, Neural Nets, Self-Driving Cars and the Future of the World," *Wired*, November 2016 (Q&A with Barack Obama and Joi Ito).

国公民想要的隐私保护和自由程度。各种社会和文化健康实践隐藏在各个社会群体的互动之中，智能机器将在何种程度上如何整合这些实践，尤其是当这些实践还未被写入数据之中？医疗服务的价值以及交付方式，对那些构建系统的人和采纳其建议的人而言有怎样的区别？

这些思考将影响我们的生活模式。现在，已经有很多文章讨论过，人工智能和自动化可能会消除 25%~50% 的工作岗位，但在我们远未达到这些百分比时，经济就会崩溃。人工智能将改变数百万个工作岗位，然后才会消除这些岗位。它将转变增加价值的含义。它将重新调整职业和员工间的最佳匹配，这就要求我们开展新形式的再培训和再适应。对未来给阿娃提供乳腺癌治疗建议的医生来说，他的工作要求可能不包括每年为病人做体检或其他常规检查，因为人工智能健康管家会随时关注人们的健康状况。医生将不再进行基本的健康分析，而将从更广的角度来设计健康解决方案和项目。这是初级保健实践的一个根本性转变，可能在 10~15 年的时间内影响整个行业。那些现在被选中并培养其诊断能力的有抱负的医生们，能在一个程序设计和社会情感指导的新世界里茁壮成长吗？今天的医生们能重新武装自己以应对这一未来吗？

不管机器如何取代人类劳动，它们的影响将会给大多数职业带来类似的问题。人们可能会想象，每个行业、每个职业都会有一个匹配的人工智能，甚至一个广泛的算法引擎来优化整个城市、州或国家的经济。在我们全球关联的社会和经济中，我们如何确保所有这些职业、经济和文化体系相互作用，以应对气候变化，促进和平，帮助人民过上更富裕、更健康的生活？我们准备放弃多少不完美的、与众不同的自我，来换取完全协调和精心安排的好处？

无论答案是什么，极客们有一个观点是正确的，即在未来几十年，人工智能将在人类的每一项努力中发挥变革性的作用，即使人们目前还没有创造出一种能够包容混乱的人工智能，但正是这种混乱让我们的人性显得既珍贵又不稳定。然而，我们如果想要有机会塑造人工智能影响人类价值、权力和信任的方式，那就必须要实现这一目标。

第二章

一种新的力量平衡

优兔（YouTube）上有这样一段视频看似是无心之过。在一条空无一人、亮着红灯的马路上，一位身着蓝灰色风衣和白色休闲裤的中年妇女径直穿过马路。随后，她的名字和横穿马路的小视频立刻出现在人行道附近的一块大型电子屏上。在中国已有多个城市安装了这样的系统，该系统会将这位中年妇女的个人信息和违规情况反馈给有关部门。她将面临 20 元的罚款，她的社会信用分也会因此受影响。很快，她就会收到一条关于违规情况的短信通知。[①] 这是一场交通违法专项整治运动的一部分，旨在减少交通事故和乱穿马路的现象。（还有一个城市甚至在人行道边缘安装了短金属柱，当有行人闯红灯时，金属柱就会向其喷射水柱。）

然而，监控系统覆盖的远不只是主要城市的十字路口人行横

---

① Saqib Shah, "Facial recognition technology can now text jaywalkers a fine," *New York Post*, March 27, 2018.

道。截至 2017 年 12 月，中国政府大约在全国各地安装了 1.7 亿个摄像头。这些摄像头会捕捉大量数据，并将其传入系统，用于面部和步态识别以及其他一系列行为追踪。[①] 大众识别系统通过识别和公开那些乱穿马路的人来降低交通事故的死亡率。该市有关部门表示，2017 年 4 月—2018 年 2 月，这一系统已经成功识别近 14 000 名乱穿马路者。[②]

中国已经在大力推进建设一套全方位的社会信用体系，将监督和信贷记录相结合，奖励诚信，惩戒失信，对各种不良行为扣除一定的信用分，包括横穿马路、拖欠付款以及其他更严重的违规行为。信用分过低的公民可能会被限制旅行，并可能在获得商业贷款或享受其他便利服务等方面受到限制。阿里巴巴旗下的蚂蚁金服曾推出过早期版本的信用评分系统，其时任董事长彭蕾表示，该项目"将确保社会中的坏人无处可去，而好人来去自由，不受阻碍"。[③] 据中国媒体《环球时报》的报道，除公开曝光乱穿马路者、在公共布告栏甚至电影院曝光债务人面孔等手段外，截至 2018 年 4 月底，该征信系统已累计限制购买机票 1 110

---

① Joyce Liu (producer), "In Your Face: China's all-seeing state," BBC News, Dec. 10, 2017.

② Saqib Shah, "Facial recognition technology can now text jaywalkers a fine," *New York Post*, March 27, 2018.

③ Mara Hvistendahl, "Inside China's Vast New Experiment in Social Ranking," *Wired*, Dec. 14, 2017.

万人次，限制购买高铁动车票430万人次。[①]

在洛杉矶，没有人会在意谁乱穿马路。然而，洛杉矶的执法部门使用了自己的一套先进的人工智能系统来帮助警察监视潜在的热点地区，识别可疑人员。洛杉矶警察局的警务预测系统会给每个人打分：你有加入帮派或进行暴力犯罪的记录吗？有，加5分。每当一名警官拦住你，他就会填上一张简短的现场调查卡，即使是横穿马路，也会加1分。在这种情况下，分数更高意味着你要面临更多的检查，也更可能与警察发生口角，填写更多的现场调查卡，和随之而来的更高的分数。

美国得克萨斯大学奥斯汀分校的社会学教授萨拉·布雷恩（Sarah Brayne）曾经对洛杉矶警察局的警务预测系统进行了深入研究。该数据库包含了各种关于个人和社区的纷繁复杂的信息，从社区犯罪记录到家庭和朋友关系网，再到棒约翰和必胜客的订餐姓名、地址和电话号码。然而，很少有人知道洛杉矶警察局究竟使用了多少数据，以及他们如何使用这些数据。而且由于这些新兴技术在相关政策和法庭判例方面的空白，人们并不知道警察在使用这些数据时究竟受到多大的约束。

布雷恩在一次采访中说："我们认为，美国存在着不合理的搜查和扣押行为。"她说，如果一名警方调查员搜查嫌疑人的各种纸质材料，包括历史收据、家庭互动情况和比萨订购记录等，大多数美国人都会将其视为正当的搜查。然而，当警方查看这些

---

① Liu Xuanzun, "Social credit system must bankrupt discredited people: former official," *Global Times*, May 20, 2018.

信息的电子副本时，他们能得到同样的信息，他们现在可以更加肆无忌惮地窥视，而对他们的限制少了很多。“但就像在系统中排除某（嫌疑）人的嫌疑一样，”她说，“这些都是在神不知鬼不觉中进行的。”

警务预测系统引发了人们对于人工智能导致权力滥用的各种担忧。如果不设置适当的保护措施，智能机器就可能帮助企业或政府操纵个人，但另一方面，警务预测的分析和预测能力也可以让社会更安全。如果病人愿意参与，人工智能可以指导糖尿病患者过上更健康的生活，减少阿片类药物成瘾者的复发，这也是IBM沃森人工智能XPRIZE竞赛十强中的两名选手正着手去做的。人工智能可以帮助人们处理复杂的大气问题，完善现有的气候变化模拟，帮助我们更好地了解人类活动对环境造成的危害，以及如何减少这种危害。人工智能也有助于减少森林退化和非法砍伐。例如，非政府组织“雨林连线”（Rainforest Connection）将由太阳能供电的智能手机变成“森林卫士”，将它们藏于树林之中。这些设备可以监听森林的风吹草动，并通过当地的移动电话网络连接云端的人工智能系统。设备一旦监听到电锯砍伐树木的声响，便会自动给护林员发送警报。[①]

人工智能甚至可以将我们从枯燥乏味的生活中解放出来。2013年，在丹尼斯·莫滕森卖掉自己的上一家公司之后，他回顾了一下日程表，发现自己在前一年总共安排了1 019场会议，并

① Topher White, “The fight against illegal deforestation with TensorFlow,” Google blog, March 21, 2018.

且其中672场会议不得不重新安排。“我今年45岁了，已经工作了20年左右，”莫滕森说道，“我想，如果未来20年，我还待在办公室里处理邮件，这对我来说似乎并不真实。”因此，他创立了x.ai，这家创业公司开发了一个人工智能日程助理，可以帮你安排会议。此书的采访就是他用这个日程助理预约的，所有的操作都很完美。只有电子邮件地址上的一个小标记会告诉你，你是在与真人沟通还是在和机器互动。他说：“我越关注这份苦差事就越意识到，这本就不该是由人类来做的工作，但我们之前在它身上花了太多的时间。”找到自动完成这些乏味任务的方法，激发人类的潜力，是我们前进的唯一途径。

随着日益复杂的人工智能系统越来越多地进入我们的生活，我们可能会对单调乏味的生活获得全新的控制，从而能更好地应对各种复杂的社会环境，如管控道路危险等。然而，这些系统也可能会威胁个人的主动权，甚至危及人们的生命。随着智能机器时代的到来，国家、企业、个人和机器之间将形成一种新的力量平衡。世界上的两个人工智能超级大国，美国和中国，已经让我们得以窥视这些角逐关系在未来几年将如何发展形成。

社会凝聚力和社会信用

每年，霍特国际商学院的教授约翰·法吉斯和他的妻子维达都会回到中国山东，看望维达的家人。按照这一中国最传统地区之一的习俗，每年除夕之夜，他们都要祭拜祖先。他们吃的饺子所用的小麦正是从先祖墓地的土中长出来的。拜访朋友或邻居家时，大家都会饶有兴致地背诵家谱。大年初三晚上，家家户户都会放鞭炮，以示对先人的送别。直至今日，该地区的文化仍然深深根植于儒家的孝道理念和社会礼数。法吉斯说："这是一种非常传统、强大的文化，内涵丰富。"过去 25 年的大部分时间他都在中国。他是第一位获准在中国改革学校教书的外国人。

儒家思想，这种"博大精深、讲究中庸之道的传统"，在 2 500 多年的时间里塑造着中国文化的基本脉络。几千年来，它抵抗着几乎所有外来哲学思想或权威的影响。佛教思想在汉代（约公元前 1 世纪）从印度传入中国，但它并没有改变儒家的核心文化思想。事实上，佛教很快就被"汉化"了。法吉斯说，中国传统智慧开始把佛教思想看作一种由中国哲学家、道教的创始人老子传播的哲学。几个世纪后，当美国处在内战时，清朝镇压了太平天国运动。发动起义的是一群基督教的千禧年主义信徒，其领导人洪秀全自称是耶稣基督的弟弟。古往今来，在历史的进程中，中国文明比世界上其他任何文明都更彻底地抵御外来文化的影响，或对外来文化进行彻底改造，而儒家思想就是中国文化的重要内在凝聚力。

然而，到了 20 世纪初，越来越多的人开始质疑儒家关于"道德是有序社会中的核心元素"这一观念。1904 年，中国举行了最后一次科举考试。如今，这已成为一段逝去的历史，只留下制度的遗迹，无法解释中国为何被世界锁住咽喉。这些已经存在了若干个世纪的科举考试一直是人们步入仕途的敲门砖。但是，这些考试主要考查的是考生的中国古典文学知识和文学功底，更多是为了维护国家统一的文化、知识和政治观念，而不是确保考生具有适当的技能和实践能力。1906 年科举考试的正式结束以及 1911 年的清朝灭亡，加剧了中国儒家思想的没落，使中国开始接受一种全新的外来思想——“共产主义”。亚洲协会中美关系中心主任夏伟（Orville Schell）认为：即便如此，列宁主义的引入以一种神秘的方式强化了一些根深蒂固的传统观念，如等级制度、正统观念、对权威和纪律的服从等。共产党在中国革命时期成为杰出的中央集权力量，时至今日，它仍然在地缘政治和经济中起着重要作用。夏伟还说，不论古代还是现代，一个伟大的领导人在中国政治和社会中的核心地位，以及强大统一的一党领导，一直十分重要。

正如法吉斯所指出的，中国公民现在享有充分的活动自由。对许多人来说，人们的生活水平所得到的大幅提升是在几十年前根本无法想象的。这也开始悄然改变了一些根深蒂固的信仰，即使在传统的山东也不例外。当法吉斯和妻子询问家人 2017 年的假期计划时，他的小舅子说他打算带家人去海南岛度假。他说：“当年的传教士们没有将山东人民转化为基督教徒，日本军队也没能削弱儒家思想的力量，而今天，技术带来的繁荣正在做到这一点。”

这种新兴的繁荣正在削弱深厚的文化基础，尽管它的经济基础仍不完善。这种经济基础还存在一些缺点，但同时带来了巨大的机遇。例如，中国大多数城市居民在付款时都不再掏钱包拿现金，也不使用信用卡，而是使用支付宝和其他类似的移动支付应用来付钱。在移动支付方面，中国已经将大多数西方国家远远甩在了身后。中国在坚持传统、文化和经济愿景的同时，正在迎来快速发展，从这一角度来看，新兴的社会信用体系在中国显得更有意义。

奖惩分明

阿里巴巴的芝麻信用是几个试点项目之一，旨在建成一个全国性的社会信用体系，其内容将不仅仅涵盖金融信息。这一举措始于 2015 年 1 月，当时中国人民银行向 8 家民营企业发放了临时牌照，鼓励它们更广泛地获取和使用信用评分。彼得森国际经济研究所的一份政策研究简报显示，尽管这几家公司均表示它们已经取得了一定进展，但三年后，这 8 家获得试点资格的公司未有一家获得正式的个人征信牌照，一半以上的中国公民仍然没有足够全面的个人信贷记录来向正规金融机构借款。[①②] 因此，在

---

① Martin Chorzempa. "China Needs Better Credit Data to Help Consumers," Peterson Institute for International Economics policy brief (January 2018).

② 2017 年 4 月 21 日，央行征信局局长万存知在公开场合表示，综合判断，8 家进行个人征信开业准备的机构目前没有一家合格，在达不到监管标准情况下牌照不能下发。2018 年 2 月 22 日，央行官网发布的公告信息显示，百行征信有限公司的个人征信业务申请已获央行许可，该公司就是业内俗称的"信联"，它获得了央行颁发的中国首张个人征信牌照。百行征信的注册资本为 10 亿元，芝麻信用、腾讯征信、深圳前海征信中心、鹏元征信、中诚信征信、考拉征信、中智诚征信以及北京华道征信 8 家首批个人征信牌照试点机构各持股 8%。——译者注

没有建立成熟的信用评级体系的情况下，中国正在寻求从微信、支付宝等各种应用程序中搜集电子商务、社交媒体及其他线上数据，创建一个征信系统。

然而，彼得森国际经济研究所的简报指出，这一征信系统的目标不仅限于财务信息，也“可以代表个人的可信度”。芝麻信用根据大量金融和个人数据，为每个人生成了 800 分制[1]的芝麻信用分。除了个人网上购物习惯和按时还款能力外，它还搜集了人口数据和个人的社交网络圈。因此，一个 28 岁的孕妇可能会得到比一个想买摩托车的 18 岁小伙子更高的“评分”。芝麻信用分数达到 700 的人就会备受尊敬，而如果某人只有 300 分，他就必须面对一系列不便，例如被限制乘坐高铁一等座和国际航班等，甚至其熟人也会为了避免受到牵连而排斥他。芝麻信用已经成为世界上最广泛的个人数据采集系统之一。目前，已有近 2 亿中国居民注册了芝麻信用，并根据自己的交易记录和关系网获得评分。[2]这还是在 2020 年之前的数据。

这些项目以及其他规模更小的社会征信项目还收录了其他各种类型的数据。甚至在购买或借贷活动真正发生之前，个人的年龄、育儿和社会关系等其他因素就已经形成了差异。在浙江省，如果你发现身边有违反交通法规、出现纠纷等情况，那么你可以在“平安浙江”上进行举报，然后可以兑换高级咖啡店的消费折

① 实际分数可以超过 800 分。——译者注

② Mara Hvistendahl, “Inside China’s Vast New Experiment in Social Ranking,” *Wired* (Dec. 14, 2017).

扣券或其他福利。据报道，该软件在2016年8月推出后，到次年年底已拥有约500万名用户。

尽管早期的试点举措遇到一些抵触情绪，但国家社会信用体系仍然在2018年稳步推进。地方执法人员可以通过智能眼镜获取个人身份信息，并通过面部识别系统识别公民身份，从而更加准确地实施抓捕。[①]

尽管西方对这些技术的侵入性表示担忧，但政府利用技术来了解人们的做法并没有引起中国民众的普遍担忧。首先，在中国，这些智能技术背后的社会契约是不同的。中国长期以来受儒家思想影响，尊重权威。正如多位中国学者、人工智能开发人员和企业家在采访中提到的那样，今天的中国民众对先进技术的力量和潜在收益更加乐观。百度前总裁、微软亚洲研究院前负责人张亚勤表示："如果你回顾中国历史，在过去的40年里……那些拥抱变革的人受益最大。此外，政府的改革方向是坚定不移的，所以即使是那些后来搭上技术变革快车的人也是赢家。"微软亚洲研究院负责人洪小文表示，由于人们普遍认为人工智能带来的种种问题还很遥远，因此在中国的主流媒体或公共话语中很少有关于其潜在负面影响的讨论。虽然在不远的将来，随着全球信息的自由流动，这样的议题很快就会被推到风口浪尖。

然而，即使对那些接受社会信用评分概念的人来说，仍然有问题悬而未决。首先，专家们质疑社会信用体系可能会催生新的

---

① Josh Chin, "Chinese Police Add Facial-Recognition Glasses to Surveillance Arsenal," *Wall Street Journal,* Feb. 7, 2018.

社会阶层，评分高的人会对评分低的人避之不及。然而，更现实的问题是，公民有没有办法来纠正错误或者对分数提出质疑呢？在美国，信用评级由 Experian（益博睿）、TransUnion（环联）和 Equifax（艾可飞）这几家寡头垄断，但要求解决错误评分或修正过低评分的情况也时有发生。事实上，一年内被要求提供信用报告副本三次以上就会导致扣分。而且，与美国复杂的程序和不透明的评级体系相反，中国政府公开阐述了自己的方针和理念：打击腐败和其他不诚信行为，同时保证经济活动和人际交易的可靠性。

警务预测

世界上已有几十个国家开始部署各种人工智能技术来监视民众，从面部识别到步态分析，再到语音模式分析。很少有美国公民意识到，在美国的许多大城市，人工智能监控系统已经无孔不入，让人无所遁形。例如，在洛杉矶的某些地方，当发生犯罪时，街头摄像机会捕捉附近的人的面孔，并将这些无辜的路人记录到系统中。如果某人不止一次经过犯罪现场，他的名字在系统中的分数就会上升，这也意味着警察对他的潜在关注度提高了。这种相关性有助于警方破案，虽然警察并不认为人在现场就意味着参与了犯罪活动，但这也会造成一些麻烦。在美国加州弗雷斯诺的一个案例中，当地政府根据社交媒体的帖子和数以十亿计的商业记录，用人工智能系统给居民设置了威胁等级。美国公民自由联盟（ACLU）的律师马特·卡格尔说，警察能看到该算法得出的结论，而公民无法对此进行检查。因此，美国公民自由联盟起诉了洛杉矶警察局。在加州议会的听证会上，卡格尔说："当一位市议员发现自己被标记为威胁较高时，他无法确定这个决定是否有足够的依据。目前尚无这方面的相关法律规定。"他和美国公民自由联盟认为，如果缺乏明确的指导，警察就可以任意标记或污蔑居民，而目前尚无相关法规要求洛杉矶警察局和其他部门必须删除记录、进行匿名化处理或只能将个人标记为犯罪区域的背景元素，例如建筑物或树木，而不是潜在的嫌疑人。[①]

当得克萨斯大学的社会学家布雷恩着手研究洛杉矶警察局使用的智能警务系统时，她发现了大量回溯数据监控的证据。当调查人员进入不同的数据库调查潜在嫌疑人，为申请搜查证和逮捕证搜集依据，自然就会发生这种情况。但她表示，在某些情况下，这些信息并未出现在宣誓书或证据之列。她说："在被提交给法庭后，这些证据就隐形了。"她会在调查过程中发现这样的情况，但在法庭上看不到这样的证据。

然而，令她更吃惊的是，许多执法人员对该系统持有怀疑态度。这套系统可以将各种警方监控技术集于一体，包括 GPS（全球定位系统）追踪巡逻车。作为一名刑事司法系统的学者，布雷恩希望官员们能够接受数据情报中"信息即权力"的观念，但许

---

① 2018 年 3 月 6 日，在加利福尼亚州议会隐私与消费者保护委员会和新兴技术与创新特别委员会联合听证会上的证词。

多人认为这无非是在加强管理控制。事实上，洛杉矶警察局的工会洛杉矶警察保护联盟，已经拒绝使用一系列监控技术，其中很多技术虽然已经存在，但是被弃而不用。

洛杉矶和纽约的居民很少能对这些技术采取同样的抵制措施，部分原因是洛杉矶警察局和纽约警察局并没有主动地与社区的警务预测系统进行沟通，更不用说在更加公开的公共论坛上讨论了。[①]这应该并不让人感到特别意外，因为警察部门在与高科技罪犯们斗智斗勇时并不想把自己的底牌都透露给他们。正如加州警察局长协会的乔纳森·费尔德曼在加州议会的一次公开听证会上所说的："广大公众，包括罪犯，都已拥有了这些技术，如果警察不能使用同样的或更好的工具来整合分析非法活动，那么警察该如何保护公民的安全呢？如果我们对警察所有的行为都公开讨论，我们就是在教坏蛋如何避免被发现。"[②]

然而，执法部门内部存在着一种"开放还是封闭"的内在紧张关系。布雷恩指出，执法人员希望公众能够了解大规模监控的存在，这样就可以形成对犯罪活动的威慑。"部分原因是要告诉街上的人，'嘿，我们正在看着你哦。我们知道你是谁，你的同伴是谁，你在哪里闲逛，你一直在做什么。所以不要做一些违法的事情，因为我们已经盯上你了。'"她说，"如果你不用干预就

---

① Barbara Ross, "NYPD blasted over refusal to disclose 'predictive' data," *New York Daily News*, Dec. 17, 2016.

② 2018 年 3 月 6 日，在加利福尼亚州议会隐私与消费者保护委员会和新兴技术与创新特别委员会联合听证会上的证词。

可以达成目标，这就是最有效的执法机制。”

特别是在这样一个时代，“更智能”的数字技术既触手可及，又具有技术性和匿名性，这一点尤其重要。任何有手机的人都可以使用先进的数码工具对他人造成名誉和物质上的伤害，而且几乎无须承担责任。在这种情况下，执法部门不仅要能追踪嫌疑人，而且更理想的情况是能够预防犯罪。但是无论是不是这样做，他们都会被人诟病。美国人可能会鄙视不受约束的监视行为，但可能让更多人感到困扰的是，联邦机构有相关证据却不能把它们串联起来，无法在各个部门之间共享信息，未能防止“9 · 11”恐怖袭击事件的发生。时隔近三年后，“9 · 11”事件调查委员会的报告出炉。报告显示，美国各个部门当时都有足够的信息来确认和阻止恐怖分子，但他们没有任何系统可以分享这些信息。那份报告建议设立一个国家情报总监的职位，来协调各机构间的情报共享工作。

当然，现在游客们去纽约旅行时已经感到安全多了，因为政府可以更好地追踪信息，进行预警，缓解紧张局势，防止犯罪活动的发生。如果他们的主要目的是尽最大努力防止死伤，那么在犯罪发生后再派遣急救人员就等于失职，这也是对人力和经济资源的严重消耗。这甚至还没算上审判、缓刑和监禁的后续人力和财力成本。美国部分地区的法官已经开始使用人工智能系统来帮助确定保释资格和缓刑问题。然而，无论是系统本身还是其开发人员，大家都不能（也不愿）解释这台机器的推理过程，他们经常给出的理由就是在激烈的市场竞争中要保守商业秘密。这在那些自诩透明、崇尚法治的国家中无疑是一个问题。如果我们不能解释这种推理过程，那么为嫌疑人辩护的律师就无从反驳，这就限制了他们为被告人提供另一番陈述的能力。

但是，除了法律问题之外，我们可能会问更深层次的问题，例如，它将如何影响人类判断的形成？法官和陪审团将自己的智慧和分析能力带到法庭上，同时也将他们的社会公正观念和对受害者和嫌疑人的同情也带上了法庭。陪审团制度是美国司法体系的一个基本优势，部分原因是人们可以设身处地设想违法行为。目前，研发人员尚不能将如此完整的人类背景融入机器学习算法之中，而这些机器学习算法通常是由数千英里[①]之外的程序员设计的。因此，即使美国司法系统帮助法官从一些沉闷乏味、带有偏见的工作中解放出来，人工智能又如何将我们的同理心以及人类共同享有又时常冲突的社会价值观进行数字化呢？

是交付服务，还是兴师问罪

这是一个值得思考的问题，它所带来的利弊都可能改变社会的游戏规则。警务预测有助于建立一个更文明的社区，创造更好的经商、旅游、交通出行和人们日常生活的环境。通过有效保护个人财产和福利，该地区可以吸引更多的社区和社会产品投资，

① 1英里≈1.609 3千米。——编者注

积累财富、稳固家庭、资助学校和其他社区设施。我们甚至可以把这些警务预测的结果称为“向上涓滴”(trickle-up)的城市发展。但同时，我们也不得不考虑，同样的“向上涓滴”的发展也可能导致中产阶级化猖獗，使那些“数据不太干净”的人们或弱势群体因其经济社会地位而被进一步边缘化。我们需要考虑如何将人工智能和其他先进技术更好地与各种城市和社会发展政策相结合，不要让创新放大现有问题。

正如布雷恩所观察到的，洛杉矶警察局的警务预测系统已经引发了大众的不同反应，即使对同类型事件，大家也各执一词。当出现家庭暴力报案时，如果该社区帮派横行、毒品猖獗、犯罪活动肆虐，警方的回应往往就比较被动。然而，如果类似的报案发生在富人区，或警方根据背景数据库查出了其他积极因素，那么警察就有了一种“交付服务”的心态。布雷恩说：“在富人区，很多求助都是有人扬言要自杀。在这种情况下，警方会看看他们可能缺少什么。他们是否已经与儿童和家庭服务机构有所联系？他们最近离婚了吗？他们失业了吗？这完全是一种‘交付服务’，而不是‘抓犯人’。而在一个帮派众多、犯罪频发的地区，他们会调查，这个女人是否参与了某项刑事犯罪，比如她可能被假释了。当然，如果涉及小孩，那么他们肯定是去‘交付服务’，而不只是去兴师问罪。但是，我也不确定我是否见过很多反驳这种偏见的例子。”

目前，美国公民自由联盟和洛杉矶的一些非政府组织已经开始抵制基于人工智能的警务预测系统。但是，究竟该如何管理这些系统？社区希望给这些系统灌输什么样的价值观？这些讨论才刚刚起步。广大群众的观念也有待提升。事实上，与美国人对警务预警系统的认识相比，中国公民已经普遍意识到并且适应了社会信用体系。那么，这将把中国和美国带向何方呢？它可能成为一个国家信任的奠基石，但也可能成为另一个国家信任的腐化剂。正可谓“我之蜜糖，彼之砒霜”。公民可能会开始回避摄像头监控区域，避开被重点关注的社区，避免参加商业或公众活动。同样一个为降低犯罪率而设计的系统，它可能增加社会偏见，也可能建立一个数据库，消除对少数群体的成见。

事实是，预测分析、人工智能和交互式机器人已经成为个人、政府和企业必不可少的宝贵工具。然而，为了改善人类的生活和社区，我们需要在一套共同的价值观框架下运用这些技术，在预测能力和人类利益之间找到一个平衡点，建立新的信任门槛。这样，我们才不会忘记信任是社会中最有价值的货币。人工智能将如何影响各种社会力量之间的平衡？令人遗憾的是，关于这方面的公共讨论和政治辩论毫无疑问将比技术进步缓慢得多。

重温《未来的冲击》

如今，各种专业技能层出不穷，美国和中国俨然成为人工智能研究、开发和部署方面无可争议的领导者。然而，这两个国家的技术发展已经超越了智能机器管理所需的监管、法律或伦理框架。人类从未彻底阻止某种技术的发展，虽然不同国家在不同时间对克隆、化学武器和核武器等技术采取了暂停或禁止措施，但我们仍在继续推进最前沿的基因工程、武器和其他各领域的技术发展。人类进步的脚步永不停歇。我们在试验和失败中受伤，又在开发和完善技术中成长。只是偶尔或较为缓慢地，我们会通过多国协议和监督机构来降低发展所带来的风险。

例如，转基因作物为世界人民带来了巨大的福祉。实验室里经过改造的转基因作物拥有更强的抗虫抗旱能力，生产成本更低，更节约水和其他资源，特别有助于帮助全球的贫困地区。二次经济效益也将不断积累，不论是由农作物的大规模工业开发、栽种和收割所创造的就业机会，还是投资转基因公司的基金所带来的股东回报，都是如此。但许多人怀疑转基因作物可能对我们的健康或者作物的自然生态系统不利。欧洲公民尤为担心这些危险，部分原因是人们普遍不信任人类对大自然的操纵和大公司对利益的追求。但是欠发达国家因为在为填饱肚子而苦苦挣扎，所以更注重转基因作物所带来的直接好处。

类似的争论在其他各领域也有，从军备控制到化石燃料的全球生产和消费。因为不同的历史经验和迥异的经济增长理念，人们对可行的替代方案有着不同程度的共识，因此各个地区持有不同的观点。例如，欧洲曾经历两次灾难性的战争和各种独裁统治，有些独裁者还做过一些人类遗传学实验。这些经历使欧洲人形成了一种根深蒂固的信念，即人为干涉大自然应该受到道德谴责。而美国对企业创新和资本主义追求（包括转基因作物）的放任态度也显得合乎情理，因为美国在历史上从未遭受过类似的直接创伤。我们天生就意识到，任何技术都有两面性。锤子可以用来敲钉子，也可以用来砸破脑袋。但人类的想象力可以极度夸大技术对人类自身和社会造成的伤害。

即使我们失败了，追求发展的热情被泼了冷水，被现实教训得鼻青脸肿，我们还是会砥砺前行。互联网泡沫的破灭几乎没有减缓互联网在我们生活中的前进步伐，它反而变得日益普及、更具影响力和更加强大。这种不可阻挡的势头引发了人们的担忧，尤其是关于人工智能的问题，我们不难发现一些悲观主义者和世界末日论者的存在。这种“反乌托邦”早已出现在科幻小说和文学作品中，从《弗兰肯斯坦》到提出“超工业时代”的《未来的冲击》。后者是一部出版于1970年的现象级畅销书作品，由阿尔文·托夫勒撰写。作者认为，在过短的时间内发生如此快速的变革将会压垮人类和整个社会。未来学家和社会学家总是发出警告并提出一些方案，让人们对加速变革所带来的危险后果有所准备。今天，当这些预言家们谈到人工智能时，他们认为，这将有可能创造一种工人组成的封建架构，在资本家和工人之间造成一种割裂，尽管工人努力想赶上前者。这样的思想呼应了托夫勒对经济结构的分解和临时工人阶级形成的担忧。

这些有识之士可能是正确的，但是这种对危险的担忧很少转化为主动的行动，让我们去重新夺回对发展的控制，重新审视技术发展对人类生活的影响。就像药剂师既制造解药，又生产毒药，他们生产强大的鸦片制剂时，远未意识到滥用药物的潜在危险。当创新产生我们认为对个人有害的东西时，我们几乎总是无动于衷。只有当它们带来主要的流行病，例如香烟大量致癌或阿片类药物成瘾影响美国社会权贵阶层时，政策制定者才会开始呼吁采取行动。为数不多的体现人类远见卓识、积极引导技术发展的案例之一就是人类基因工程。联合国各成员国在人类基因工程被公开试用之前就共同制定了指导方针，对其进行谴责。

人工智能更快更强大

在许多行业，人们对引导人工智能发展怀有紧迫感。首先，它对我们的生活、价值观和人际关系产生了广泛的影响，可能从根本上改变人类社会、文化和经济，甚至比互联网的影响还要大得多。其次，就像互联网一样，基于人工智能的创新可能会阶段式爆发，即使它会时断时续。人工智能已经走过 70 多年的历程，经历了几次“寒冬”，直到今天才刚刚起步。然而，我们在深度学习技术、数据大爆炸、廉价计算力的普及等方面取得的突破使新兴人工智能应用迎来了飞速发展的新阶段，这常常让业内专家深感惊讶。没有人会想到，AlphaGo 在 2016 年的围棋大赛中能够击败世界冠军李世石，并且以 4∶1 的成绩赢下了比赛。紧接着，大约 18 个月后，AlphaGo Zero 登场，通过自我博弈精进棋艺，在连续 100 场比赛中击败了各路高手。

所有这些让人措手不及的快速变革都向我们提出了种种问题，这不仅需要技术人员、政治家或监管者来回答，还需要人们从整个社会中寻找答案。正如硅谷软件和微芯片开发公司新思科技（Synopsys）的汽车战略副总裁、大众汽车美国公司电动汽车和创新前高级副总裁布克哈德·汉克所说：“如果我们把那些容易犯错的人从方向盘后面赶走，我们的道路将变得更加安全。”但是，汉克说，告诉那个人他不能再开车又是另一回事了。这是一个更加社会化的命题，他说：“因为它触动了你成为司机的自由……这不能由监管机构来解决，而必须在一个完全不同的层面上解决。”

照护机器人

海豹机器人PARO最初讨人喜欢可能纯粹是因为样子长得可爱，但真正与用户锁定这种亲密关系的是它精巧的设计。在毛茸茸的白色海豹皮毛底下，研发人员将机器人的触觉传感器放入气球中，这样用户就不会摸到坚硬的地方了。它那黑色的大眼睛会观察房间里的动静。它会拍打前肢，也会有意识地咯咯笑。它会根据人们的抚摸改变身体姿势。它能分辨出自己是在被温柔地抚摸还是被粗暴地对待。甚至在充电时，它插着充电线的样子看起来就像在吃奶嘴。它的可爱背后凝聚的是严谨的研发思路，这让海豹机器人成为照顾老年病人，特别是阿尔茨海默病患者的能手。该智能机器人由日本产业技术综合研究所（AIST）的首席研究科学家柴田崇德开发。机器人内置的人工智能系统会根据周围的互动和环境调整自己的行为。它会对自己的名字和用户最常用的单词做出反应，如果太久没有得到关注，它还会发出叫声。

这样的设计使得PARO可以非常出色地帮助护理人员安抚阿尔茨海默病患者，辅助他们交流。2008年，在通过有效性试验后，丹麦技术研究所鼓励丹麦的每家养老院都购买一套PARO。[①]自2004年问世以来，成千上万的PARO海豹机器人已经进入日本、欧洲、美国等地的养护机构。2011年，在日本发生“3 · 11”大地震和海啸后的几周里，一对捐赠的海豹机器人来到了日本受灾最严重的地区之一福岛县，为当地养护中心的居民带来了心灵上的抚慰。

然而，尽管人们对PARO的柔软特性和背后的硬科学技术十分关注，它的有效性其实来自人性之中更深层次的东西：我们暂时放下怀疑的能力。柴田崇德先生和他的团队让PARO给人尽可能真实的感觉，但又不让人觉得恐怖，比如一个人形机器人就会让人不寒而栗。所以，当他们将PARO设计成重约6磅[②]，即大约一个婴儿的重量时，他们故意把它做成海豹的形象，以避免人们联想到猫、狗等常见的宠物。我们知道，这只海豹不是真的，但它在我们的脑海中足够真实，可以让我们感到快乐，也可以与人进行深度互动。

南加利福尼亚大学计算机科学与心理学教授乔纳森·格瑞奇（Jonathan Gratch）花了大量时间研究人们在多大程度上将机器视为社会生物。换句话说，他进一步思考，要为这只机器人海豹

---

① Wolfgang Heller, “Service robots boost Danish welfare,” Robohub.org, Nov. 3, 2012.

② 1磅≈453.592 4克。——编者注

加上一点儿什么，才会让人们更强烈地把它当作一只真正的海豹。他发现，起初，人们会把交互机器人或其他人工智能当作社会成员，给予它们一定程度的同理心。而且当机器提供情感暗示时，它们的情感表现越丰富，就会激起用户越强烈的情感反馈。人工智能和机器人系统开发者在编写程序时，经常会使它们能传达人类的特质或情感，让人类与机器建立更加紧密的联系。然而随着时间的推移，这些情感线索需要有意义的支撑，其中许多设计最终会沦为格瑞奇口中的“错误的负担”。

例如，想象一个机器人或聊天机器人，它看起来很像人类，因为它可以将你的注意力引向某个特定的物体或想法。研究表明，这种关注会加深与人类的互动。“但如果这个系统试图将人们的注意力引向一个无关紧要或令人困惑的目标，人们很快就会对它失去信心。”格瑞奇解释道。试图表达同理心和毫无诚意的道歉也是如此。因此，人们一开始对机器百分百信任，但当它没有实现功能或兑现承诺时，人们就会将其行为视为一种彻底的背叛。“如果机器能够意识到这一点，并且改进它，”格瑞奇说，“那么它就会非常强大，因为它在遵守‘规则’。”关键在于，它支撑甚至提高了我们怀疑的门槛。

这引发了伦理学家的一些担忧。例如，对PARO最早的担忧包括担心它误导和操纵病人，虽然我们的生活中也有很多毫无恶意的例子。例如，我们给孩子们讲圣诞老人的故事，鼓励他们与自己的泰迪熊和玩具玩过家家，为他们展现出的创造力而鼓掌。我们已经从电影、戏剧和小说中获得了极大的乐趣，这些作品都需要我们大脑的想象和加工。我们很乐意使用这些高科技产品，加速技术迭代的周期。我们愿意接受智能手机的“计划报废”，也就是说它们永远不会达到“完成”或“完美”的状态，因为下一次的迭代很快就会到来。发生的改变，无论是好是坏，往往潜移默化、不易察觉，但它们足以取悦我们，够我们打发“下一个大事件”来临前的时光。

这种现象加速并放大了机器认知的发展，因为这些人工智能系统一直在处理一些人类最根本的、直接的、有形的和共性的需求。这使我们更容易对不完美的事物“暂停怀疑”，以换取所能获得的好处。我们愿意将更多的认知工作花在那些远非完美的事情上。最终，当我们回过神来，我们会惊讶地发现，生活中的技术颠覆无处不在，为生活创造了无限可能。我们让机器深入肌肤，进入大脑，对生活施加潜移默化的影响。这可能让人如获至宝，帮助老年人缓解压力，但也可能让我们交出比预想更多的控制权。

人工智能的前景与风险

技术的快速发展充满各种未知性，这使得人工智能应用的前景和威胁显得更加紧迫，但人类天生拥有一种超凡的能力，可以接受并不一定符合我们最佳利益的权衡妥协。20 世纪 70 年代，核能成为一种廉价而清洁的电力来源。胜利者书写的“二战”简史帮助美国的核能卸下了破坏力强的道德包袱，官员们都将其视为能源短缺的解决方案和化石燃料的替代品。像阿尔伯特·爱因斯坦和尼尔斯·玻尔这样的标志性科学家帮助核能建立了作为未来能源的声誉，使其在当今一系列创新技术中占据一席之地。光明的未来已经到来。我们看到了希望，暂时停止了对原子能威力的怀疑。

包括美国人在内的世界上的很多居民可能还记得，1979 年 3 月 28 日，位于美国宾夕法尼亚州三里岛核电站的二号机组发生局部熔毁。这使得人类与核能的蜜月期戛然而止。核能的负面影响立刻清晰显现：一次事故就能造成巨大的人员伤亡。宾夕法尼亚州发生的核事故让人们回想起在日本广岛和长崎所笼罩的恐惧。自切尔诺贝利事故和福岛核事故发生以来的几十年里，人们的焦虑情绪不断加剧。今天，核武器或核能令人不敢小觑。

尽管汽车遭受的非议和造成的灾难要小得多，但汽车行业也经历了类似的周期。一开始，它就对社会和经济产生了巨大的影响。汽车解放了个人和家庭，重新定义了社区，推动了经济发展。随着人们移动能力的增强，郊区不断得到发展。同时，庞大的汽车制造生态系统逐渐成形，包含供应商、分销渠道和附加服务等各个环节。今天，大多数发达国家都认为汽车工业已经太庞大、太重要、战略意义太强，所以不能破产。

然而，当我们静下心来回顾历史，我们就会发现，在过去的一个世纪里，汽车对我们的环境和生活所造成的危害已经超过了核能。根据美国国家环境保护局的数据，2015 年，在美国排放的 5.87 亿吨二氧化碳及其当量中，超过 1/4 来自交通运输业，仅次于电力产业。[1] 伴随着噪声、压力和生产力丧失，汽车的附加成本已经开始增加，而它作为独立和自由象征的地位又逐渐降低。当然，直接的人力成本甚至更加惊人。根据国际道路旅游安全协会的数据，全球每年有近 130 万人因交通事故死亡，这已成为全球第九大死因，介于患痢疾和肺结核之间，另有 2 000 万至 5 000 万人因车祸受伤或致残。[2] 该协会表示，仅在美国，每年就有超过 35 000 人因车祸死亡，造成 2 306 亿美元的年经济损失。

汽车和核能的前景与威胁日益凸显。两者的基本条件在过去几十年里基本没有改变。根据世界核协会的数据，2018 年初，大约 450 座核电站提供了全球约 11% 的发电总量。[3] 据研究机构 IHS Markit 的数据，2017 年，全球大约售出 9 450 万辆新的轻型汽车。[4] 人们投入了数亿美元的研发经费，使这两种技术更加安全，确保大多数人永远不会有身体或心理创伤。

与核武器和汽车不同，人工智能及类似技术并未对我们的日常生活产生显而易见的影响。即使真的有影响，这些技术对生活产生的负面影响也远没有那么明显。从这个意义上说，它们更像

---

① U.S. Environmental Protection Agency, *Sources of Greenhouse Gas Emissions*, Updated April 2018.

② Association for Safe International Road Travel, *Annual Global Road Crash Statistics*, ASIRT.org.

③ World Nuclear Association, *World Nuclear Performance Report 2017*, Updated April 2018.

④ IHS Markit, "Global Auto Sales Growth to Slow in 2018, Yet Remain at Record Levels; 95.9 Million Light Vehicles Forecast to Be Sold in 2018, IHS Markit Says," press release, Jan. 11, 2018.

是药品。人类通过大幅降低脊髓灰质炎和百日咳的发病率，以及控制艾滋病的致死率，挽救了数亿人的生命。我们用高蛋白、高碳水化合物饮食，让数百万人更加强壮、长寿、享受生活。从每天的日常生活来看，“二战”以来，每隔 10 年，医学和农业的进步就让人们的生活变得更加丰富美好。农业工业化所带来的规模效益为人类创造了更多人们负担得起的食物，并让食物的准备过程更加方便。餐馆和规模统一的工业化连锁餐厅使人们对食物买得到、买得起，而且食物又好吃。

然而，这些进步也给我们的健康和社会带来了微妙而普遍的影响。由于人类在自身和牲畜上滥用抗生素，越来越多的细菌突变并产生了耐药性，从而引发了制药公司和大自然之间的一场军备竞赛。每当我们开始使用下一批药物，我们都有可能碰上新的突变，也许是流感病毒株或是链球菌细菌，从而引发连续感染。随着阿片类药物、抗抑郁药、类固醇和其他药物在治疗计划中越来越普遍，这些药物可能引发一系列成瘾危机。当我们希望改善健康状况时，一个规模达数十亿美元的营养保健品行业应运而生，虽然科学上仍然缺少对其有效性的证明。大多数时候，我们并不真正了解这些新型生物化学品对我们的身体到底有什么影响，因此，对于它们的后果我们也就无从察觉，我们在日常生活中通常选择忽略后果。

人工智能的广泛使用将在很多方面促进人类发展、改善人民生活，但我们仍然要像对待药物一样，考虑其潜在的副作用，不再重蹈汽车和核能的覆辙。后两种技术所带来的后果不论好坏，都一目了然。相比之下，我们往往看不到也无法理解高深复杂的算法和神经网络，就像我们不能理解自己体内的生物细菌、病毒和化学反应背后最微小且深层的作用机制一样。

这些看不见的元素可以带来不可估量的进步和繁荣。据美国疾病控制与预防中心（CDC）2014 年的一项研究估计，过去 20 年里，新生儿疫苗预防了 2 100 多万人住院治疗，挽救了 73.2 万条生命，而这仅仅是美国的数据。人工智能将以数据为燃料，成为卓有成效的自主经济的发动机。但是，要利用人工智能的潜力治疗现代社会的弊病，同时避免最坏的副作用发生，我们必须将这些力量向人类利益倾斜。为了建立必要的防护栏，我们需要了解这些智能机器将为我们的生活带来哪些潜移默化、难以观察、极具影响的控制力。

七度关系

当清华大学计算机科学教授马少平在中国看到一些关于人工智能的炒作和预言时，他的美国和欧洲同行们也读到了类似的文章。马少平教授说，媒体总是大肆宣扬担忧情绪，比如自动驾驶汽车危害行人安全或机器人故障导致人员受伤。马少平教授表示，这种狂热很少深入探讨更广泛的意识层面，但它通过微信和其他社交媒体软件迅速传播。“媒体需要博人眼球的消息，”他说，“在中国也是如此。”在技术方面，人类的想象力可以天马行空，甚至比高科技路线图走得更远。马教授说，因此，尽管迄今为止几乎没有证据表明新兴的超级智能即将出现，许多中国民众已经开始担心人工智能的发展，因为他们对技术本身知之甚少。就像在许多其他地方一样，大多数中国民众并没有意识到，人工智能技术已经渗透到我们生活的方方面面。

马少平教授已经看到了这一点。他从自己大学的工作、中国人工智能学会常务理事的身份，以及与仅次于百度的中国第二大搜索引擎搜狗的合作中已经看到了这一点。虽然政府宣布未来几年将在人工智能研究和发展方面做出巨大投入，但智能机器仍然将以潜移默化的方式渗透并影响中国人民生活的方方面面。马少平在与搜狗的合作中和同事们一起研究搜索引擎，发现人们想要找的东西往往与他们得到的搜索结果不一样。和大多数顶级搜索引擎一样，他们开发的算法将“结果多样性”作为主要指标之一，以满足不同用户的搜索需求。

如果你搜索“wings”（翅膀），一般情况下你会得到一些你可能感兴趣的鸟类相关内容的清单，但也可能搜到底特律曲棍球队和保罗·麦卡特尼的摇滚乐队。[①] 尽管系统知道你对鸟类感兴趣，但搜索结果的多样性保证了不同用户的一致体验，减少了纯聚类的效果。由人工智能提供的搜索结果多样性和其他细微的适应性改进，如今已经悄然融入我们用电脑和智能手机上网所做的大部分事情。事实上，人工智能的一些核心模型，包括对购物者、电影爱好者和新闻阅读者分类，从而改善个性化推荐、提升销售

① 底特律曲棍球队叫作 Detroit Red Wings，保罗·麦卡特尼的摇滚乐队叫作 Wings。——译者注

额，已经慢慢转向对商品状态的研究，而这正是我们未来几年的几乎所有数字互动的基本组成部分。这些模型的应用潜力广泛，适用于从医学到建筑业的很多领域，随着更多产业的数字化，其传播范围还将进一步扩大。

对于硅谷NEA公司的合伙人阿龙·雅各布森（Aaron Jacobson）这样的风险资本家来说，基于商品化的人工智能平台开发的产品已经更具投资吸引力。从更大范围来看，以美国企业和中国企业为首的各大企业都在争相打造新的"平台经济"。这些人工智能巨头，包括阿里巴巴、亚马逊、苹果、百度、脸书和腾讯，已经掌握了大量用户资料、交易数据和社交通信信息。它们将撬动每一处砖瓦空间，将自己的触角和力量延伸至我们生活的角角落落，从办公室布局到家里的恒温器，无一例外。只要看看有多大体量的用户在全球范围内使用和订阅这些平台，你就能感受到算法的强大威力了。脸书的用户数已经超过20亿。根据公开报告，仅在2017年，亚马逊就通过其Prime会员售出了50多亿个包裹。中国企业的规模更加令人瞠目结舌，尤其考虑到中国企业的全球化扩张并不如美国公司，它们的数字却已经接近甚至超过了美国企业。

这些公司的厉害之处在于，它们非常了解用户，并且对用户的生活有着很强的"黏性"。一旦平台对用户需求的把握达到了适当的连接数量和适当的满意度，人们很少会删除账户并转投其他软件。尽管脸书和推特在2016年美国总统大选后遭受了批评，他们在维持国内用户基数上仍然驾轻就熟。社交媒体、搜索和电子商务行业形成了一两家公司独大的局面，这使得用户被更加紧密地绑定在这些平台上。这也造成了一些公司的准垄断地位，它们运用强大的人工智能平台向我们推送称心如意的产品，不断增强我们对其内容和建议的依赖。

事实上，这些互联网巨头的算法黏性正是其服务的价值所在。通过人工智能分析人们的搜索历史，你就可以发现，人们接下来会对哪件商品感兴趣（你好，广告商！），或者人们想和谁分享自己的一天。这种对社会关系的不断经营使科技巨头成为我们生活中的得力助手。但是，他们所掌握的控制权，随着每一次点击，每一个新比特、新字节的出现，正在与其他经济社会力量展开角力。这些公司可以潜移默化地、下意识地引导我们的决策。这是一种无形的、不可抗拒的力量，我们往往不能轻易察觉。从理论上讲，我们仍然拥有改变思想和价值观的自由，而且我们常常会随环境和处境的变化做出相应的改变。但是机器学习算法可以利用我们已有的偏见，并在我们毫无意识的情况下强化它们。我们可能会受到高明的操纵，这可能是一般的非技术人员永远无法理解的。我们会发现，政客和技术娴熟的黑客可以将虚假新闻和广告植入社交网络，巧妙地操纵我们对当前新闻和流行趋势的看法，就像美国人发现脸书和推特在 2016 年总统选举期间做了手脚那样。人工智能可以帮助他们将这些精心包装的内容直接投放到毫无戒心的用户的信息流中，提高人们对某些新闻的认知，加剧社会紧张气氛，甚至影响政治结果。

认知就是力量，而智能机器的日益强大代表着一种新的力量源泉，一种强大的新智慧。虽由人类创造，但人类必须与之一较高下。说到底，我们也是智能生物。最终，我们对我们消费的媒体有自己的解读，我们仍然会投出自己的一票。

认知能力再混合

2014年，美国硅谷的人工智能公司Unanimous AI成立，并提出了“群体智能”的大胆想法。他们将一群人组织成一种“实时人工智能系统”，结合并提高个人的智力，优化集体知识。据该公司网站介绍，公司的底层算法可以协调不同人群的不同思维，将他们的知识、洞察力和直觉整合到一个“单一新型智能”中。该公司的创始人兼首席执行官路易斯·罗森贝格（Louis Rosenberg）将其比作蜜蜂的互动行动，蜜蜂可以解决蜂群位置和食物来源等复杂问题，尽管它们每个脑袋里只有1亿个神经元。罗森贝格在2018年3月的西南偏南大会（SXSW）上说，人类大脑不管变得多么复杂，最后终将达到其容量极限。那么，何不换个思路，通过与其他大脑建立联系来提升智能呢？

从肯塔基州德比大赛到奥斯卡金像奖的颁奖结果，该人工智能都有着不错的预测能力和见解。事实上，2018年初，罗森贝格和同事们就把这个想法运用在了奥斯卡金像奖上。他们将50位影迷组成一个智能集群，让他们预测获胜者。单独来看，他们的预测准确率平均是60%。但当集合到一起，他们的预测准确率达到了94%，比任何一位发布预测结果的个人专家都要高。更令人印象深刻的是，他们当中没有一个人看过所有的提名影片，大多数人只看过两部电影，罗森贝格这样对西南偏南大会的与会者说道。

全国有多少关于2017年最佳影片的对话是有价值的？你的好友推荐了一部电影、一家餐厅，或者一个产品。这样的推荐是有价值的，因为它凝聚着你对朋友的所有了解，或者你所认为的了解，包括他们的地位、信誉以及你们关系的质量。有意或无意地，你给那位朋友的建议赋予了一个权重。你的大脑会很快地检索你朋友的可信度，她对该问题的经验，以及她过去提出了多少好的建议。你明确地知道，你的朋友可能对某类电影或某种餐厅风格有着明显的喜好。她的个人资料和历史在很大程度上对你而言是透明的。如果你随机问一些工作中的同事，你对他们所持偏见的洞察力就会有所下降，他们在你心中的信誉也没有那么高。六度或七度关系的人对你而言几乎没有任何可信度，当然除非有人向你解释，为什么你可以信任他们。

从理论上讲，社交网络可以提升这种个人信誉，因为它可以通过对数百万或数十亿人的分析，获得和你一样的洞察力，给你提供有力的推荐。乍一看，这听起来就像Unanimous AI的群体智能通过集思广益为你提供支持。但是，从数据集中提取出见解并将结果与个人相匹配的算法，仅仅代表了一种你与其他多人相关的概率，并不是真正与你个人的一对一匹配。它无法识别你不想看某部电影背后的复杂原因，也无法理解为什么你的喜好会发生变化。要做到这一点，它必须真正理解其中的因果关系，你生活中的某件事如何导致另一件事，而2018年的机器学习系统还不能很好地做到这一点。它不明白你为什么想看那部俗气的浪漫喜剧，为什么你可能对它感兴趣（或不感兴趣）。因果关系，这一理解世界运作方式和原理的基本要素，可能是下一代人工智能系统的必备要素。

在未来的几年里，我们将会进一步了解群体智慧的概念将变得多么强大。但这种为人类赋能、让人类参与人工智能、与人工智能合作的理念，为人工智能系统注入了人类的价值观和智慧，预示着一种更为丰富、更有价值、更加有效的认知模式。我们已经集体做出了选择，向全球互联网巨头公司交付那份模糊的信任，让这些公司以及它们的算法来为我们的决策提出建议。这听起来像是迈向信任和高度互联社会的第一步，但它也可能让人们被权力所操纵。正如谷歌公司的人工智能和机器学习软件工程师弗朗索瓦·肖莱于 2018 年 3 月在推特上痛骂的："脸书可以同时衡量我们的一切，控制我们接收的信息。当你既有感知又有行动时，你就在面临一个人工智能问题。"他在推特上写道，人类大脑"非常容易受到简单模式的社会操纵"，而严重的危险潜藏在那些闭环中，即公司可以一边观察其"目标"的状态，一边又能不断调节所推荐的信息。（推特上其他人很快指出，谷歌和其他人工智能巨头也拥有类似的权力。）

然而，我们塑造生活、影响周围的人以及选择自己道路的能力，仍然是个人最大的力量源泉。可以肯定的是，我们能将这一助手用得多好，部分取决于我们接收到的信息的质量，以及我们如何处理它们。但最终，我们的认知和影响他人认知的能力本身就是一种力量。不断迭代的人工智能将使我们暴露于其他实体的威力之下，由它们塑造我们的生活，但人工智能也将帮助我们发展，培养自己的助手和权威。

开弓没有回头箭。这些认知机器已经在塑造人类的认知、意识和选择。它们已经通过满足人类对简化生活、节约时间的愿望来不断发展成长。这是我们为换取便利或愉悦而欣然让出的权力，也是我们在毫不知情的情况下被窃取的权力。如果我们希望利用这些技术的潜力在未来 10 年或 20 年实现价值，我们此时此刻就需要建立一种新的力量平衡。主动权还是在我们手里。

第三章

共生思想

作为现代史上最令人难忘的科技成就之一，这一刻被定格在了文化思潮之中，但帕特里克·沃尔夫（Patrick Wolff）和他大多数同行早在几年前已经看到了这种思潮的来临。“这是一个约定，但我们知道它会发生，”几年之后他这样说道，“事情发生了，生活还在继续。”

20 世纪 80 年代末，当沃尔夫开始跻身美国国际象棋大师行列时，计算机打败人类这样的情节还只会出现在科幻小说之中。那是一个遥远但可预见的未来，它将预示着人工智能的真正来临。当时最厉害的电子游戏《萨尔贡》（*Sargon*）可以和人们下国际象棋，但在高手看来，电脑的水平还是略显稚嫩。此前，棋手们时常翻阅杂志，向前辈讨教经验，关注最新的国际象棋新闻，并在纸质笔记本上记录自己的分析、观察和想法。但是大约到了 1987 年，也就是沃尔夫赢得美国少年锦标赛的时候，职业棋手开始依赖于 ChessBase 这类数据库。没过几年，每位大师人手一台笔记本电脑。他们会拿到大师对弈数据库的软盘，将自己的比赛录入其中，然后做数字笔记。他们可以在数据库中查询特定类型的先手或后手开局。

1992 年，沃尔夫赢得了他的第一个美国国际象棋锦标赛冠军，三年后又夺得第二个冠军。那时，计算机程序在比赛中的表现已经足够优秀，即使世界顶级大师也不能小看它们。虽然大师们还能相对轻松地应付数字对手，但他们已经开始与一款相当不错的软件切磋棋艺。沃尔夫回忆道，他会下一步棋，然后让电脑对几百万个选择计算一晚上，到了第二天早上，它可能会下出一步精妙的棋。尽管如此，未来的方向依然清晰：计算机的处理能力会不断提升，开发人员也将继续改进游戏软件。他说："我和大多数大师都很清楚，这只是个时间问题。"

1997 年 5 月 11 日，IBM 公司的"深蓝"计算机在与国际象棋世界冠军加里·卡斯帕罗夫的第二次对弈时击败了他。这台超级计算机以 3.5：2.5 的战绩胜出，登上了世界各地的新闻头条，同时让卡斯帕罗夫成为家喻户晓的名字。这也是人类高科技成就历史上的标志性时刻。然而，在国际象棋世界里，生活还在继续。在世纪之交后不久，商用计算机系统上精心开发的下棋软件已经可以挑战甚至时常击败顶尖的国际象棋大师。在接下来的 10 年左右的时间里，大师们和电脑挑战者之间的关系变得更加共生。

然后，Alpha Zero 来了，而国际象棋界还没有完全意识到它意味着什么，沃尔夫说道。大师们已经知道，软件可以比人类更好地处理国际象棋步骤，所以他们开始学习如何将这些强大的数字工具整合到操作流程中，来提升自己的棋艺。但这些应用程序从本质上说，通常都是按照以下步骤完成的手工开发的程序：首先不断更新开局理论，然后在中局优化概率计算，最后用现成的残局技法收官。然而，谷歌 DeepMind 团队的 Alpha Zero 却是在游戏规则之外没有任何知识背景的情况下，通过自我对弈、强化学习，迅速提升自己的棋艺。训练完成后，DeepMind 的开发人员将其与当时最好的传统下棋程序 Stockfish 放在一起，进行了 100 场配对比赛。Alpha Zero 在执白先行的比赛中，胜 25 平 25；在执黑的比赛中，平 47 胜 3。大多数大师都认为，一场完美的比赛应该以平局收尾，所以 Alpha Zero 在这方面做得非常好。

要了解它的表现究竟有多棒，让我们来看看国际象棋圈内用来衡量玩家水平的“埃洛等级分系统”吧。该系统会给出 4 位数的评分，目前最高分大约为 3 600 分。（过去为 2 900 分左右，但电脑玩家推高了评分。）排名第一的特级大师芒努斯·卡尔森（Magnus Carlsen）在 2013 年赢得了首个世界冠军，截至本书撰写时，他还保持着冠军头衔。他的埃洛等级分为 2 840 分左右。沃尔夫解释说，Stockfish 的评分在 3 400 分左右，表示它有望赢得 97% 的比赛。根据 DeepMind 研究人员发布的信息，Alpha Zero 的等级分在短短 4 个小时内就突破了 Stockfish 的分值，接近 3 500 分大关。“Alpha Zero 时刻？这对我来说是一个意义非凡的时刻，”沃尔夫说，“天哪！我花了几个月时间自学机器学习和深度神经网络。我要知道到底发生了什么。”

在研究了 DeepMind 研究人员公布的 10 局对弈的详细棋谱

后，他意识到，尽管 Alpha Zero 有着强大的计算能力和认知能力，它仍然缺乏人类大师独有的特质：对棋局的全局理解。Alpha Zero 的计算速度比任何人类快 4 个数量级，而且它可以利用这种能力在国际象棋或围棋棋盘上推演各种潜在可能性，但它不能对一个棋局形成概念化的理解，或将其用语言表达出来。以沃尔夫所研究的 2018 年初的某场比赛为例，一方牺牲了自己的骑士，后来证明这是以退为进的一个妙招。沃尔夫解释说，在某种程度上，他可以通过模式识别来理解这招，但他自然会有疑问，为什么一开始玩家要将他的骑士置于一个明显会受到威胁的位置？他说："我理解，这背后一定是有原因的，所以我会观察哪些特征发生了变化，然后问自己'是这个理由吗？'。"换句话说，沃尔夫试图聚焦眼前的棋局，设法弄清楚这一步棋背后更大的概念原理。那位棋手到底看到了什么他还没看到的地方？

"当我看着棋盘的时候，我通常看到的是一幅图。这就为赢得棋局开启了新的理论或方法。"虽然 Alpha Zero 的神经网络对某些具体位置有所偏爱，但它似乎并没有形成相应的概念理解，引导它走出一组最优步骤。这并没有限制 Alpha Zero 在国际象棋上的能力，但还是值得注意的，因为它可能会对其他领域产生影响，在那些领域中，对概念和原理的理解可能会得出更为全面的解决方案。沃尔夫表示，这就是原始技能和人类想象力之间的区别，后者可以构造出概念性的图像。无论如何，人类大师们拥有更多概念性知识，即使被 Alpha Zero 的技能所折服，他们也能用想象力构造出一套制胜理论。然而，我们将两者结合起来会产生什么样的效果呢？

沃尔夫说，如今几乎每一位特级大师都用电脑进行训练。他们对此习以为常，以此精进棋艺，开拓新思路。这样也许会帮助他们想出更为精妙的开局，或者对抗对手的新战术。许多人都参加“高级国际象棋”或“半人马国际象棋”比赛，这些比赛是人机混合组队对抗的。沃尔夫说，这种组合效果极佳。1997 年，沃尔夫从职业国际象棋俱乐部退役，但他仍然喜欢关注顶级的人机战队。“这就像在看上帝下棋，”他说，“水平之高，令人难以置信。”

共生智能

大多数商学院或大学的传统案例研究都会让阅读和研究案例的学生在相对狭小的范围内做出选择。虽然这些练习原本要模拟开放式的场景，但它们不可避免地使人受到约束，人们只能在几个选项中做出选择。这种体验性质的练习通常可以让人对现有的材料和问题产生更深刻的理解，至少比大多数讲座的效果要好，但它们还远远达不到现实生活中的真实体验。约翰 · 贝克（John Beck）和他的同事们还未打造出一套栩栩如生的教学体验，但他们已经比现有的案例研究做得都要出色。

在与托马斯 · 达文波特（Thomas Davenport）共同撰写《注意力经济》一书时，贝克灵光一闪，有了一个很棒的新想法。这本书认为，公司需要捕捉、管理和保持市场的注意力。当撰写这本书时，贝克发现，电子游戏产品在吸引和保持人们的注意力方面比其他任何产品都出色。他一直认为，信息技术可以在教育中发挥更大的作用，但他从未认真想过如何去做。大约在2015年，互动学习体验（或称为I-L-X）问世了。贝克说："这是你希望在好的案例研究中真正去做但没有时间或能力来做的事情。案例研究选择有限，但在这里，我们有10^{150}种不同的可能结果，虽然这个数字还是远远小于现实生活中面临的决定。"

互动学习体验以电子游戏的模式来吸引学生，但它并不是真正意义上的电子游戏。贝克解释说，它会不断评估学生所学的内容，将传统教学、电子游戏和带有剧本的娱乐活动融为一体。教程的剧本很重要，因此这种体验也许不可能成为一个端到端的人工智能系统，但它已经融入了机器学习的元素，最终将包含其他各种人工智能技术。但是，互动学习体验的核心特点就是人类与机器的互动体验。它会追踪玩家在整个游戏过程中所做的每一个动作，甚至会关注玩家做决定所花费的时间。"根据人们所看到的信息，我们能很好地判断他们会选择什么样的道路，"他说，"我们也可以实时调整游戏中的每个元素。"只需改变某个场景中某个对话框的内容，他们就可以理解用户在接下来的五六步中将如何改变自己的决定。

目前，大部分的专业知识和分析都源于贝克30年的教学经验，但他已经知道，当前和未来人工智能的融入将为故事增加复杂性，扩展故事的社会背景和情感背景，并引入一系列现代事件。例如，1998年的一个课堂上，贝克在一个关于恐怖主义和航空工业的教学性“战争游戏”中，首次引用了一个当下的时政案例——瑞士航空 111 号航班空难。现在，他热衷于利用人工智能技术将最新时事引入游戏中，为学生创造更加沉浸式的互动体验环境。

不仅如此，他还希望运用更多认知计算，在互动学习体验场景中提供更多不同类型的学习体验。贝克说，当学生受到互动体验的激励，接触各种不同的学习方式模式，他们就能更好地理解和掌握知识，这比只埋头在某一种让自己舒适的方式里学习效果要好得多。他说：“我们可以让人走出舒适区，跳出他们习惯的思维和学习方式，给他们创造新的场景，让他们必须换一种思路。”（在一款游戏中，他设计了 8 种选择。）当互动学习体验将商学案例以个人叙事的口吻呈现，人人产生身临其境的感觉时，效果特别好。“我们可以让学生感到非常不自在，从而在智力和情感上激发他们，这也正是学习的关键时刻。”

人们的第一反应可能是，应该让人工智能找到最佳方案，为每个人提供一个教学课程。而互动学习体验与之不同，它利用人工智能从传递同样信息的各种技术中找到最佳排列。贝克说，这往往取决于学生们认识自我的环境。根据游戏对参与者的了解，在正确的时机灌输正确的方法，能够提供最好、最深刻的教学体验。

通过人类、认知机器和外部真实环境之间的动态互动，来改善学习环境，这种能力为推动世界各地的教育进步提供了巨大的机会。英孚教育的首席体验官、苹果日本前首席科学家埃尼奥·欧梅耶（Enio Ohmaye）已经在运用这种智能情景模拟工具帮助中国的年轻人学习英语。欧梅耶的小儿子在一个说 4 种语言的环境中长大，他可以接触葡萄牙语、日语、英语和德语。“他的大脑在生理结构上和其他人相比并没有什么特别之处。”欧梅耶这样说道。他的意思是，在相同的环境下，大多数孩子都会学到同样的技能。他的儿子只是从周围环境中吸收了这些语言知识，从父亲那里学习葡萄牙语，从母亲那里学习日语，在学校学习德语和英语。在中国，很少有年轻人有同样的经历。“这与科技无关，”欧梅耶说，“而是说有意识地接触相关语言是学习语言的有效方式。”

这就是人工智能系统在年轻学生和环境互动中可以发挥作用的地方。英孚教育开发的系统在真实世界和数字世界之间架起了桥梁。2018 年初，该公司通过使用各种机器学习和图像识别技术，在中国推出了一项融入年轻人生活的计划，旨在将英语课程与他们的生活点滴融合在一起。该公司正在为一种小型宠物机器人申请专利，这种宠物可以识别学生所处的环境，并根据周围情况调整英语课程。因此，根据一天内不同的时间段、用户的历史行为及当前场景，它可能在睡前用相关词汇与学生互动，例如刷牙相关用语、说晚安、唱摇篮曲或者读睡前故事。“我们开始将非常应景的英语融入孩子们的生活，”欧梅耶解释道，“它的美妙之处在于，我们可以让整个学习过程变得有趣，让父母参与进来，为孩子们营造生活中的仪式感。”

然而，只有这个玩具是不够的。英孚教育还设计了一些配套项目，旨在打造一个宠物、孩子、父母与环境共生的生态系统。父母、祖父母和老师都在互动中扮演重要角色，而且他们往往是内容的驱动者。这种模式将设备和社会参与结合起来，形成一个人机共生的生态系统。后台的人工智能系统可以追踪孩子们听到了什么、老师说了什么，通过对成千上万名学生的分析，找到更好的技巧。这就是为什么英孚教育突破了大多数在线教育项目所遇到的瓶颈，即注册人数众多，完课学生很少。“这种虚拟与现实的结合，以及人工智能的强大计算能力，为我们营造了一种更为沉浸式的体验，”欧梅耶说，“如果你送一个 16 岁的孩子去法国，他们回来时就会像换了一个人。这正是我爱上这家公司的原因，它能带来这样焕然一新的变化。”

人工智能、人类和其他自然智能之间的共生关系可以解锁令人难以置信的新方式，提升人类能力，改善周围环境。然而，作为人类，尤其在西方文化中，我们倾向于按照等级分出高下。我们努力爬到食物链顶端，追求职场升迁，或者要守住进化金字塔顶端的位置。我们对人工智能也表现出同样的自负，不断地将其与我们的智力水平进行对比，并对它青出于蓝的表现感到焦虑。吉纳维芙·贝尔（Geneviene Bell）是澳大利亚国立大学的计算机科学教授和人类学家，也是英特尔新技术事业部高级研究员。她表示，当人类试图弄清楚如何与新事物建立联系时，人们自然而然会产生这样的想法。贝尔将其比作佛教中的“因缘所生”。她说：“当我们把自己和人工智能放在一起比较，两者的概念都更加清晰了。”

不过，《连线》杂志的创始执行主编凯文·凯利（Kevin kelly）却不这样想，至少在智能方面持有不同意见。凯利在2017年4月发表的一篇专栏文章中说："智能并不是单一维度的，因此所谓的'比人类更聪明'是一个毫无意义的概念。"[①] 相反，他认为，世界上充满了各种各样的智能，每种智能都经过时间的演化达到目前精巧的状态。即使没有神经元，一些黏液菌的菌落也能穿越迷宫，控制集体饮食，躲避陷阱。[②] 蜜蜂通过蜂群的群体智慧，表现出解决复杂问题的非凡能力。鲸具有高度的社会化水平。人类所具有的抽象概念、想象新事物的能力是其他动物望尘莫及的。人工智能系统可以处理一些复杂的数学和记忆难题，这是人类永远不可能单靠大脑灰质去完成的。凯利把这种智能光谱比作交响乐，就像无数的乐器，"它们不仅响度不同，而且在音高、旋律、音色、节奏等方面都各有变化。我们可以把它们想象成一个生态系统"。

斯图尔特·罗素（Stuart Russell）是加州大学伯克利分校人类兼容人工智能中心（CHAI）的负责人，他认为凯利的观点缺乏说服力。罗素说，人类智能是复杂的，但机器最终可能在普遍意义上超越它，例如，机器能同样出色地完成人类几乎所有的工作。罗素和彼得·诺维格（Peter Norvig）在1995年出版了《人工智能：一种现代的方法》一书，这本书目前已成为经典教

① Kevin Kelly, "The Myth of the Superhuman AI," *Wired* (April 25, 2017).

② Ed Yong, "A Brainless Slime That Shares Memories by Fusing," *The Atlantic*, Dec. 21, 2016.

材。[①]20 年后，也就是罗素从事人工智能研究 30 年后，他开始思考："如果我们成功了，会怎样？"他和人类兼容人工智能中心的同事们希望重新定义发展方向，关键是要将安全因素纳入其基本架构之中。他们想要打造一个他们所称的"可证明有益的系统"，确保任何一种新型人工智能，无论它能力平平还是智能超群，都将人类的安全和利益放在首位。

我们对人工智能的迷恋和恐惧可能部分源于对世界的等级观念，以及超级智能可以征服人类的想法。但它也源于这样一个事实，即我们长期以来都以人类大脑来思考和构想人工智能系统，而超级智能可能让我们的大脑能力获得指数级提升。人类凭借其特有能力成为其他物种的主宰，正如许多人所说，我们进入了一个"人类纪元"，主导世界的是人类的决定和技术，而非其他自然力量。尽管如此，我们尚不能真正宣称，我们担起了与这种优越地位相匹配的责任和关怀。纵观历史，人类在大部分时候都表现得像一个冷酷无情的自然世界的适应者和支配者。制作工具是我们适应环境的标志性技术之一，而现在，我们发现自己拥有一个可以思考和互动的新工具。

20 世纪七八十年代，当大自然给我们回应，让我们意识到人类造成了不可逆转的破坏时，环保主义代表了一种人们相信自然力量大于人类力量的理念。然而，无论是环保主义还是人文主义，都不能为 21 世纪第一个和第二个 10 年的认知机器进化提供

---

① Stuart Russell and Peter Norvig, *Artificial Intelligence: A Modern Approach*, 3rd ed. (New York: Prentice-Hall, 2009).

一个令人满意的解释。智能既不是人类的特权，也不是大自然的特权。它是一种不同类型的智能体相互作用、变异形成新型智能体的交融演化的过程。在过去的280万年左右的时间里，人类利用自然资源驯养了许多动物，影响了无数动物的进化，对自然界中的智慧生物产生了不同的影响。在过去的70年里，人类利用自然资源和物理学知识让电脑变得更加智能。人类强迫其他智慧形态与我们共同进化。那么，为什么机器智能就有所不同呢？无论是否合法，我们都视人工智能为一种威胁，而不是可以与之合作，利用其改善生态系统、丰富人类生活的新型智能。那些国际象棋大师们当年用电脑提升棋艺，现在却在试图弄明白Alpha Zero对他们挚爱的游戏意味着什么。就像那些专家一样，我们也在努力拥抱一个共生智能的新世界。

"共生智能"代表着多种智能体的共栖和融合。人类、自然和计算机，三者形成俱生共创、惠及各方的伙伴关系。它会为各方创造出大于自身的价值，形成多赢的结果。肯·戈德堡（Ken Goldberg）是一位艺术家和机器人专家，在加州大学伯克利分校负责一个研究实验室，他提出了"多样性"（multiplicity）这一概念，认为它更加包容，能更好地替代"奇点"（singularity）——或者说计算机超越人类智能的一个假想点——的概念。戈德堡提出的"多样性"概念强调利用人工智能使人类思维更加多样化，而不是用人工智能取代人类思维。[①]"核心问题不在于机器何时将

① Ken Goldberg, "The Robot-Human Alliance," *Wall Street Journal* (June 11, 2017).

超越人类，而是人类将以什么样的新方式与它们合作，”戈德堡在《华尔街日报》的一篇专栏文章中这样写道，“‘多样性’是协作，而不是对抗。这一新领域不是要与世界上的人类工人作对，而是要为他们赋能。”

即使在认知领域，人类、自然和计算机也因为各自独特的进化途径而显示出不同的长处。例如，人类大脑在处理数据、保持身体运作的复杂平衡方面具有前所未有的能量利用效率。数百万年的进化和“基因智能”使得人类实现了用手精巧地操纵物体的能力，而机器人在做同一件事时则需要投入庞大的计算能力和研究精力。当前，机器人能力的广度与人类的相比依然相去甚远。例如，让我们来看看职业网球运动员对对手时速 150 英里发球的反应。正如斯坦福大学人文、科学和神经生物学教授骆利群解释的那样，运动员大脑中成千上万的神经元连接能使他马上发现并计算网球的运动轨迹，移动双腿、躯干、肩膀、手肘、手腕和手掌到达最佳位置，并将球击还给对方，所有动作一气呵成。[①] 骆教授写道：“大脑之所以可以执行大规模并行任务处理，是因为每个神经元都从许多神经元接收信息，并将信息发送到其他神经元。哺乳动物输入和输出神经元的平均数量级为 1 000 个。相比之下，每个计算机晶体管全部的输入和输出仅靠三个引脚。”这赋予了人类身体相当大的多功能性和灵活性，让大多数动物和当下的机器人都望尘莫及。

① Liqun Luo, “Why Is the Human Brain So Efficient？,” *Nautilus*, April 12, 2018.

尽管人类头脑中的灰质效率如此之高，但计算机已经取得一些新突破，它们在某些领域的表现超越了人类，比如国际象棋和围棋。人类大脑的功率大约是20瓦，大概是iPad（苹果平板电脑）迷你充电器的两倍。生产读写机器的Primer AI公司首席执行官肖恩·古莱（Sean Gourley）这样解释道。[①] 如今高级计算机的能耗要高得多，但是它们通过超快的串行计算，结合一些并行处理策略，能在图像处理、完成决策和文本识别等各种任务上轻松胜过人类。也许人类面临的最大限制就是维度，因为我们只能在三维空间中挣扎，而计算机习惯于和几千台机器共同工作。面对海量的应用程序，计算机在处理速度上的巨大优势彻底改写了游戏。“这就是为什么在今天的华尔街，人们让计算机而非人类来处理交易，”古莱这样说道，他曾为美国政府提供战争中数学和其他事务的相关咨询，“交易是一项细分的任务，只利用少数几个向量来做决策，关键因素往往在于对经济财务指标的反应速度。因此这更适合计算机这样的狭义智能，而人类的大脑考虑得更全面，速度要慢得多。”

相比之下，人类的大脑容易被个人倾向、干扰因素和确认偏误所影响。我们会对与自己理念一致的信息更加重视，而忽略其他观察到的关键细节。这样的关注机制既可以阻止感官分心，让我们快速做出决定，也会让大多数人对篮球赛场馆中走过的大猩

---

① Christina Bonnington, “Choose the Right Charger and Power Your Gadgets Properly,” *Wired*, Dec. 18, 2013.

猩视而不见。[①] 古莱说，然而，从不同的角度去思考事实、花更长时间来做决策的能力，可能会让人类拥有“密探”一般的智慧。我们可以对决策进行批判性思考，考虑更多社会需求、多重利益相关者和各领域发展的大背景，而不仅仅局限于经济和金融领域的思考。

除非在程序中特别设计，机器算法一般不会对并购活动的社会后果，以及它给社会带来的潜在外部效应等进行评估。而人类的大脑往往如此运作，部分原因是我们的智力中有一种同理心，会让我们在道德层面广泛考虑各种因素。研发人员致力于开发有效的机器算法来进行交易，以实现投资组合的收益最大化。他们可能会把同理心视为实现目标的一个风险，因为它会减缓关键决策的速度，让情况更加复杂。

构建一个共生智能的环境需要人们有能力辨别不同智能中的好坏，这样我们才可以整合各方，形成更好的伙伴关系。这需要人们对人工智能的潜力怀有高度信任，并愿意接受用这些人工智能增强人类的能力，这也是过去只有在科幻小说中才会出现的情节。然而，在世界范围内，我们已经看到了先进技术的强大新应用，它们不仅让人类的思维变得自动化，而且为我们的身份、体

---

① 克里斯·查布里斯（Chris Chabris）和丹尼尔·西蒙斯（Daniel Simons）借这项测试说明，过于专注于一项细分任务的人会错过他们观察到的一些关键元素。该测试展示了两组正在打篮球的人，要求观众记录团队成员之间传球的次数。由于过于专注地计算次数，大多数观察者都没有注意到一个穿着大猩猩衣服的人在场上乱走。Daniel Simons, *The Invisible Gorilla*, New York: Harmony, 2010; and https://en.wikipedia.org/wiki/The_Invisible_Gorilla。

验和生活的方方面面都带来了自动化的改变。

在人工智能系统中建立信任

凯文·凯利把这种生物智能共生关系比作交响乐中的乐器。约翰·尼尔（John Neal）也在他所训练的精英运动员身上看到了这一点。尼尔是英格兰板球委员会教练发展项目的负责人，同时也是霍特国际商学院阿什里奇高管教育学院的体育商业计划教授。他是英国多支队伍和个人运动员，包括皇室成员的运动表现教练。他没有使用传统心理学，而是以一种更加共生的方式将情绪洞察和生理数据融合在一起，他的目标是唤起教练和运动员身上的“心流”。他认为，思想、肉体和环境之间存在不可分割的联系。首先，从测量生理信号和神经信号开始，确定人们如何学习、反思、恢复和表现。尼尔说，大脑和身体都很诚实。一个运动员可能会说的是一回事，但数据是另一回事，它“绝对是非 0 即 1 的二进制，就像自闭症的反应一样”，即它是非黑即白的，不会有模棱两可或移情植入。

这种客观数据成为一种强大的工具，可以部分改进训练计划，而这些改进往往决定了最高水平比赛的高下之分。但是运动员们，无论是团队还是个人，都不是在无任何干扰的情况下比赛的。尼尔和同事们会训练运动员在无法达到巅峰状态的环境下做好准备。他解释道，当运动员感到自信时，他们就会进入心流状态。比赛就像在放慢镜头，他们会预测接下来将发生什么，并且一直保持领先。通常，他们感觉良好，发挥出色。尼尔说，但是如果他们的心流乱了，感受到挑战或威胁，实际流入大脑的血液就会开始发生变化，他们的身心都会开始在策略和决策上耗费更多精力。这样，它们又回到了旧的模式。

教练们可以观察到运动员身上的这种变化，不仅能感觉到运动员表现下降，还能感觉到他们基本状态的下滑。最好的教练知道什么时候该出手干预，如何让运动员重新回到心流状态。尼尔回忆说，在 2003 年橄榄球世界锦标赛半决赛中，英国队教练克莱夫·伍德沃德爵士和其他教练都注意到了这一点。乔尼·威尔金森的表现大失水准，但其中有一位教练意识到，他的动作与往常有所不同，他改变了一贯的肢体语言，看上去有些惊慌失措。许多教练此时会选择让威尔金森离场，但尼尔说，忙乱一阵后，大约 40 秒以后，教练们集体决定要把他留在场上，保持他对未来比赛的信心和心态。所以，他们派马特·卡特上场，替补另一位球员。当卡特跑上场，路过威尔金森身边时，他拍了拍威尔金森的后背，对他说了些鼓励的话，并且笑了起来。这足以把威尔金森的状态拉回到比赛中，让他继续为球队赢得更多分数。“这是我所见过的最出色的教练指导，”尼尔说道，“教练之间有激烈的争论，但这个决定大约是在 40 秒内做出的。这是一个关于直觉、智慧和认知在短时间内交织在一起的绝佳案例，而这一切都在电视屏幕上展现了出来。”

两位教练的“聪慧直觉”和威尔金森心流的回归，都说明了环境中最细微的变化能重新调整运动员的身心状态。尼尔解释说，如果运动员不适应当下的环境，他就会切换到情感皮质和自我意识模式，主要对世界怀有一种消极和恐惧的心态。我们无法改变这种自然反应，但是通过训练，我们可以学会识别触发这种反应的情境，并通过身体活动，比如说脱口秀，来重新切换到正确的思维模式。

是的，尼尔的训练计划有时候并不在健身房或球场上，而是在一个喜剧俱乐部里。对从未走上过如此大的舞台的运动员来说，尼尔和他的同事们给运动员创造了一个类似的环境，给他们一个小时的时间准备一个喜剧节目。他们都被吓坏了。要为一屋子人表演喜剧给他们带来了真实的恐惧感，但这同时也让教练有机会教他们如何在这样的环境中放松自己。他们开始意识到，他们可以接受自己进入一个受威胁的状态，但自己不一定会失败。尼尔说："在训练过程中，他们最终会享受说脱口秀。然后我们可以利用心率和其他生理数据，用切实的数据来说话，证明他们的表现得到了什么样的改善。心率变化数据显示了他们的生理反应变化，亲眼所见，他们就会更相信它。"

我们的思想、肉体和周围世界之间精妙复杂的关系构成了人类的现实。艾伦·贾萨诺夫（Alan Jasanoff）是美国麻省理工学院的生物工程教授，他将这称为"大脑的奥秘"，认为刺激、情感和认知之间并非相互独立，而是可以分离开来的。[①]"我们不应该把大脑当作计算机模拟器。"贾萨诺夫说。我们之所以成为人

① Alan Jasanoff, *The Biological Mind*, (New York: Basic Books, 2018).

类，很大程度上是因为物理感觉、情感和认知之间复杂的相互作用。我们的身体是认知的一部分，所以一个人的身体环境、社会环境和生活经历共同塑造了自我认知和身份。从我们童年的早期阶段到生命的最后时刻，我们都在接收、整合来自周围人和机构的反馈，这些身体和情感的刺激成为我们认知、经验和最终价值观的一部分。

环境教会我们区分行为的对错、表现的好坏，以及美丑的标准。它塑造了我们是谁，以及我们如何在这个世界上生活。社区和组织中的社会管理机制向我们发出了交互规范的通用准则。在所有这些过程中，我们对自己的身份认知与所遇到的其他人的认知相遇、相融、相互冲突。我们一生都在塑造和重塑自我意识，努力平衡价值、权力和信任之间的关系，协调与我们互动的各个机构。

过去，我们保留了在公共领域表现自己的一定的权力，但这件事并不总是朝着好的方向发展。政客们会把自己描绘成雄才大略的领导人，而选民们则试图从那些想要领导我们的男人或女人身上找出真相——他们的正直和缺点帮助我们判断他们是否能胜任。

但我们也接受了他们在性格形成和公众身份上的一定的模糊性，尤其是对我们所支持的候选人更为宽容。我们选择原谅他们的错误，或者把他们的成功看作复杂的多因素综合的结果。我们接受他们的主观叙述，只要能吸引我们，即使说的不完全真实也无妨。

然而，个人数据和人工智能的普及将在未来几年改变我们对自我形象和自我意识的概念。智能机器将使我们得到更加客观的测量，就像一个运动员，他的生理、神经和环境信号被像尼尔这样的教练搜集、阅读和采取相应行动。新兴的算法、深层神经网络和其他复杂的人工智能系统可以处理我们生活中许多领域的几十条数据流，评估我们的整体表现、个人资料或性格特征。它们可能不完全正确。数据可能会有所偏差，人们可以改变它。但这些系统已经捕捉到了我们的生活和环境的方方面面，而我们没有足够的智能来完全处理它们。

举个例子，IBM 的沃森机器人可以根据你的推特消息来进行性格评估，这是由一组心理学家设计的功能。[①] 在撰写本书时，该系统仍有一些问题需要解决，比如如何区分原创帖子和转发，算法可以根据推文进行文本和情绪分析，并推断出人格特征。人力资源管理协会的数据显示，人力资源部门已经部署了类似的系统，通过让员工在年度调查表上回答开放式问题，来检测员工的幸福感或不满情绪。[②] 不难想象，这样的系统将来会应用于一个人所有的社交媒体和数据流，通过这样的大数据调查，沃森可能会生成一些标签，比如内向或外向、热情或好强、思想开放或保守。这是非常简单的一个步骤，向我们提供了一份外部检查，让我们用一面镜子来观察他人是如何看待我们的。

---

① IBM Watson Personality Insights (http://watson-pi-twitter-demo.mybluemix.net).

② Dave Zielinski, *Artificial Intelligence and Employee Feedback*, Society for Human Resource Management, May 15, 2017.

这带来了大量的机会和风险，其中一个问题就是这样的系统是否能准确反映一个人的真实性格。我们在社交媒体上对自己进行了精心包装，部分原因是我们的日常行为和交流还没有被公开数字化，而且我们呈现的自我与真实的自我有所不同。在担任英特尔副总裁和高级研究员期间，吉纳维芙·贝尔和她的团队提出了将社交媒体整合到机顶盒的想法。这样，人们就可以迅速、轻松地分享他们正在观看的内容，而不是将其输入手机或笔记本电脑。贝尔说，在测试中，用户会对此感到反感，因为他们经常谎报自己究竟在做什么。她正在澳大利亚国立大学成立新的自主、机构和保障创新研究院（简称3A研究院）。“人类把大部分时间花在说谎上，不是为了那些肮脏的罪恶行径，而是为了维护和平、保持事情继续运转。”她说，“机器不知道如何做到这一点，而人类不知道如何生活在一个没有谎言的世界里……如果每个人都不受控制、撕掉面具，暴露自己最真实的冲动，那么这个世界将变成一个十分可怕的地方。”

当然，几乎所有推特用户都知道，人们仍然可以躲在不完整或碎片化的数字身份背后，并以此作为盾牌来释放他们最原始的冲动。在过去的10年里，网络煽动已经变得司空见惯，会流露出面对面交流中很少出现的尖刻批评。人肉搜索、网络恐吓和网络仇恨并不会很快消失，尤其是在那些支持言论自由的社会和平台中。然而，随着我们物质世界的数字化程度日益提高，我们可能会看到虚拟角色和现实角色之间的紧张关系。数据流将变得更加全面、多角度和多方位。可以说，我们的身份将会被多角度测量、验证和确认。这将如何影响我们看待自己，以及他人看待我们的方式？这种基于数据的评估和人类面具的新组合将如何塑造我们的意识？当我们不断被迫审视数据驱动的真实反映时，我们还能对自我意识和自我形象有多大的控制权呢？当客观的历史数据讲述了一个版本的故事，而我们的希望讲述了另一个故事，我们究竟能对人类未来如何演化、变成什么样的人施加多大的影响？那么，社会是否会变得更加理性诚实，不易自我膨胀、不易遭受误导，但同时也不再是一个可以自由地追求自我认知的地方了？

现在，成千上万的人依靠在线约会网站的"智慧"算法来寻找伴侣。许多人工智能平台帮助人们在琳琅满目的自我宣传和个人简介中找到最有可能匹配的对象。这些系统可以帮助我们调整对自己和他人的期望，并减少我们的失望，发展更为幸福的关系。我们可能会找到更适合自己真实本性的伴侣，而不是在自我和社会条件引导下与一些人交往。考虑到自我引导的浪漫爱情成功率一般，客观来源的一点帮助也许不是件坏事，就像那些在包办婚姻文化中长大的人有时会说的那样。

然而，所有这些都假定，参与这一过程的人工智能平台能够在系统中建立充分的信任，进而在社区的个体公民之间建立信任。这些系统及其开发者还没有完全解决不良数据、人类和算法偏见，以及人类人格的巨大复杂性和非线性的问题。对计算机科学家来说，它更像是一件艺术品，而不是一个工程。但他们目前的训练只允许他们将其视为后者。如果极客们把我们弄错了怎么办？如果心理学家将单一文化视角应用于跨文化的认同问题，那该怎么办？

此外，即使从代码和数据的角度来看，人工智能也只能测量它所看到的东西。我们眼中的自己是什么样的人，很大程度隐藏在我们从未表露过的想法中，或者说，我们将它小心翼翼地保护起来，让人工智能无法察觉。正如吉纳维芙·贝尔所指出的，少许的自我欺骗可以提升自尊，缓和我们与外部世界的关系，并让个人和集体朝着成功的方向前进。但是，如果现实和错觉的正确平衡是关键所在，那么人工智能将如何捕捉这种平衡，避免从一头毫无征兆地滑向另一头呢？如果人工智能无法精确地划分，效果可能会适得其反。

最终，我们的思想、身体和环境，以及与其他形式的自然智能和人工智能所形成的互利共生关系，需要依靠人工智能助手把握其中精巧的平衡。作为人类，我们需要维持权力，确保这场走钢丝表演顺利进行。否则，我们对彼此的信任将会消失，我们对人工智能的信任也会在它结出果实之前就此消亡。

情商和信任

艾利森·达西博士（Alison Darcy）和她的团队将其称为"他"，"他"的用户对"他"感到十分亲密和依恋。他们提到的这个角色是 Woebot，这是一款基于人工智能的聊天机器人，可以为用户提供心理治疗服务。乍一看，它让人回想起用户与当年的聊天机器人ELIZA谈笑风生的场景。ELIZA是20世纪60年代中期开发的一款最早的自然语言处理计算机程序。不过，Woebot的参与度要高得多，而且许多用户已经与它建立了紧密的联系。他们的依恋可能部分来自他们说自己是多么孤独，这一事实让达西感到惊讶，她是斯坦福大学的临床心理学家，Woebot实验室的创始人兼首席执行官。即使在社交场合，用户，尤其是年轻人，也会说他们感到孤独。一位同事注意到，她的成年病人通常会描述一种寂寞空虚的感觉。他们开始在Woebot的年轻客户中观察到这一点，这些用户喜欢用手机应用来做5~10分钟的自我反省。

然而，达西强调，他们并没有想让Woebot取代专业的治疗师。这款应用程序只会每天进行一次轻松友好的互动，并带有表情符号和戏谑的表情。如果你说自己情绪低落，它就会从快乐模式中消失，模拟移情，让你重新回到认知重组上来，这也是CBT（认知行为疗法）的核心。简单地说，CBT的观点如下：让人感到不安的不是他们生活中的事件，而是他们对自己的看法，以及这对他们意味着什么。因此，要治疗这些焦虑的根源，人们需要经历一个叫作认知重组的过程，这需要病人积极参与。尽管研究表明它是有效的，但现在只有大约一半的心理治疗师在使用这种疗法，而且做得好的人少之又少。主要问题就是如何让病人参与进来，让他们完成需要做的作业。“用理性的想法代替负面的情绪。这对病人而言是相当大的工作量，”达西说，“但这确实是有回报的，并得到经验证明，所以有个教练提醒你去做这项工作是很有意义的。”

Woebot 只能近似模拟一种好的长期 CBT 干预，它并不是为了取代人类顾问而设计的，但有两点让它特别有用。第一，它随时可以使用，比如某个周日午夜恐慌症发作时。虽然它不打算提供紧急服务，但它可以识别可怕的情况，触发对其他服务的建议，包括一款有证据表明可以减少自杀行为的应用。事实上，Woebot 实验室于 2018 年 3 月获得了 800 万美元的 A 轮融资。公司非常重视用户对应用程序的控制，用户和应用程序的互动，以及他们的个人数据，它甚至允许用户关掉通常会触发应用程序询问他们自杀想法的警告词。

让 Woebot 如此有用的第二点就是，“他”与用户建立了异常强大的联系，建立了一个“工作联盟”，让用户参与到治疗之中。达西说，虽然公司里的人把 Woebot 称为“他”，但用户也会用非常私人的术语来指代它。“他们使用关系形容词，”她说，“他们把它称为朋友。”事实上，她解释说，斯坦福大学的一名研究员在对 Woebot“工作联盟”的研究中发现，这种模式并没有与他之前在人机互动中看到过的模式相对应，也没有与之相对应的人与人的互动模式。达西认为，Woebot 在那个灰色地带占据了一席之地，人们会暂时搁置怀疑，就像我们鼓励孩子与他们的娃娃说话，假装这些玩具是真人一样。然而，Woebot 的开发人员特地避免让它看起来过于逼真或真实。他们希望它仍然是一个独特的实体，很明显是一个治疗性的聊天机器人，让人们从简单的友谊中脱离出来，让精神科医生或其他医生仍然保持专业风度和行为准则。“一个真正优秀的 CBT 治疗师应该辅助他人的疗程，”她说，“而不是成为其中的一部分。”

在解决各种心理健康问题方面，机器人和用户之间的信任、同理心和共生智能关系也颇有帮助。其他的心理治疗机器人，如 Sim Sensei 或 ELIZA，有效地治疗了美国士兵的创伤后应激障碍（PTSD）。他们在提供一种有效的基础水平治疗的同时，也让他们可以避开人类治疗师，因为他们可能会对是否与人类治疗师互动心存犹豫。在人类的密切关注下，这些人工智能系统已经渗透到一些与我们的心理健康一样私密个人的领域，而且由于大多数人仍对心理健康服务羞于启齿，在许多情况下，机器的互动效果可能比人类的更好。

美国卡内基–梅隆大学的一个年轻的创业公司希望利用人工智能和人类之间的共生关系帮助解决阿片类药物危机，这一危机在 2017 年使美国社会陷入了困境。从某种程度上说，Behaivior 比 Woebot 更进半步，更积极地帮助康复中的药物成瘾者远离潜在的复发。但它也学习了达西及其公司的做法，确保应用的控制权仍然掌握在用户手中，这也是建立和保持信任的关键所在。Behaivior 与可穿戴设备合作，包括 Fitbit 和移动电话，来对使用该设备的阿片类药物成瘾者的一系列因素进行评估。它分析各种指标，包括地理位置、压力指数和其他生理指标，确定用户何时会复发。这个项目仍在最初的测试中，联合创始人埃莉·戈登（Ellie Gordon）与我们进行了交谈，人工智能系统能够检测出个人活动和整个用户人群的细微模式差别。当某一个因素或几个因素的组合预示着即将复发的可能性时（比如，用户出现压力迹象，回到曾经购买海洛因的地方），它就会触发使用者预先设定的干预。戈登说，对一些人来说，这种干预是展示一幅他们饱受毒品之苦的画面，他们看上去憔悴萎靡；对其他人来说，这可能是播放音乐。许多正在康复的父母会选择孩子的照片或来自孩子的信息。有时，他们还会与 12 步康复计划的赞助者建立联系。

这些系统可以分辨一些有趣的信号，比如香烟的使用。戈登解释说，如果用户更频繁地抽烟，他们很可能会回到一个高度渴望的状态。通过 Fitbit 或类似设备上的传感器，Behaivior 可以测量用户吸烟时手臂和手的移动。当然，这并不是绝对可靠的。一个人可能会用未佩戴 Fitbit 的手拿烟。所以，搜集大量不太明显的信号至关重要。戈登说，康复中的成瘾者复发的频率远比大多数外人意识的要高。对成瘾者来说，吸毒过量，前往急诊室，接受治疗，然后出院，打电话给毒贩子，又立即在刚刚治疗过的医院的卫生间里吸食过量毒品，这样的情况并非闻所未闻。由于在坚持治疗之前，复发 6~7 次并不罕见，Behaivior 已经开始引起治疗中心的兴趣。两位创始人希望最终能引起保险公司的兴趣，因为保险公司通过这款产品可以节省昂贵的多次治疗费用，特别是急诊室治疗费用。但目前，Behaivior 或仍处于发展阶段，还有很多研究、测试和证明需要完成。但这一创意使该项目进入了价值 500 万美元的 IBM 公司的沃森人工智能 XPRIZE 大奖赛的决赛。这家初创公司的人工智能系统有助于从细微的行为模式和各种数据中识别潜在的复发可能，最终，他们可以利用这些技术实时调整干预措施，实时学习改进，帮助人们摆脱复发的危险。

Behaivior 和 Woebot 都介入了我们生活中最亲密、最人性的一部分——我们的精神健康和我们最强烈的渴望。这些交互只能建立在信任的基础上，因此两家公司都煞费苦心地确保用户对整个体验拥有控制权。但这两家公司都证明了，这些系统可以挖掘更深层次的见解，包括我们的认知、智慧甚至情感。

"改变科学"的创始人、普拉特艺术学院教员帕梅拉·帕夫利斯卡克（Pamela Pavliscak）认为，人们很容易就会对机器理解人类情感的想法不屑一顾。帕夫利斯卡克从人种学和数据科学相结合的角度研究人机关系。她指出，人类在识别他人情绪方面也做得不是特别好。她说："我对情感人工智能研究得越多，就越觉得它有潜力帮助人类认识到更多我们不知道的情感。"

目前，科技对情感的研究仍浮在表面，部分原因是我们的情感并不总是以身体可衡量的方式表现出来。我们用一系列信号来描绘我们的精神状态。有些人的信号是清晰可辨的，比如口头表达或肢体语言，有些人只会潜意识地暗示自己的感受，还有一些人则根本不表达。此外，情感也有文化因子，随着时间的推移、记忆的积累和特定的语境积累多层含义。技术本身也有局限性。"作为一个得了晕动病的人，"帕夫利斯卡克说，"我希望 GPS 不要给我一条蜿蜒曲折的路线。"事实上，人们希望人工智能应用可以提供不止一条推荐路线。例如，帕夫利斯卡克想象了一个可以感知特定道路所传达的情绪气氛的人工智能，它让你自己选择，究竟是要走一条更快但司机更加易怒的道路，还是另一条可能要多花几分钟的时间但更加平和、安静的道路。

人工智能系统处理大量不同数据的能力，可以帮助我们以新的方式学习情感，帕夫利斯卡克说，它也可以被用来操纵和利用我们。无论采取哪种方式，它都会影响我们的行为，而且我们通常并不知道为什么。在那个黑匣子里，机器如何看待我们？我们能否创造一台机器，它能够超越智能，像人类一样思考，具备准意识？如果真能实现，我们能否知道它如何看待我们？我们是否有权利知道，或者我们对它的访问是否会受到限制？

我是如何学会停止担忧，爱上机器的

约翰·贝克的互动学习体验让学生们沉浸其中，这种身临其境的体验产生了大量数据，可以帮助公司改进程序。电子游戏的开发者会获得同样的数据和见解，这也是贝克的角色扮演教育平台最初的灵感来源。用户通过玩游戏、披露位置、使用策略、有输有赢、为体验付费，产生了大量的数据。开发人员可以跟踪用户的决定以及做决定的相关场景。他们测试各种游戏体验来研究玩家的反应。通过利用这种综合信息，他们努力靠近娱乐的圣杯，希望能够根据每个人的需求、现状和财务能力量身定制游戏体验。玩家可以通过游戏让日子变得充实，利用自己的认知能力来理解和享受游戏，把注意力从生活的重担中移开。

这种深度参与、数据生成、测试和测量反应的循环往复，会提高游戏参与度和消费额度，从而催生出一个完整的家庭手工业，而比尔·格罗索（Bill Grosso）就坐在中间。他走了一条迂回的路线，两次抵御住了学术界的召唤。第一次，作为一名20多岁的年轻数学家，他认为在美国的一所中学里舒舒服服地当老师不是他想要的。于是，他决定跳槽去一家软件初创企业，在那里，他对自己在人工智能领域可能做的事情产生了浓厚的兴趣。在斯坦福大学做了几年研究后，他发现自己又回到了学术研究的道路上。因此，在接下来的10年，他又退出了学术界，领导了各种初创企业。

到了2012年，格罗索注意到一场“巨大的革命”正在兴起。“我当时正在帮助运营一家处理大量数据的金融支付公司，”他说，“我意识到，我们以前习以为常的一切行为都将受到质疑。”他意识到了三个主要趋势：无处不在的移动电话不停地产出数据，云技术提供了低成本、高性能的计算，以及日益强大的机器学习技术。“我意识到，测量行为的科学已经成为可能，”他说，“你可以进行测量，做一个实验，看看人们如何做出微妙的行为改变，你完全可以利用云端的基础设施完成所有这些工作。”

格罗索成立了一家名为Scientific Revenue（科学营收）的初创企业，利用针对移动游戏的动态定价引擎，帮助客户提升应用内购买量。它完全适用于数字产品，比如视频和在线游戏中流行的小额购买。如果一款游戏拥有几百万名玩家，你可以对他们的游戏、交易和场景数据进行精密测量，公司就可以调整价格、提升销售额。格罗索解释说，在合适的时间为玩家提供一款新武器或一袋黄金，这听起来很简单，但实际上比这要深刻得多。“每次你玩游戏时，我们会搜集 750~1 000 条关于你的信息，包括你使用的设备、电量、软件版本、时间等。”格罗索说，“然后，我们也会捕捉你在游戏中所做的事情。你花了游戏币吗？你是升级了吗，还是在努力升级中？你已经玩了多久了？”

深度信息使得 Scientific Revenue 公司可以勾勒出格罗索所称的“关于你的行为的极其详细的图表”。但他坚持认为，公司不关心个人数据，事实上，公司从不存储可识别的个人信息。他说，真正重要的是他们可以从海量数据，比如说 50 万名玩家的数据中，总结出模式和异常行为。这使得游戏公司可以为更大的玩家群体调整价格，吸引这些玩家去购买虚拟物品或进行升级。在那之后，他们可以从微观层面到群体层面测量玩家反应，更好地理解决定消费者决策的最重要原因。也就是说，如果玩家每天在游戏中玩 73 分钟，这一时长相当于一定程度的上瘾，他们就可能收到更高价位的捆绑商品推送，而不是为新手玩家设计的一次性低价商品。

但是，格罗索对搜集这么多个人数据有什么顾虑呢？他说，公司需要有一个全面的规则，而且不能存储任何可能被黑客获取的个人数据。如果有人偷了公司数据，他们就可以获取大量关于游戏和消费者行为的信息，但没有什么能显示出某个人于周二晚上 11 点 32 分在芝加哥一家通宵营业的咖啡店里玩游戏。“我并不是说我们特别高尚，”他说，“但我们不存储种族或法律类信息，也不存储任何可以用来联系你的个人信息。”

格罗索承认这种做法存在更广泛的风险。随着公司对客户越来越细致地划分，他们可以开始对社会进行微观分析，对所有人区别定价。基于各种因素而产生歧视的可能性，无论是关键性的还是一般性的，都变得越来越容易和可能发生。“我们已经在这么做了。”格罗索说。我们喜欢亚马逊以合适的价格推荐合适的产品，但当塔吉特公司比一位少女的父亲更早发现她怀孕时，我们就会感到毛骨悚然。[①] 没有公平的天堂，因为我们的数据流每分每秒都在被测量和评估。公司总是会把客户群体划分成三六九等，比如航空公司会为飞行常客，往往也是更有钱的旅客，提供优惠待遇。然而，在极端情况下，这些歧视可能会导致社群的分裂，因为没有两个人在同一条船上。我们之间的纽带，在同一环境下的忠诚度，面对相似的困难携手共进的态度，可能会被削弱，因为我们被以伪科学的方式，根据个人细微的差异，进行了微观细分。

随着物联网在未来几年的进一步普及，几乎所有的设备都将拥有更多的传感器和更强的处理能力，所有这些数据都将传入云端，那些运营和控制整个网络的公司将可以近距离探视我们的“生活模式”。这些网络中的人工智能系统将为我们做出更多微决定。它们会为我们选择前往目的地的路线、自动调整我们的日历、为我们预订餐厅、为我们的冰箱补货、为配偶挑选最为合适的周年纪念礼物。未来宝马的空调系统会告诉你家里的恒温器你今天感觉有点儿冷，这样家里的温度就会被设在你喜欢的温度。你的

---

① Kashmir Hill, “How Target Figured Out A Teen Girl Was Pregnant Before Her Father Did,” *Forbes*, Feb. 16, 2012.

卫生间可能会告诉你的冰箱，是时候多买一些蔬菜来确保你合适的纤维或维生素摄入量了。你手机的面部识别和语音识别软件将会指示家庭立体声系统播放适合你情绪的音乐。

所有这些都可以让你的生活变得更加愉快，让你操心的事更少。但就像上面亚马逊和塔吉特公司之间的简单对比一样，这是一把双刃剑。机器需要学习哪些决策人们乐于外包，哪些是他们愿意保留的，不同的人又有怎样不同的态度。当我们做实验时，我们可能会遇到一些不稳定的人机交互。被《经济学人》杂志称为“创新先生”的高健（John Kao）说得很好：“当我们了解彼此的智慧时，人类和机器之间的协作空间将会是怎样的？今天，我的特斯拉在高速公路上自动驾驶时表现得很好，但是它喜欢的车道位置、喜欢什么时候超车或松开油门与我的偏好不一致，而且它从来没有真正询问过我的偏好。”[①] 正如高健所提到的那样，我们必须适应放弃更多控制权的想法，而要做到这一点，就需要我们对授权的系统有更高层次的信任。如果以史为鉴，我们最终将不得不对凯文·凯利所描述的智能交响乐给予更多信任，这样，我们周围的各种乐器将演奏出更加优美丰富的旋律。

然而，我们的信任必须比那些管理我们日常琐事和决策的人工智能系统更为深入。2016年，美国总统大选后脸书丑闻被曝光，剑桥分析公司对用户数据的不当使用引起了人们的反思。如果说这一事件教会我们什么道理，那就是我们需要能够信任那些控制

① John Kao, “The Nature of Innovation Through AI,” (lecture, HULT-Ashridge Executive MBA Learning Journey Silicon Valley, San Francisco, CA, Nov 2017).

整个系统的人。在我们永远看不到的后台和遥远的数据中心，谁或者什么将会监控它们的完整性、公正性和公平性？

机器判断

停下来想一想，你的生活比10年前改变了多少？那些过去让你备感压力的事情，今天你可能会一笑了之。也许是逐渐壮大的家庭让你彻底改变了生活重心，又或者你的期望和经历都变得更加丰富和充实。无论如何，生活已经改变了。现在，展望未来10年，一个日益被智能机器渗透的世界，能否完全掌握你不断变化的偏好和价值观？在过去，你可能会为你的自动驾驶系统设置一些参数，要求它必须竭尽所能地躲避跑到路上的小狗。现在，你有了配偶，后座上又坐了两个孩子，还有一对上了年纪的父母，你载着的是期望和责任。汽车是否知道，小狗已经不再像从前那样重要了？与你对小狗的责任相比，你对孩子和伴侣的责任要大得多。虽然驱动汽车导航的人工智能系统可以追踪你生活中的变化，但它如何将这些行为与你的价值观精确匹配呢？

在生活的各个领域，机器正在我们无意识的情况下做出更多的决定。机器可以识别我们现有的模式，以及世界各地明显相似人群的模式。因此，我们看到的新闻会塑造我们的观点和行动，它们是根据我们过去行为中所表达的倾向，或者其他同类人的行为而生成的。驾驶汽车时，我们与汽车制造商和保险公司分享自己的行为模式，这样我们就可以利用导航和日益智能的自动驾驶技术享受更加便捷安全的出行体验。当我们继续选择更多的便利时，我们选择相信机器“帮我们做出正确的选择”。在许多情况下，机器可能比我们自己更了解我们，了解更真实的我们。但机器也许无法解释理想自我和现实自我之间的认知脱节。机器基于真实行为所获得的真实数据，会将我们束缚在过去的模式中，而无法让我们成为想要的自己。那么，机器究竟知道什么呢？它们是否能足够真实地判断我们是谁，我们相信什么？

如今，即使最不起眼的恒温器也能做出非常简单的判断，即使在没有人类控制的情况下，它也能调节家里的温度。人们在设置他们认为舒适的温度范围后，将开关暖气的权力交给恒温器。然而，它其实只是一个物理机器。

一种叫作双金属带的螺旋状金属恒温器在温暖时会卷得更紧，冷却时会放松，小球会根据温度向左或向右移动。如果小球移得足够远，小球内的液态汞珠就会与两块金属相连接，完成一个回路，并启动加热器或空调。更先进的恒温器集成了一个时钟和日历，它可以根据一天的温度和时间来调节家里的空气调节系统。尽管如此，它们还是机械装置，因此我们很难把它们想象成在做判断。然而，用最简单的术语来说，这就是它们正在做的事情：代表某个人做出低级的决定。我们把一个决定权委托给了一台机器，不管这个权力多么常规或微不足道。

智能恒温器在此基础上又上了一个台阶。它所处理的因素与前几代相同，但可以合并各种其他因素，例如居民是否在屋里活动、天气、之前的供暖和制冷模式。不难想象，墙上的 Nest 恒温器会考虑天然气的现货价格，预热烤箱马上会带来的影响，甚至不慎遗留在柜台上的易腐烂食品。从技术的角度来看，智能恒温器为你做决定的想法仍然是一个简单的优化过程：权衡舒适度和成本，或者说找到最大化个人幸福、最小化食品杂货损耗的方法。这并不需要大量的数据，而且涉及的理性判断是我们能够理解的，这也许让我们更容易接受由智能恒温器为我们做出判断。毕竟，如果一个房主整天坐在沙发上无所事事，只是努力在舒适的温度和取暖费成本之间找到平衡，他就可能会做出和智能恒温器一样的决定。

但是，当机器开始将人类意识范围之外的因素纳入考虑范围时，会发生什么呢？现在，它将一个家庭的秋季供暖活动报告上传给云，当地天然气公司就可以利用这些数据更准确地预测冬季需求。该地区的地缘政治形势看起来有些不稳定，天然气生产国威胁要限制出口。因此，当地的天然气公司决定减少秋季供应，以增加冬季储备。这会稍微影响大家的舒适度，你可能根本毫无察觉，但对整个地区来说很有价值。现在，恒温器和它所连接的智能机器网络为整个社区做了优化，也许会把你家里的温度调得比你想要的低一些。

人工智能推动着生活中的自动化基础设施的发展。我们的汽车或家里的各种设备都开始相互连接。它们与我们交流，彼此交流，并与互联网上的服务器交流。在未来20年，这些联网设备将与智能基础设施互联，如高速公路、机场和火车站，以及城市安全和环境保护控制中心等。物联网最初是工厂里小规模的机器间通信，现在已经开始稳步进入各种公共空间。从床垫到垃圾桶，再到鞋子，几乎所有东西都有一个 IP（网际互联协议）地址。它们都被编织在一张大网中，将现实世界和数字世界融合在一块。

人工智能技术将推动事物运转，理想情况下，它将使人们的生活更高产、更富裕、更安全。当你将来去罗马度假时，它会控制你佩戴的增强现实（AR）眼镜，在古罗马斗兽场向你展示互动信息和图像，然后向你推荐一家附近的餐厅。根据你的消费模式和情绪分析，未来的家庭护理机器人将知道你是否想要（或值得）购买一瓶价值不菲的大拉菲。这瓶葡萄酒已经在你的心愿单上有一段时间了，如果你真的想要，它就会被送到你手中。所有这些大大小小的决定都要将个人数据与供应链信息、基础设施更新和市场可得性整合在一起。因此，这些人工智能系统将行使一定的经济权力，其本身就承载着固有的价值判断——有些是对的，有些是错的。

当然，企业已经看到了其中的商机，许多企业正带着新技术跑步入场，来更好地整合我们今天使用的各种不同系统。一家名为 Brilliant（杰出）的公司发明了一款产品，可以协调家中的许多智能系统，使它们使用起来可以更加无缝衔接。它将它们都集成到一块面板上，该面板被称为“世界上最智能的电灯开关”。Brilliant 公司的联合创始人兼首席执行官阿龙·艾米格（Aaron Emigh）表示，2018 年，大多数家庭系统都通过电脑或智能手机应用程序与人类进行交互，随着越来越多的家庭开始使用亚马逊 Echo 智能音箱或谷歌 Home 智能音箱，它们将家庭自动化推向了一个新阶段。

他说："这是一个自然的进化过程，技术不断迭代，最终成为你所期望的组成家庭的一部分，我们今天眼中的家与我们祖父母辈所认为的家是不同的。"考虑到人们与家中的电灯开关互动最为频繁，它们似乎是整合新技术的最佳入口。

Brilliant 公司生产的面板包含了前端的屏幕和一个平台，用于整合和分析家中各种数据流。分析广泛的数据可以让家人更舒适、更安全，对老年人更友好，也会让大家更加健康，因为可以用它监测饮食和睡眠模式。

例如，艾米格说，人工智能系统将各种数据源连接在一起，可以提供更强大的家庭安全保障，而且成本更低，生成的错误报告也比目前其他系统更少。音频监听设备可以标记玻璃破碎的声音。摄像头将信息反馈给面部识别系统，以识别来者是家人还是潜在的入侵者。"如果这些数据没有被存储和使用，你就失去了很多提供价值的可能性。"艾米格说。

然而，他坦率地承认用户可能对所有数据的安全性和隐私感到担忧，尤其是在一个像家一样私密的地方。从物理上来说，智能开关有一个不透明的塑料面板，可以遮盖嵌入其中的摄像头。从数字技术角度来说，艾米格和同事意识到，要完全锁定从多个设备传到多个提供商的所有数据是不可能的。在某种程度上，他们试图确保 Brilliant 公司不会增加黑客攻击系统的机会。不过，与许多公司不同的是，他们在开发的早期阶段就着手解决安全问题，这是许多公司在试图建立和增加产品需求之后才会采取的措施。不同的人会有不同的信任度。Brilliant 公司从一开始就努力适应这一点。“对我来说，改变完全是积极的，它能带来便利和舒适，”他说，“但我同意你的观点，我们所做的每件事都会有副作用。有时，我们可以弄清楚它们是什么，但有些时候它们是不可预见的。”

Brilliant 公司或任何一家公司都无法预见的是，这些相对简单的设备，如智能恒温器，究竟能在多大程度上揭示人类和环境的关系，以及这些个人因素对更大的环境和社区将产生怎样的影响。理想情况下，这就是它的全部意义：房子里的一个反映你家庭生活的认知元素，通过整合和管理不同资源，增强家庭的安全性、舒适性、可负担性和娱乐性。

许多人仍然会对此感到不舒服。然而，我们已经接受了随身携带一个功能强大得多、复杂得多的监控设备，无论走到哪里它都如影随形。你手机上的搜索引擎可以根据你的位置、过去和最近的活动以及感知到的目标来调整搜索结果。如果你突然开始一瘸一拐地走路，手机的加速传感器和陀螺仪可以识别出你的步态变化。而且，如果你是易摔倒的高危人群，手机会发出警告，要么鼓励你停下来，要么请求他人帮助，在你的自尊心和可能的髋骨骨折之间进行干预。

从简单的恒温器到全面智能的家庭自动化系统，再到我们随身携带的手机，在这个演变过程中的某个时刻，我们对智能系统的看法悄然发生了变化。当然，整合了机器学习能力的网络会带来更高水平的智能和更大的潜在价值，但在什么情况下，它们会做出对我们而言十分重要的判断，从而获得我们更大程度的信任呢？

机器会看到你

自我意识、形象和价值观塑造了我们的私人身份和公众身份。无论是在家里还是在工作场所，我们丰富的教育、社交和过往经历都在不断积累，相互融合，形成我们的世界观和每个独一无二的自我。

即使是我们当中最爱自我反省的人，也不清楚这究竟是怎么回事。现在，在这个奇妙神秘的身份迷雾中，我们引入了一种奇怪的混合系统，它既能识别我们不能或不想看到的微妙身份暗示，也会忽略我们人性中一些最重要的方面。

对我们来说，弄清楚我们是谁，想成为什么样的人，想让世界如何看待我们，这难道还不难吗？在当今这个高度互联和相互协调的世界里，评估我们自己和他人的身份变得越来越困难，而我们天生的偏见和以偏概全往往会让人感到受挫。优兔全球多元化主管乌娜·金（Oona King）在推动编程多样性的过程中看到了这一点。金说："在电视节目中让更多的女性或黑人露脸是不够的。我们必须做更加细化的工作。"

我们不仅要在剧本设计上下功夫，还要考虑角色说话的方式以及各种微妙的行为和反应是如何展示的。在这方面，人工智能系统可以生成一些长期被人忽视的人性化见解。例如，为了分析节目中表达了多少偏见，优兔已经开始使用面部识别算法来确定某个性别或种族的主角在节目中出镜多少，以及他们说了多少话。金说：“我们发现，当一个场景中的主角是男性，而对面是女性时，90% 的情况下都是男性在说话。但如果主角是女性，在场的是男性，那么女性说话的概率只有 50%。”

这种摩擦存在于塑造我们生活和关系的诸多因素和经历中。在我们的工作场所，招聘决策中的偏见是众所周知的。包括总部位于西雅图的 Koru 公司在内的几家新公司，它们提供平台，帮助公司改善面试流程，并为少数族裔和其他经常受忽视的候选人提供更好的面试机会。传统的招聘流程有点儿像调查审问和选美比赛的奇怪组合，一方试图找出缺陷，另一方则拼命不暴露任何缺陷。公司和求职者可以并且经常互换角色，但无论谁想给对方留下深刻印象，同样的狭隘判断、错误观点和明显偏见依然存在。因此，Koru、HireView 和其他公司使用人工智能系统，希望能促进雇主和求职者之间更好、更客观的匹配。通过使用面部和语音识别软件以及人工智能算法来分析一段面试视频，招聘人员可以捕捉到一些微妙的线索，包括舒适感和不舒适感、真实性、自信程度和整体形象。他们利用这些分析，结合雇主认为关键的一些心理参数，预测候选人与其他候选人的表现。然后，他们将外部候选人与已经在做类似工作的内部员工进行比较。

Koru 公司的联合创始人兼首席产品官乔希·贾勒特（Josh Jarrett）表示，Koru 搜集了大约 450 个数据点，并没有将它们输入一个单一的预测模型，而是同时通过 5 个不同模型的组合来运行这些变量。通过对现有员工的数据进行多个模型测试，Koru 可以找到与公司成功相关因素最为吻合的模型。然后，该公司利用这种模式来筛选候选人，主要关注贾勒特所称的“GRITCOP”，即坚韧（grit）、严谨（rigor）、影响力（impact）、团队合作（teamwork）、好奇心（curiosity）、主人公姿态（ownership）和磨砺（polish）。在几分钟内，Koru 就可以运行数据并找到最佳模型，然后用共有 20 道题的调查问卷对候选人进行测试，根据他们适合的概率进行排名。

该系统不会取代面对面的面试，但它有助于消除个人和组织的偏见，帮助公司在他们目前可能不会考虑的地方找到员工。例如，其中一个人工智能模型将高绩效与顶级学院和大学联系起来，但这种相关性可能是经理们对常青藤大学毕业生的偏爱造成的。贾勒特说：“我们工作的目的是拓宽渠道。如果我们想要顶尖的哈佛学生，我们就能找到他们，所以还是让我们找找其他学校的学生吧。让我们去找‘GRITCOP’员工吧。”在这个意义上，Koru 可以帮助企业摆脱简历至上、强调谱系的习惯，这些行为会给平等机会设置结构性障碍，并弱化重要的心理健康指标。[①]

Koru 也利用模型的反馈来帮助候选人。在调查中，求职者经常抱怨投出的简历石沉大海、杳无音信。因此，Koru 将自身服务定位为面试过程的补充，它向每位应聘者提供具体建议，并让他们参与交流，帮助 Koru 和使用该平台的其他求职者获取信

---

① Terence Tse, Mark Esposito, and Olaf Groth, “Resumes Are Messing Up Hiring,” *Harvard Business Review* (July 14, 2014).

息。用 Koru 或者类似的人工智能系统对候选人的面试反应进行分析，可以帮助面试者与其他候选人做比较，甚至向成功的现有员工学习。这些现有员工接受的是更高标准的实时行为和心理评估，而不是历史简历分析。后者过分强调谱系、固化社会阶层以及教育和社会经济地位。

与此同时，上面提到的计算机视觉算法可以评估一个人在面试中的细微线索，而这些线索往往是人眼注意不到的。SAP 北美公司前首席人力资源官、《数据驱动的领导者》一书的作者戴维·斯旺森（David Swanson）指出，毕竟人类面试官也受制于他们自己的偏见。《数据驱动的领导者》着眼于如何利用数据衡量业务效果。斯旺森说："我们发现，除了经验最丰富、训练最有素的面试官外，所有人在面试开始后的 5 分钟内就会形成自己的观点，然后在接下来的 55 分钟里对其进行再确认，而不是继续深入了解候选人。"早期证据表明，Koru 等人工智能系统可以减少这种情况，给面试者和面试官更好的反馈。但在中长期内，人们还不清楚这是否会带来明显的工作成功，因为员工的价值和灵活性需要在不断变化的工作环境中变得清晰起来。风险可能在于，企业使用的数据元标签衡量的是对某些任务狭隘的短期适用性，但未考虑个人的长期灵活性和他们对企业战略或风险的适应程度。

然而，这些诱人的回报足以催生一系列类似的应用程序。2018 年 4 月，思科收购了一家名为 Gong 的初创公司。它可以记录销售电话，并为销售人员及其经理提供分析。[1] 该平台可以让销售人员更好地识别关键线索，了解如何更好地达成交易，包括学习优秀员工的最佳实践案例。另外，经理们可以更清楚地了解潜在交易机会，以及销售人员在促成交易方面表现如何。不论在哪里，都很少有销售人员会报告未经加工、未加修饰的真实情况。毕竟，正是他们讲述引人入胜的故事并对此深信不疑的能力，使他们成为优秀的销售人员。但管理者对当前形势的准确把握至关重要。

部分参考 Gong、Koru 等其他人工智能平台的判断，可能会让管理者对候选人和现有员工的潜力有更清楚的了解。但这些系统也可能会取代一些非常有用的人类直觉，这些直觉能够让人们更好地、更紧密地合作。大脑的 X 射线检测系统可以帮助我们避免决策过程中的缺陷，减少我们认知和意识中的某些偏见，但它也可能对某些特定可测量的维度过度关注。如果我们摒弃所有其他难以量化的认知属性，例如创造力、灵感、适应性和直觉，这将会阻碍我们发挥大脑蕴藏的丰富潜力，并削弱人类意识不断进化的力量。

意识、价值和缥缈的人类灵魂

我们都生活在自己的意识空间中，但很少有人像戴维 · 查默

① Daniel Karp, “Delivering the Next Level of Sales Efficacy with A.I.,” The Source (Cisco Investments blog), April 16, 2018.

斯（David Chalmers）那样花那么多时间来思考那个让人感到好奇又难以定义的空间。查默斯是纽约大学思想、大脑和意识中心的哲学教授和联席主任。他涉足了一些动荡的领域，但他似乎散发出一种永不疲倦的平静。他认为，自己永远不可能全面回答这个领域的主要问题。那就是，究竟什么是意识？尽管如此，他还是乐于继续为之奋斗。他的行为举止几乎掩盖了他激烈的思想，但他得出的为数不多的结论之一就是：100 年后，我们今天的理解看上去将会非常原始。

然而最近，他和其他思维意识领域的思想家已经不再对意识持有等级观念，认为其处于最上层。传统上，人们认为思维可能从认知发展到智力，最后发展到意识。对外行人来说，查默斯将其描述为一部发生在你脑海中的小电影，只有你才能看到和听到它。然而，思辨哲学家中兴起的一场运动已经开始把意识看作一种更为原始的现象。本质上，它是任意一种主观经验，而不是唯一的主观经验。查默斯解释说，疼痛是意识的一种基本形式。鱼能感觉到，婴儿能感觉到，成年灵长类动物也能感觉到。最近在该领域出现的一种观点甚至更进一步。神经科学家朱利奥·托诺尼（Giulio Tononi）提出了整合信息论（integrated information theory）。该理论认为，意识是任何物理系统所固有的，它由系统各组成部分之间的因果关系衍生而来。

查默斯说，无论意识的真实本质以及意识可能赖以生存的连续统一体是什么，当我们思考人类和机器的主观性时，我们可能会做出一些有用的区分。“有些系统具有认知能力，但不能自我反思，所以也许自我意识是灵长类动物或类似的高等动物才拥有的，”他沉思道，“也许，这又是一个更高的层次。”最低的层次可能是感知，也就是我们如何感知世界。查默斯认为意识很早就存在了，它是和感知一起出现的。很多系统拥有意识感知，却没有思考或推理能力。所以，也许下一步是认知，即对周围世界进行思考和推理的能力。然后，我们可能会进一步进行自我认知推理，在这个层次上，我们思考自身、思考认知。有了这些，我们就能感觉到自我意识、主观性以及关于自身的“一手”体验。

然而，即使这些区别表明存在等级制度，查默斯也可能对此提出怀疑。在优兔或各种会议小组上出现的辩论和讨论可能会转向一些超现实的假设和思想实验，这或许可以解释为什么查默斯喜欢这个领域所具有的神秘荣耀感。但这样的不确定性给人工智能系统的开发带来了一个关键性难题。人工智能系统会监控我们，为我们做出决策，对我们形成看法，并做出判断。“过去的二三十年中，关于意识的科学研究已经有了很大的发展。理论上，人工智能和计算机科学都是它的一部分，”查默斯说，“但是直接接触意识十分困难，因为人工智能开发者不知道要如何建模……以人类为例，我们可以从我们所知的具有意识的事物开始，比如从其他人类开始，然后从那里开始追溯。但我们无法写出一段代码，然后说就是这个，我们现在有意识了！”

相反，意识似乎是一种突现的现象，不可简化为某个身体部分或一组明确的原因。大脑中数十亿个神经元与数以百万计的感官输入信号相互作用，通过我们的身体，形成更高级别的思想。

这就像一个大脑空间站在更高的平面上运行，它显然得到了地球资源和大气的物理支持，但盘旋在地球上空。查默斯说，人类的自我反省可能是复杂意识存在的最佳证据，即使我们无法准确解释它是如何发生或者从哪里产生的。但很清楚的是，就像身份和其他许多让我们成为人类的无法定义的属性一样，意识并不是一个固定不变的或有限的变量。我们作为人类，也会试图通过冥想、太极、精神修行、自然体验或药物实验来追求更高层次的意识。我们中的一些人只是希望能更好地思考和辩论，有些人希望在职场上表现得更好，还有一些人希望拥有更好的人际关系，追求智慧和成长，达到更高的境界。

所有这些追求都需要更高水平的大脑功能、警觉性和意识。人们不需要变得形而上，就能发现这一挑战具有吸引力。随着年龄的增长，保持大脑健康和心理健康就足够了。在过去的10年里，像BrainGym和SharpBrains这样的脑力锻炼初创公司赢得了大量的追随者，这并非没有原因。当然，从这些数字模式识别和反思中得到的见解并不总是令人愉快或能够强化自我。就像任何好的反馈一样，这些见解会迫使人们认真思考他们是谁，他们想成为什么样的人。在这个意义上，人工智能系统接近于一个更复杂的意识体，而不是我们可能会认为的一堆硅、金属和代码的集合。

即便拟人化的情绪也足以激怒杰瑞·卡普兰（Jerry Kaplan）。卡普兰在斯坦福大学讲授人工智能的社会经济影响，他撰写了大量关于意识和人工智能的文章。卡普兰对机器意识的评价毫不留情："使用这个术语是错误的。我们不知道人类意识是什么，所以把它应用到机器上也是完全不合适的。到目前为止，还没有证据表明谈论机器意识是合适的。”卡普兰并不在乎这个概念，他在乎的是这个说法。计算机程序可以模拟它自己在世界上的存在，并对自己的模拟行为进行反思。机器人执行一个动作，输入来自周围环境的结果，然后观察动作是否达到预期效果。从这个意义上说，它在进行一种后设思考，但是把它归因于一个拟人化的“意识”让卡普兰感到更加生气。机器人的电路并未打造一个更高阶的存在层面，没有空间让它批判性地思考自己的存在，在宇宙中的位置，或者它的满足感、怀疑感与好奇心。

他赞同“共生智能”的概念，但即便如此，他对机器智能的概念也加上了限制。他说，弱人工智能已经成为现实，为特定任务设计的程序的能力已经可以轻轻松松超过人类。“如果你想称之为智能，好吧，别把它和人类智能扯上关系，人类智能可以生成抽象概念和表达。”他说，“如果机器的能力无法超越人类，机器无法降低成本、做得比人类更好，我们就不会创造它们。我并没受它威胁。这就是人类所做的。这就是人类为什么造飞机，而飞机的样子并不像鸟。它们足够‘智能’，只要切换到自动驾驶模式就能让自己保持在空中。这比人类厉害得多，但并不意味着飞机拥有意识。”

克里斯托夫·科赫（Christof Koch）或许愿意赋予机器一些基本水平的意识，但正如他在2018年西南偏南大会（SXSW）的讨论小组上所打趣的那样，他仍然是“一个生物沙文主义者”。科赫是艾伦脑科学研究所所长和首席科学家。他的观点与托诺尼相呼应，他认为，意识不是一种突现的属性，而是大脑和其他系统固有的属性。抛开灵魂的概念或浪漫的人类例外论，机器或其他有机体拥有意识的想法听起来可能就不那么异想天开了。但他认为，意识体验的深度千差万别。当前的神经科学研究表明，意识来自大脑中基本的因果关系，而这些关系异常广泛且复杂，其广泛与复杂程度远远超过嵌入硅芯片中的相对简单的二元关系。虽然在深度神经网络中可以模拟更高层次的复杂性，但它们只能被模拟。“你无法通过计算获得意识。”科赫在美国得克萨斯州奥斯汀市的会议上这样说。

他认为，要制造出更接近人类意识的东西，就必须在其核心架构中嵌入大量的因果关系，这或许是基于当前量子计算技术的未来突破。“一旦一台电脑足够复杂，可以开始与人脑匹敌，那么理论上来说，它为什么不能拥有意识体验呢？”他问道。[①]科赫在西南偏南大会上自称生物沙文主义者，他认为，我们离这种技术还十分遥远。机器与人类所经历的复杂意识之间仍然存在着巨大的鸿沟。“如果它没有血肉之躯，”他在西南偏南大会上宣称，“它就没有意识！”

这句半开玩笑的话引起了西南偏南大会上人们的一阵哄堂大笑，和科赫在同一小组进行讨论的查默斯也笑出了声。当然，查默斯对这一切更为谨慎，但他也强调表达主体性与体验主体性之间的区别。一个先进的人工智能系统可能会处理世界上不同的表

① Kevin Berger, “Ingenious: Christof Koch,” *Nautilus*, Nov. 6, 2014.

征，并有能力表达它们，但这并不是它作为一个有意识的系统从内部感受到的东西。随着研究人员开发出日益强大复杂的人工智能模型，人类几乎肯定会开始认为它们具有更高水平的意识，尤其因为它们太过复杂的内部机制让人类难以理解其内部到底发生了什么。查默斯说，直觉告诉我们，它们的行为越复杂，我们就越有可能认为它们是有意识的。当这些机器扩大了可感知的意识范围（至少在大众的想象中如此）时，也许我们就要开始思考，它们应该得到什么样的道德、法律和伦理上的宽容。

那么，为什么这些深奥的争论会影响我们的日常生活呢？当我们把更多的决策权交给机器，赋予它们权力，让它们对我们或代表我们做出判断时，我们必须停下来，记住人工智能系统可以模拟我们的体验，但还不能真正了解人类的体验。同理心产生于意识和我们自我反思的能力，我们理解他人也会反思自己，并在这种共同的意识上建立一种基本的、相互的纽带。这个完全机械化的程序可以捕捉和反映思维理论，模拟情绪，识别出几乎难以察觉的沮丧或满足的生理迹象，并表现出无限的耐心。

机器可能从经验上了解你的思想在哪里，并在那里与你相遇，它会不带偏见或情感抵触地这样做，但它不可能像人类伙伴一样，对你的情况抱有真正的同理心。

机器意识与人类状态之间的空间

作为教授、顾问以及领先的经济和技术倡议的负责人，我们经常会站上讲台。但是，在2017年，当我（奥拉夫）被邀请做一个关于人工智能及其社会影响的大型演讲时，我感到了一种不同寻常的压力。教练们就内容和演讲技巧提出了建议，但是帮我做最多培训、给我最大支持的是我的妻子安。她是一名教育专家，知道如何打动外行人。她对这个话题几乎没有什么了解，但她的求知欲很强，这两者的结合让她成了一位非常好的倾听者。更重要的是，她也知道如何在我的准备过程中帮我调整心理状态。一开始，安就要求我阐明观点，让观点易于理解，并不断地对我的演示文稿中的关键点和一般点提出挑战。“当你使用‘机器’这个词时，它让我想到的是摩托车或洗衣机，而不是人工智能。”她挑衅地说，当然她是对的。

然而，她的全力支持来自她的同理心，她知道什么时候该从观众转变为教练，再转变为啦啦队长。随着演讲日期的临近，她成了一个激励放大器。这种情况的美妙之处在于，安能够在我还没有完全意识到的情况下判断何时从批评模式转到支持模式。作为一名受过文学和音乐训练的教育工作者，她能够在内容流的硬数据和准备现场演讲的软行为两方面进行调节。配偶可以是最严厉的批评者，也可以是最热烈的支持者，安是两者的融合。

识别何时以及如何在这些模式之间进行切换需要一定程度的情商和同理心，而这种能力源自复杂的人类意识。在可预见的未来，人工智能无法做到这一点。今天，没有系统能够知道何时或如何在客观数据和主观信息之间切换，比如面对演讲中出现的非理性情绪，站在我们的立场，全盘接受棘手而复杂的混合情况，然后让思维轻快流畅地跳动，要如何实现。它们无法分辨全力以赴的准备与达到最佳表现所需的信心之间的关键界线，无论是向最高管理层展示一项重大商业计划，还是从100米自由泳的出发台上跳下，都是如此。成功的秘诀是对自己的能力保持坚定的信心，相信自己能够表现得很好，并能超越那些具有同等实力的人。

安需要给我必要的批评，因为这样可以使我的演讲变得更好，但她也需要后设思考和同理心，来了解什么时候给我鼓劲会带来更好的整体表现。和大多数配偶一样，她能理解我沮丧的转折点，并衡量一系列的场景信息，包括我父亲一年多前去世的事情。所有这些因素可以被输入机器，进行加权、调整，得出改进结果，但人工智能系统永远无法分享令人目眩神迷的智慧刺激、机会、热情和肾上腺素，这些都与我的失落感和压力交织在一起，从而塑造了我当下的情感状态。但是，这是另一个人，尤其是亲密的朋友，出自本能就知道的，而且这个人还能将这种状态转化为动力。

同理心放大并转换了我发送给安的信号，创造了一段共同经历和一个富有成效的胜利局面。那么，在人工智能系统中，什么会来转换这些信号呢？

精神与机器

灵性论和人类例外论的概念在某些人工智能领域不太受欢迎。许多研究人员不相信，人类身上所包含的东西不只是构成他们的粒子。他们认为，一旦我们搞清楚了这一切，这些粒子就可以被重新创造。但在一个有着23亿名基督徒、18亿名穆斯林、11亿名印度教徒和数亿名其他宗教信徒的世界里，[①]任何关于人类和机器之间异同点的讨论都是不完整的，除非我们承认，可能有一种超越人类目前所理解的精神或未知的东西存在。虽然很多关于人工智能的技术讨论都偏离了宗教或精神价值，但许多哲学家和神学家都对人工智能的重新出现颇感兴趣，他们也十分好奇它会对教会、清真寺或寺庙产生什么样的影响。

在一些情况下，这些价值观塑造了人工智能独特的发展道路。在日本，传统观念并没有对人、动物和其他实体进行明显的区分，极其逼真的机器人对日本人来说不足为奇。但同样的机器会让西方社会的许多人感到不安。东京大学智能系统与信息学实验室主任国吉康雄（Yasuo Kuniyoshi）解释说，人类并不能控制世界，也并非更高层次的存在。他说："天地万物无数，人不过是其中之一，与鸟兽虫鱼、山石草木别无二致，万物生灵平等共生。"

基督教、伊斯兰教、犹太教和许多其他宗教则将人类区别对待，认为人是造物主-受造物关系中特殊的存在。这个概念将人工智能置于一个有趣的神学角度，将其视为一种新的类人智能，它是人们按照自己的形象创造出来的。诺林·赫茨费尔德（Noreen Herzfeld）是圣本尼迪克与圣约翰大学学院神学和计算机科学教授，也是《技术和宗教：在一个共创的世界中做好人

---

① Conrad Hackett and David McClendon, *Christians remain world's largest religious group, but they are declining in Europe*, Pew Research Center, April 5, 2017.

类》一书的作者。她说，将这些高能力的人工智能系统与鸟类、犬类和人类放在一起，并不会降低这些生物的价值。不同之处在于，人工智能是人类根据自我形象创造的，所以当我们相信我们在传递自己珍视的东西时，我们也将自己的错误传递出去了。赫茨费尔德说："我们对此负有责任。"

对价值、权力和信任的责任是造物主-受造物关系中固有的，贯穿于大多数关于人工智能的基督教神学著作中，尤其是像赫茨费尔德这样拥有神学和计算机科学背景的人的著作。罗素·比约克（Russell Bjork）曾在美国麻省理工学院学习电气工程，20世纪70年代末进入戈登康维尔神学院学习。为了养活一个家庭，他来到马萨诸塞州温汉姆附近的基督教文理学院戈登学院，想看看能否找到一份教书的工作。在那里，学校邀请他教授一个季度的计算机科学，正如比约克今天所说，到2018年初，这个"一个季度"已经变成了38年。

比约克不愿意将基督教概念中的"人格"扩展至智能机器，但他也对另一个想法提出异议，即"将精神人格的形成定义在人类受孕和出生之间的某个时刻，仿佛它是一个不同于身体形成的独立产物"。比约克认为，人格是人类在成长发展的过程中生成的，因此在他看来，机械系统要实现它，并非不可想象。"我并不期望这发生在不久的将来，"他说，"但这在神学上并非不可能实现的。"他回忆起麻省理工学院人工智能实验室有一位常驻神学家，这位神学家对"创世"的行为和其中蕴含的价值、权力和信任关系感到担忧。我们会创造出把人类本身视为价值的技术吗？人工智能系统是否会歧视残疾人、其他弱势群体或没有数字存在感的人？比约克说："你看重什么，就会在创造的东西中体现什么。"

然而，克里斯蒂安·贝内克（Christian Benek）说，人类、自然和现在的人工智能所形成的共生智能伙伴关系可能会创造出超越我们最初所想的东西。贝内克是一名牧师，也是共创者网络（CoCreators Network）的首席执行官，毕业于匹兹堡神学院，是世界上首个结合神学和科学的牧师博士项目的毕业生。他想知道，人工智能系统是否可以帮助人们发现"杂草中的小麦"，让人们变得更好。在《圣经》中，耶稣基督用杂草和麦子的比喻来解释神如何在一群恶人中发现圣人。贝内克说，或许一种人工智能的补充形式可以帮助我们更好地理解，当一个人感知到一些无法理解的事物时，他会有什么反应。他说："你可以从很多不同的角度来看待这个问题，但为什么我们要忽略大量可能成为数据的启示性经验呢？我们无法重现这些数据，但这些信息指向了一些超越我们自身的东西。也许有了人工智能，我们可以搜集这些数据，并将我们无法量化的信息整合在一起。我们或许正处在找寻人类意义的最前沿。"

贝内克的探索心和对可能性的感知源自他对一种参与性的而非至上主义或逃避主义的神学形式的深刻信仰。他解释说，参与式神学是建立在救赎过程的基础上的，每个人都可以参与其中，不论是人类还是机器。相比之下，至上主义神学没有辩论、批判或新发现的空间，这体现在它的支持者都不愿考虑其技术的连锁反应上。关于逃避主义神学，他说："这已经在埃隆·马斯克和已故的斯蒂芬·霍金的一些行动中得到了证明。他们都提出，人类要想生存下去，就必须逃离地球。"

无论人工智能和人类灵魂存在的可能性有多大，共生智能的概念都与贝内克的参与式神学和它所体现的发现精神相呼应。我们对人工智能的认知和对意识的了解并不比对章鱼和鲸的了解多多少，但这两种动物都清楚地表现出智能，并且可以给我们一些关于价值、权力和信任的启示。我们可以从人工智能和它在世界各地的众多发展轨迹中学到什么呢？

第四章

智慧世界的前沿

佟显乔身在美国硅谷，但心在中国，他的梦想是有朝一日在深圳的大街上自由驰骋。

佟显乔创办了一家叫作 Roadstar.ai 的年轻公司，也许知道的人不多，但这是美国非常引人注目的自动驾驶汽车初创公司之一。[①] 该公司于 2017 年 5 月由三名工程师联合创立，这三位创始人之前在谷歌、特斯拉、苹果、英伟达和百度从事自动驾驶研究。该团队制订过一项雄心勃勃的计划，即到 2020 年，让自动驾驶出租车覆盖深圳的大部分地区。佟显乔表示，他们希望最早于 2018 年底推出首批自动驾驶出租车服务，尽管驾驶员仍然需要坐在方向盘后以防万一。但再过几年，他们将不需要人力，而是由远程控制中心接管汽车，应对无法自动处理的特殊情况。他们已经在考虑如何为远程司机和乘客设计更好的用户体验。

---

① 该公司后遭遇重大变故，导致清盘。——编者注

虽然自动驾驶汽车行业竞争激烈，且由华裔创立的美国公司可能存在敏感性，但是佟显乔一直公开谈论 Roadstar.ai 的愿景和展望。当然，他会对核心技术做好保密工作，但他也很乐意说明，这家初创企业平台不是收到所有传感器的目标数据后在后端处理融合，而是实现了多传感器的原始数据融合，这样可以减少延迟，并更准确地识别街上的汽车、自行车和其他物体。他可以畅所欲言，因为和其他竞争对手相比，他和同事们获得了两全其美的资源：美国的顶级人才，以及中国的政府支持和基础设施建设。

佟显乔说："你可以在中国找到自动驾驶工程师。你可以找到他们，但如果想要顶级的人才，你必须到美国来。"他相信，这种情况会随着时间的推移而改变。因为中国的学术机构和民营企业得到了国家和地方政府数十亿美元的支持，它们会不断提升专业水平。但就目前而言，Roadstar.ai 可以利用世界高科技之都的人才。当然，从美国或中国的角度来看，这种做法并不奇怪。Waymo、特斯拉和各种传统汽车制造商都在北加利福尼亚州设有重要基地，为抢夺优秀的开发人员拼得头破血流。一些顶尖人才的争夺战已经愈演愈烈，甚至闹到了法院。

与此同时，数十家中国企业也在美国设立了分支机构，建立新的人工智能实验室，从美国当地大学和公司招聘员工。据报道，阿里巴巴计划三年投资 1 000 亿元用于"阿里巴巴达摩院"的研发中心项目。该项目将在全球多个主要高科技中心设立实验室，由阿里巴巴达摩院院长张建锋领导。它与美国高校合作的联合实验室将包括加州大学伯克利分校的 RISE 实验室和其他美国主要大学，如麻省理工学院、普林斯顿大学、哈佛大学的实验室。

不过，Roadstar.ai 的与众不同之处在于它与中国的联系。这家公司的创始人还在中国成立了一家本土公司，专门开发和运营“机器人出租车”服务。佟显乔说：“如果汽车实现完全自动驾驶，中国政府必须要控制技术或控制汽车。因此，在中国自然需要有中国背景的公司或公民来做这件事。这就是我们最大的优势。”这样 Roadstar.ai 就能够与政府合作了，当地政府也会乐于合作、快速响应，为自动驾驶汽车创造所需条件。例如，杭州已经初步建立“城市大脑”。杭州市拥有 900 多万常住人口。[①] 市政府希望与富士康、阿里巴巴和其他高科技巨头开展合作，全面更新城市的基础设施。城市大脑将通过社交媒体和监控技术来管理城市，它也将为日益成熟的自动驾驶提供基础设施，比如 Roadstar.ai 的远程驾驶中心这样的“幕后平台”。

这种国与国之间的差异可能会影响人工智能应用技术的未来发展方向。但同时，我们也会发现，世界各地拥有不同的价值观、信任观和权力关系。在技术层面上，由于缺乏快速、集中的基础设施开发，美国企业倾向于将每一辆自动驾驶汽车都视为一个独立的实体，而不是把一些自动驾驶汽车视为一支由中央远程系统支持的车队。在文化方面，我们已经看到，美国人的价值观和信任观在应对致命的测试错误时存在着局限性。最令人注目的案例

① 截至 2020 年底，杭州常住人口数为 1 193.6 万。——编者注

就是2018年3月，凤凰城的一辆优步自动驾驶汽车撞死了一名在路边推自行车的妇女。大多数公司随即宣布暂时停止测试，直到开发者和调查人员查明事故原因，再重启研发。特斯拉后来披露，一辆Model X越野车在自动驾驶模式下撞上了混凝土公路隔离带，并撞死了一名男子。这也是该公司第二次出现自动驾驶事故。①

围绕这类事件的公众抗议和潜在诉讼并不会阻止特斯拉、Waymo、优步、Roadstar.ai等自动驾驶汽车公司的技术突破，但可能会放缓它们的发展，从而在全球范围内给整个行业带来深远的影响。仅在美国，平均每天有近100人死于车祸，但对大多数人来说，不论在哪个国家，自动驾驶汽车致人死亡的新闻都令人感到担忧。这种根深蒂固的怀疑态度给那些开发自动驾驶技术的公司带来了巨大的压力。因为自动驾驶技术的安全记录必须远远优于人类司机，才可能最终取代不完美的人类驾驶员。因此，对各国来说，确保安全驾驶是第一要务，研发者必须确保自动驾驶技术满足各种道路条件、基础设施和规章制度。

然而，这些公司不能忽视各国市场迥异的文化习俗和偏见。毕竟，这些智能系统将对个人和社会系统的许多灰色地带做出非黑即白的判断。事实上，如果在谷歌搜索“可爱婴儿”的图片，几乎所有的美国人都会搜到白人婴儿，而几乎所有的日本人都会搜到日本婴儿，这表明了非常严重的关于偏见和歧视的问题。但

① Neal E. Boudette, “Fatal Tesla Crash Raises New Questions About Autopilot System,” *New York Times*, March 31, 2018.

是，当这些偏见影响比搜索结果和审美更重要的东西时，又会发生什么呢？这些考虑因素会如何影响佟显乔在深圳的机器人出租车服务，以及优步在美国的自动驾驶汽车测试的未来？

展现人工智能未来的各种力量

构建有效的智能系统不仅要抓住用户和受益者的直接目标，也需要将更广泛的社会价值观和规范纳入系统之中。用户必须相信，系统会为其做出正确的决定。这对完成复杂任务或社会任务来说尤其困难，比如评估员工表现、预订旅行、购买耐用品，或者更直接一点，与对话助理讨论这些内容。人们往往不清楚自己的目标，而高科技产业也没有很好的记录可以用来了解这些细微差别如何从这一时刻变化到下一时刻，更不用说它们如何从一种文化变化到另一种文化了。某个国家的开发人员在人工智能系统中植入的文化和政治敏感性，可能会为世界各地的应用程序服务。而在某些地方，这些敏感性可能是不切实际、令人反感甚至是危险的。这是因为软件在暗处行动，它们常常在不知不觉中渗入我们生活的各个角落。

我们要搞清楚如何为手机装上一款新的智能应用已经够困难的了，更不用说一英里外、另一个国家甚至另一半地球上的人如何为这种技术抓耳挠腮了。但我们可以将这种压倒性的影响归结为三种基本力量，它们将决定技术的发展和转移：数据集的质量，一国的人口、政治和经济需求，以及文化规范和价值观的多样性。

数据集的质量和规模，以及它们如何被用于开发新的应用程序，将决定企业、政府和个人之间的权力关系。用户在谷歌搜索“选美皇后”之后，谷歌只显示白人女性的照片，这在民众中引起了不小的反响。这种带有偏见的数据引起了美国人民的反感，很大程度上是因为谷歌搜索的广泛运用能塑造文化习惯和信仰。但是，对少数民族的偏见在许多其他文化中并不是一个大问题，因此，古老的格言“垃圾进，垃圾出”仍然在起作用。如果输入的数据集本身不完善、不完整或带有偏见，那么输出的结果也会不完整或带有偏见，这可能会让人们无法参与重要的公民、政治和经济对话，无论是社群内的对话还是社群间的对话。

一个国家的人工智能战略往往体现了该国的人口、政治和经济需求。正如我们在本章将要指出的，无论有意与否，各国的国家战略侧重是不同的。例如，美国和以色列的军方推动了大量先进技术的基础研究，甚至不限于国防应用。然而，美国拥有更为强大的数字巨头，这些公司主导着数据和发展。中国也拥有百度、阿里巴巴和腾讯这样的科技巨头，但中国政府在把握战略方向上扮演着更为积极的角色。与此同时，日本和加拿大在人工智能系统领域另辟蹊径。日本对神道教有着根深蒂固的信仰，在文化上更能接受其他形式的生命和意识，这一点也体现在日本的流行文化之中。而加拿大创造了一个更加民主包容的人工智能发展模式，这要归功于一小群研发人员的独特影响力，以及政府对重点科研项目的支持和资助。

这些差异在一定程度上源于各国文化观念的不同，大家对如何处理个人与机构或社区之间的权力平衡关系有着不同的理解。例如，IEEE（国际电气与电子工程师学会）发布的《人工智能设计的伦理准则》探讨了如何将价值驱动的伦理思考纳入人工智能发展的各个方面。“当第一版发布时，许多亚洲专家指出，这份报告‘非常西方化’。”IEEE扩展智能理事会执行主任约翰·C.黑文斯（John C. Havens）这样说。准则的第二版于2017年12月发布，从更广阔的视角出发，融合了中国儒家、日本神道教和非洲乌班图思想的伦理理念。例如，非洲的乌班图思想讲究的是宽恕与和解，而不是复仇。正如诺贝尔和平奖得主德斯蒙德·图图（Desmond Tutu）大主教所说：“共通的人性将你我紧紧地绑在了一起。”黑文斯说，当你在思考这些概念时，你就“完全摆脱了西方的思维”。

我们如果拓宽文化和经济视角，就会发现全球各地出现了一种有趣的人工智能发展模式。它们既不相同，又有着千丝万缕的联系，因为大多数国家和地区既有自己独特的发展路径，也有一些共同的元素。正如我们在后面的各节将要指出的，“寒武纪国家”具有强大的创业生态系统，这些系统与其强大的学术机构紧密相连。“城堡国家”拥有世界上最杰出的科学技术人才，但它们还未打造出合适的创业环境，这种环境能够建立和壮大庞大的民营部门数字巨头。无论是出于国防还是其他目的，“寒武纪的骑士们”利用军事开支和资源在一系列人工智能应用领域打造专业技能。“即兴表演艺术家们”已经找到了鼓励或开发独特先进技术的方法，这些技术可以解决许多发展中经济体所面临的问题。

此外，日本和加拿大也出现了一些较为特殊的方法，开发者开辟了自己的独特道路。

在未来的几年里，随着研究人员的互动交流、公司的跨国合作、各国对经济和政治影响力的不断追求，所有这些方法的要素都将融合并发生冲突。在下一章中，我们将讨论更多关于全球人工智能竞赛的问题，但是为了理解这些模型和它们未来的发展方向，我们首先要了解数据如何获得权力以及海量的数据如何创造了新的数字大亨，这将对人工智能的未来发展、监管和公众舆论产生巨大的影响。

人工智能：数万亿美元的无形资产

理解这些文化和政治力量将如何引导人工智能在世界各地的发展是至关重要的，但所有这些分歧都来自“数据即权力”这一核心观念。“吉字节（GB）？太字节（TB）？哎，都是小意思，”凯西·纽曼（Cathy Newman）在《国家地理杂志》上写，“这些天，世界上到处都是艾字节（EB），甚至是泽字节（ZB）了。”[①] 没有人能精确描述人们在一天中产生的数据量，但是合理的估计已经让人难以置信。纽曼说，如果十亿字节的数据与 9 米高的书架上的信息差不多多，那么在过去的 24 小时里，世界上大约产生了 25 亿个这样的书架所能承载的信息量。这也难怪《哈佛商

① Cathy Newman, “Decoding Jeff Jonas, Wizard of Big Data,” *National Geographic*, May 6, 2014.

业评论》把数据科学家评为“21 世纪最性感的工作”。[1]

各种数据门类各异、大小不一，从印度班加罗尔一位母亲的网上购物偏好到日本海岸的海啸传感器读数，我们应有尽有。对互联网公司来说，“生活方式”数据最受人关注。2015 年麦肯锡公司的一份报告预测，到 2025 年，物联网所拥有的数据量将创造约 11 万亿美元的经济价值。[2] 作为这 11 万亿美元重大贡献中的一分子，每个人可能都希望更好地了解这些数据及其价值所在。想想正在照亮这本书的那盏台灯，然后想象一个半透明的蓝色盒子包裹着它。这个盒子是一个“语义空间”，它描述了这盏台灯是由什么做成的、由谁制造的、如何组装的。它可能还会描述这类产品的目标客户群或建议零售价。关于台灯的特征的各种数据信息平时被存放在公司的数据库中，当工厂要生产台灯时，数据信息就会弹出来。它们可以让管理层保障商品质量，提升销售额，并开发出更好的下一代产品。每当工厂要制造台灯时，这样的一个语义空间就会弹出来。

现在，我们有了越来越多的传感器、更便宜的内存芯片、更强大的计算能力，台灯中也内置了新的数据处理器。这样，每一盏台灯的语义空间在销售后很长一段时间还会持续更新。这盏台灯可能与某些实体基础设施相连，比如电网、建筑墙和天花板。

---

① Thomas H. Davenport and D.J. Patil, “Data Scientist: The Sexiest Job of the 21st Century,” *Harvard Business Review*, October 2012.

② James Manyika, et al., “Unlocking the Potential of the Internet of Things,” McKinsey & Company (June 2015).

它可以以被动或主动的方式与人连接，暗中观察人们的使用模式，优化能耗，提升便利性。这种连接人类与内容的对象正在快速增多，它们使人们既成为数据的生产者，也成为数据的消费者。这些数据具有各种各样的价值，包括对朋友、家人以及灯具公司的社会价值，灯具公司会从这些不断更新的语义空间中获取信息。如果你将这些数据与我们自身和周围环境每天产生的无数数据流结合起来观察，你就会注意到，它们对于雇主、企业、公用事业、零售商等有着惊人的经济价值。这样看来，麦肯锡的 11 万亿美元的估值似乎有些保守了。

一个看似悠闲的周五晚上，家里放着一本书。而当你打开那盏令人感到舒适的台灯，点燃噼啪作响的壁炉，播放一段舒缓的爵士乐时，后台已经在你不知不觉中开始对各种各样的数据流进行复杂的整合。当然，公司会根据这些生活方式数据来向你推销你可能喜欢的东西，它们也会利用这些数据来训练和完善自己的人工智能系统，以便在任何时刻更加准确地预测你最喜欢的或对你来说最有用的东西。例如，一个家庭助理可能会安排饭菜，建议明天去郊游，并提醒你和某个朋友保持联系，因为你很久没有见过他了。它可能根据你在房子里走动的不同方式分析你背后的意图，也许当你在一个寒冷的冬日早晨醒来时，它会给你的马桶座圈加热。它可能会将你的营养摄入与运动模式精准结合起来并进行计算，然后向你提出正餐或零食建议，让你保持最佳的健康状态。我们无法想象所有这些改进和创新将如何改变我们的生活。希望公司利用这些智能系统来生产更好的产品、提供更多的便利、提高人们的工作效率、提升休闲生活的质量，而不是仅仅利用它们来投放更多的广告、赚取更高的利润。但是，并非掌握大量的数据就意味着掌握了巨大的权力。当所有数据和权力都集中在少数公司和政府手中时，社会中的信任会发生变化吗？

数字大亨

1958 年的电影《变形怪体》充满了想象力，这种风格在此后的几十年里逐渐渗透到了电影文化之中。在这部电影中，一种外星果冻状生命随陨石飞入地球，落入了美国宾夕法尼亚州乡间的树林之中。两位年轻人，史蒂夫和简，分别由演技精湛的史蒂夫 · 麦奎因（Steve McQueen）和安妮塔 · 可桑（Aneta Corsaut）扮演。他们看到陨石坠落在山上，便开车前去调查，路上差点儿撞上一位老人。这位老人用一根棍子戳了戳那块陨石，那团“果冻”就粘到了他的手上。医生还未来得及给他手臂截肢，“果冻”就吞噬掉了那个人……然后是护士……接着是医生。这团“果冻”刚美餐完一顿就滚滚而来，吞掉了路上遇到的每一个人。它狼吞虎咽地吃下去，变得越来越大，可能会吞没一座座建筑物和里面的所有人。这时，我们的英雄，史蒂夫和简，终于意识到这个怪物不喜欢寒冷。于是，在空军把“果冻”运到北极之前，小镇上的人们已经用灭火器把它消灭了。

对我们中的许多人来说，这就是大型互联网公司给人的感觉——巨大的数据团侵入人们生活的各个角落，从零售业到金融业，从咨询专家到约会相亲，从健康服务到共享汽车，没有哪个领域能置身事外，丝毫不受影响。这团巨大的数据还在不断生长，我们却没有足够强大的“灭火器”来消灭它。好消息是，我们大部分人都从这个怪物身上得到了好处，它使我们的生活更简单方便、互联互通。随着我们越来越多地使用这些公司的服务，它们获得了更多关于我们生活细节的信息，确保自己的平台满足我们的需求，让我们开心。Salesforce 公司首席执行官马克·贝尼奥夫（Marc Benioff）在描述社交媒体用户时说，那些怀疑论者可能会说他们“上瘾了”。“亲密”可能是一个更恰当的词，因为它包含了生活方式数据所蕴含的更深层次的机遇和风险。对海量数据集的搜集和分析，可以在互联网平台和用户之间以及个人用户之间建立更亲密的关系。谷歌可以为你难以定义的搜索需求提供更精确的搜索结果。脸书可以帮你找到并重新联系上一位久未谋面的朋友。亚马逊可以为你推荐送给伴侣的最合适的礼物。百度、阿里巴巴和腾讯也在为中国用户做同样的事情。

当然，如果这些公司没有达到用户、社会和政府对数据管理的要求，所有的亲密行为就都会产生负面效果。但即使它们达到了文化和监管标准，多少数据才算足够多呢？如果你知道你浪漫之夜的不同信号被你的恒温器、台灯、监控摄像头和智能手机所追踪，那么这种亲密感还会让你感到舒服吗？除了对最亲密的朋友，很少有人愿意和他人分享这种亲密关系，更不用说和谷歌的工程师分享了。最重要的是，当我们乐于让光线柔和、节能高效、带有家庭监控功能的灯如此近距离地观察我们的亲密生活时，我们究竟向它让渡了多少权力？

人们可能会开始担心，这些数字大亨拥有多少数据？它们需要多少数据来提供我们如此乐意消费的产品和服务？我们已经赋予了共享数据相当大的权力，而新型人工智能模型将进一步放大这种权力。生成对抗网络（GANs）和单样本学习模型都会提高人工智能输出的准确性和精确性。生成对抗网络是让两个人工智能模型相互竞争博弈，其中一方生成一个逼真的样本，例如一幅假图像，另一方则将其与真实样本进行比较，极尽所能地辨别真伪。这种相互竞争的反馈机制提高了两个系统的准确性，就像左右互搏一般。

单样本学习模型可以极大地扩展机器学习的广度，提高训练速度，降低成本。有了这种方法，一个已经学会识别各种物体的模型就可以开始根据一个或几个样本来识别类似物体，就像一个蹒跚学步的孩子在触摸过炉灶上的热锅后，就不会再去碰热水壶。一种经过训练的、能在战场上识别数十种不同武器的单样本学习系统，仅仅用几个样本，就能基于对其他样本特征的了解，识别出不同的威胁。

然而，这些方法有一个局限——虽然生成对抗网络和单样本学习模型都能让深层网络基于少数样本进行学习，但两者都需要事先人工标记样本。

如果没有一种更有效、更实用的方法在各种新兴领域生成带标签的数据，那么数字大亨就不会限制数据的流入。或者说，即使出现了这样的数据源，数字大亨也没有理由限制数据的流入，它们有充分的动机去扩展它。

中国与美国：寒武纪国家

近年来，李飞飞已经成为人工智能领域最著名的研究学者之一。她是美国斯坦福大学人工智能实验室的主任，她的论文被引用了数千次。李飞飞一路走来，并不容易。她 16 岁时随父母从北京搬到美国新泽西州，之后进入普林斯顿大学学习物理，又在加州理工学院获得博士学位。毕业后，她领导了 ImageNet（图片网）的开发，这是一个庞大的在线数据库，含有数百万张人工标记的图片。

这样的数据集在今天已经司空见惯。但当李飞飞在 2009 年首次发布 ImageNet 时，她提出了一个不同寻常的概念：好算法并不意味着好决策，它还需要好数据。有了如此庞大的带标注的数据集，人工智能研究者们开始在一年一度的 ImageNet 挑战赛中互相切磋比拼，看看谁家的算法能从数百万张图片中正确识别最多的对象。2010 年，获胜系统的准确率为 72%（人类的平均水平为 95%）。不过，到 2012 年，多伦多大学的杰弗里·辛顿（Geoff Hinton）和他的同事们提出的算法出乎意料地将准确率提高到了 85%。[①] 他们做了什么创新？他们运用了一种有趣的新

① “From Not Working to Neural Networking.” (special report) *The Economist*, June 25, 2016.

技术，叫作“深度学习”。这也是现在人工智能领域的基本模型之一。

如今，李飞飞仍在努力改变人工智能领域的思维方式，不仅要应对技术挑战，更要培养解决问题的人。她也在为增加学术人员、开发人员和研究人员的多样性而奔走呼吁。作为斯坦福大学的计算机科学教授及该校人工智能实验室的主任，李飞飞教授经常指导女性和少数族裔学生，因为在这个由白人和亚裔男性主导的领域里，这些群体并未得到充分关注。“我关注的是多样性，不仅仅是性别或种族，还有思维的多样性，”李飞飞说，“我认为我们务必这样做，在这件事上我们不能再等了。这项技术将改变整个人类社会，如果这项技术的参与者没有全面正确地反映整个人类社会，这将产生负面的后果。”

然而，尽管李飞飞的专业立场与更广泛的人工智能生态系统存在着一定的相似之处，但没有一个人能像她那样既活跃于学术界，又加盟民营企业。她还获得过谷歌云人工智能首席科学家这样重要的职位。2018年春天，在斯坦福大学进行学术休假期间，李飞飞设计了一些产品和服务，旨在将人工智能推广至更多企业和个人，实现人工智能技术的平民化。正如她希望人工智能领域有更加多元化的人参与，她也希望人工智能的发展能向世界人民开放。她说：“科学无国界。”她希望美国和中国可以在人工智能研究方面建立更紧密的合作关系。2017年底，她帮助谷歌在她的家乡北京成立了谷歌人工智能中国中心。

尽管中美两国存在文化、政治和经济差异，但两国内部和两国之间完整的发展生态和相互促进的作用使它们从其他国家中脱颖而出。学术界和民营企业之间的紧密联系是这些“寒武纪国家”在人工智能发展过程中最关键的驱动因素之一。它们以独特的方式结合了数字大亨、领先院校、创业精神和文化活力。微软、百度、脸书、腾讯和其他民营企业都已投入数百万美元网罗两国顶尖的学术人才，中国企业会直接从美国顶尖大学招生，反之亦然，只是可能数量较少一些。除此之外，这些公司在波士顿、北京等地的顶尖大学已经投入数百万美元开展研究项目。尽管在世界其他地区，学术界和商业界也存在类似的重要联系，但其他地区并没有像中国和美国那样发展出这种深度的相互依赖关系。

马少平在清华大学扮演着桥梁的角色。他在清华大学领导着一个与搜狗公司合作的联合研究中心。马少平专注于搜索和信息检索。马少平表示，中国的公司已经做了相当多的工作来研发各种应用，比如机器翻译。他表示，庞大的消费者基数及其产生的海量数据为中国初创企业创造了更多的机会。学术研究人员可以通过与企业的密切合作获得大量真实数据，进一步推动研究。他说：“我并不认为我们能在5年内全面超过美国，但在某些应用领域，我们可以做到。”

这种产学研结合的模式对人工智能的发展至关重要，因为每一方都有不同的发展诉求。周以真（Jeannette Wing）在卸任微软研究院全球各核心研究机构负责人之后，来到了哥伦比亚大学数据科学研究所。对她来说，在企业界、学术界和政界工作多年后，解决人工智能科学中面临的主要、长期且基本的研究问题，实在是太有吸引力了。如今，她仍然与其他部门保持密切合作，着重关注人工智能的益处，而她和学术界的同事们都不必担心企业会面临的短期赢利压力的问题。

因此，尽管与学术界相比，产业界具有“大数据和大计算”两大优势，但周以真可以尝试解决人工智能模型和相关议题背后更深层次的根本问题。她说：“只有在学术界，你才有足够的时间去理解这些技术背后的科学原理。这样的理解是十分重要的，因为人工智能技术已经被运用于自动驾驶汽车甚至刑事司法系统等领域。因此，终端用户，无论是司机、行人，还是法官、被告，都将受到这一技术的影响。科学界应该对这些技术的工作原理有一个基本的了解。”

俄罗斯与西欧：城堡国家

米哈伊尔·布尔采夫（Mikhail Burtsev）在俄罗斯的学术界拥有令人印象深刻的科研成就。他获得了计算机科学博士学位，研究模拟人类认知能力的进化过程。他专注于理论研究，试图转变一些俄罗斯控制论的观点，并开发出一种新的方法，让机器学习的模型彼此互动。他说：“我还在做一些活神经元的实验，研究大脑中真正的神经网络正在发生什么。我有一些理论源于俄罗斯的神经生理学，这在西方并不广为人知，我正在考虑如何将它们融入人工智能中智能体的网络架构。”

然而，最近，布尔采夫已经将他的专业知识运用到了新方向上，他创建了一个名为 iPavlov 的项目，该项目既反映也掩盖了外界对俄罗斯人工智能的一些刻板印象。一方面，这是一项由政府出资开展的学术研究，2017 年从《国家技术倡议 2035 推进计划》中获得了一笔拨款。另一方面，布尔采夫正在利用这笔资金创建一个开源平台及数据库，帮助开发人员打造更好的人工智能对话系统。考虑到俄罗斯语言的特殊性，要做到这一点较为困难。总而言之，一位俄罗斯朋友告诉我们，政府正在资助一个开源项目，该项目将帮助所有人创造更好的人工智能。

“俄罗斯在这方面有相当大的潜力，但还未发挥，”布尔采夫说，“一方面，我们的基础教育还可以，学生都有不错的编程技能。但另一方面，你如果看看人工智能方面的出版物，就会发现俄罗斯大约排在世界第 40 位，在科学界并不显眼。”俄罗斯政府和普京总统已经认识到，人工智能是未来地缘政治力量、安全和影响力的重要组成部分。俄罗斯已开始向该领域注入更多的公共资金。布尔采夫认为，在现有的私人投资基础上，政府的支持为初创企业提供了更多资源，但以学术标准来考量，俄罗斯还未充分发挥其潜能。

包括俄罗斯和一些西欧国家在内的“城堡国家”已经在人工智能的某些方面研发出了关键的专业知识，这些知识主要是在学术方面的，因此，“城堡”这个名字形象地指代了“象牙塔”。但这些国家没有数字巨头公司，所以缺乏从学术界到民营企业界的思想、技术和资本的自由流动，并不具备打破城堡高墙的活力。在美国、日本和中国等地，成熟的技术转让项目和更为健全的企业基础设施进一步推动了这样的流动。然而在俄罗斯，我们与几位企业家的交谈表明，当地的初创企业生态系统几乎得不到任何支持。往往由政府支持的大型公司和银行限制了资本流向新兴企业，也限制了技术成果从学术界向民营部门转移。耐力机器人公司（Endurance Robotics）的创始人乔治·丰特切夫（George Fomitchev）表示，早期科技初创企业往往对商业风险的容忍度较低，这给俄罗斯的一些小企业带来了“先有鸡还是先有蛋”的问题。耐力机器人公司开发了多种激光蚀刻系统、聊天机器人软件和交互式机器人。“投资者希望看到更成熟的销售记录，最好是销售给大型俄罗斯公司，”他说，“但大公司在产品或服务完全成熟之前不会做出承诺。例如，耐力机器人公司有一款客户服务聊天机器人，该公司必须利用与英美烟草公司合作所产生的指标来说服汉堡王，而后者想要的又是另一套不同的产品和策略。”

这让耐力机器人公司这样的小型初创企业感到迷茫，它要么转向其他市场，要么继续努力打入现有的资本渠道，比如获得寡头集团或少数加速器和融资项目的支持。格里戈里·萨普诺夫（Grigory Sapunov）和他的联合创始人推出了Intento云平台，它可以帮助公司测试不同的人工智能平台，从而让公司找到适合自己应用的平台。平台推出后，他们意识到必须打入其他市场来提升销售量，获得业务增长所需的支持。他们的想法有市场，他们也在培育客户群。通过使用各种公共或专有数据集，他们可以测试不同的人工智能云平台，找到最适合特定客户的平台。然后，他们可以让客户根据不同的任务、成本或性能需求，在不同平台之间切换。

“最大的劣势在于，俄罗斯距离人工智能的现代中心很遥远，”萨普诺夫说，“很多俄罗斯初创企业都在努力做一些有意义的事情，但很多人都在为本地市场工作，很难进入全球市场。”因此，该公司的联合创始人之一在美国加利福尼亚州伯克利的一家加速器设立了办事处，希望进军美国市场，获取旧金山湾区的丰富资源。萨普诺夫说，在俄罗斯，自己经营企业的人实在太少了，而加州的办事处让他们与那里的创业精神有了联系。在俄罗斯，他试图从 Yandex（搜索引擎公司）和国内其他一些高科技巨头企业挖走人才。他表示：“初创企业的工作很有意思，但不少人希望找一份安稳的工作，这就成了问题。因为人工智能是一个充满活力的领域，要想把握这波机会，你必须愿意冒风险。”

西欧表现出与俄罗斯相似的情况，比如其产业界和学术界的距离比中美产业界和学术界的距离更大。然而，欧洲模式结合了先进的科研学术能力、规模庞大的制造业基地和更加开放的数据共享模式。它与俄罗斯的不同之处在于：首先，俄罗斯比欧盟成员国更倾向于将计算机科学和数学技术应用于国防和国家情报领域；其次，也可能是更重要的一点，即欧洲已经形成了一个比俄罗斯更为完整的创业生态系统。尽管欧洲的创业环境比不上美国和中国，但在欧洲的柏林、汉堡、伦敦和巴黎，已经出现了几个重要的数字中心。爱沙尼亚首都塔林俨然成为网络安全中心，是世界上最先进的数字政府中心之一。瑞典哥德堡和芬兰赫尔辛基都推出了北欧人工智能项目，旨在促进产业界和学术界的开放与合作。甚至一些冷门小镇也推出了一些小型项目，进行了重要的创新，例如瑞士的洛迦诺，一个拥有 6 万人口的风景如画的小镇，它是人工智能先驱尤尔根·施米德胡贝（Jürgen Schmidhuber）的家乡，也是达勒·默勒人工智能研究所（IDSIA）所在地。

尽管如此，要将这些地区转变成美国和中国那样具有形成性和全球性的经济强国，欧洲还有很长的路要走。目前其大部分人工智能开发主要在制造业和其他传统行业领域。加上欧盟对于数据隐私和安全问题的严格规定，欧洲的创新环境受到了更加严格的限制（无论人们如何为这些数据隐私规定说好话）。达米安·博思（Damian Borth）是德国人工智能研究中心（DFKI）的深度学习中心主任。他希望政府出台一套更细致入微的监管规定，既提供必要的保护，又不抑制行业创新。基于此，博思提出了 4 种分类。如果人工智能系统会对人类生活产生影响，它就归入 A 类，受到更严格的监管。如果它能影响环境，但不能直接威胁人类，它就归入 B 类。以此类推，危害越小，对该技术的限制就越少。“如果你想拥有和美国一样大的市场规模，”博思说，“你必须进军整个欧洲，你必须应对所有的监管体系。”因此，尽管欧洲在人工智能方面做了很多工作，但企业家们仍在转向更大的市场。

德国和其他大多数欧洲国家最擅长做的就是“无聊的东西”，比如制造业，博思这样开玩笑说。它们已经输掉了个人数据之争。开发一个欧洲版的谷歌、亚马逊或一个欧洲本土的社交网络，在这个“赢者通吃”的行业中，肯定会是一场艰苦的战斗（尽管世界上那些注重隐私的人可能会对此表示欢迎）。消费者的安装基数也起着决定性作用。因此，那里的人工智能开发倾向于围绕客户交易数据、从物联网搜集的数据和 B2B（企业对企业）应用程序进行构建。

不过，欧洲机构和资金来源的多样性，以及欧盟近期的努力，使其正在打造的技术创新数字共同体成为一种有趣的替代模式。欧洲大陆越来越多的机构、公司和政府开始参与这一进程。例如，博思和他在德国人工智能研究中心的同事们与工业界密切合作，旨在更好地获取数据，同时帮助企业将新型人工智能模型整合到流程中，优化业务操作，并在工厂中启用对人类友好的机器人。英国已经成为一些世界数字巨头的重要据点。例如，谷歌以约 6.25 亿美元收购的 DeepMind 公司就位于英国。[①] 尽管英国缺乏本土的数字巨头，创业活动也不及美国和中国那样多，但是伦敦和一些英国顶尖大学已经成为创业者的温床，在许多方面形成了与硅谷类似的学术界与商业界的密切关系。根据高盛集团的一份报告，2012 年至 2016 年上半年，美国在人工智能领域共投资 182 亿美元，中国为 26 亿美元，英国为 8.5 亿美元。[②]

人工智能的起源要追溯到艾伦·图灵（Alan Turing）和英国的布莱切利公园。剑桥、牛津等大学已经建立了世界著名的高科

---

① Samuel Gibbs, “Google buys UK artificial intelligence startup Deepmind for £400m,” *The Guardian*, Jan. 27, 2014.

② Piyush Mubayi, et al., “China’s Rise in Artificial Intelligence,” Goldman Sachs (August 31, 2017).

技研究中心，招募了尼克·波斯特洛姆、扬·塔林（Jaan Tallinn）、休·普赖斯（Huw Price）等著名专家。有关人工智能对英国经济及民众影响的担忧充斥着英国政府。2018 年春季，英国政府与民营企业和投资公司联合，承诺将共同为英国的人工智能行业投资 14 亿美元。它们将支持多个项目，包括专注于英国的投资基金、剑桥大学的人工智能超级计算机、建立一个新的数据伦理中心等。

例如，伦理中心将有助于解决人工智能发展中一些棘手的问题，包括戴维·普特南勋爵（David Puttnam）所称的“社会回避复杂性问题”。普特南是英国上议院议员，也是奥斯卡获奖影片《烈火战车》的制片人。他在职业生涯中一直致力于通过影视作品探讨社会问题。他这样说道：“依赖人工智能可能导致我们为复杂问题寻找过于简单的答案和解决方案。”他所在的英国上议院委员会起草了一份关于英国人工智能的战略报告。[①] 他说，他这次得到的最关键的结论就是，人们越来越少地使用复杂言辞，而是追求使用快速直接的、富含数据的表达方式。“但人类生活中的许多决定都需要深思熟虑、培养意识，并且需要不断探讨辩论。不是所有这些辩论都能够或应该迅速得出答案。”他说。智能机器可以反馈清晰明确的答案，但往往不会关注那些“没有赢家，只有对话、观点或者讨论”的问题。

普特南说，所有这些举措归根结底都是为了让英国在人工智

① *AI in the UK: Ready, willing and able* ？ House of Lords Select Committee on Artificial Intelligence, Report of Session 2017–2019.

能领域保持领先。随着英国最终确定脱欧，这一努力变得越来越重要。英国脱欧以后，将在进入广阔市场、获取大规模数据方面受到限制，而这些方面恰恰推动了英国大多数商业人工智能的发展。目前，英国政府已于2018年春季通过了一项法案，采纳欧盟的大部分数据保护框架，并扩大信息委员会的权力来执行这些条款。他说："我们希望在经济增长和道德保障之间找到适度的平衡点。在这方面，我们与德国、法国和加拿大目标一致。如果我们融为一体，我们就在这智能化的世界中占有举足轻重的地位。但是，一旦我们离开欧盟，英国的声音在全球治理中还有多少分量呢？"

法国政府官员一直在积极推进国家项目，尤其是在马克龙当选总统之后。2018年春，马克龙承诺政府将在未来5年内投资18.5亿美元支持人工智能研究、初创企业和共享数据。马克龙在接受《连线》杂志采访时表示，人工智能领域两大公认的领导者选择了两种不同的发展方向：美国由民营部门推动，中国则由政府推动。因此，法国和其他欧洲国家可以寻找一条合适的中间路线。[①]法国社会一直因其对技术的批判而臭名昭著，但马克龙希望通过跨学科研究为人工智能提供一种全新的视角。他在问答环节中说："如果我们想要捍卫我们的隐私，在技术进步下保持对个人自由的集体偏好，捍卫人类完整性和人类的基因，如果你想自主决定建设什么样的社会、发展什么样的文明，那么你必须成为这

① Nicholas Thompson, "Emmanuel Macron Talks to WIRED About France's AI Strategy," *Wired*, March 31, 2018.

场人工智能革命的一部分。这就是为什么我们要在设计和定义人工智能规则方面拥有话语权。这就是我想成为这场革命的领导者之一的主要原因。我希望全球都参与到这一话题的讨论中来。”

从这个意义上说，马克龙已经领先于欧洲的同侪们。他主张为人工智能制定国家层面的战略，让政府代表个体公民行使领导权，并希望巴黎成为欧洲的人工智能研发中心。德国政府则采取了一种更为保守、自下而上的方式：通过在总理府举行一场人工智能峰会来征求工业界和科学界的意见。总理府是德国总理默克尔的权力中心。目前，默克尔政府有两名高级官员负责领导数字化工作，她们是国务部长多萝特·贝尔（Dorothee Bär）和部门主管埃娃·克里斯蒂安森（Eva Christiansen）。此外，德国还有一些科学、经济和劳动部门的数字化项目。与此同时，这些国家和其他大多数西欧国家政府都已注意到，即使在欧盟倡议之外，合作也起着关键性作用。一些国家已经开始讨论潜在的合作关系。一些新的尝试，例如成立法德人工智能中心，由于英国脱欧、移民问题等其他紧迫议题而被推迟。但总体而言，法国和德国的政府官员都相信，每个公民的人性是一个充满活力的民主国家不可或缺的组成部分。因此，在他们看来，全球人工智能竞赛将成为一场捍卫人类智慧的卓越地位和欧洲主权的竞赛。

认知时代的骑士

以色列国防军知道，他们不可能把每一个邪恶势力人员都赶出这个国家。所以，他们尽可能让外人难以潜入系统，部署复杂的内网来快速识别和捕捉各种威胁。约西 · 纳尔（Yossi Naar）将以色列军方的工作思维模式应用到了网络安全初创企业中。他创立的 Cybereason 公司并不像许多其他公司那样建立更强大的数字防火墙，而是分析攻击者侵入系统后可能会做的事情，找到他们，并将他们扫地出门。约西 · 纳尔说，这既需要先进的技术，也需要对黑客的操作有足够深入的了解。纳尔说："传统的观念认为，你可以清楚地界定对错，然后想办法建造一堵更强大的防火墙。但在我们民族国家的背景下，我们知道很多事情都是简单而真实的：第一，你总是能想方设法地进入系统；第二，对攻击者来说，最大、最困难的问题是他们在进入系统以后做什么。"

正如纳尔所证实的那样，以色列军方对该国各种人工智能应用程序的开发具有深远的影响。以色列的每一位符合条件的公民都必须服兵役。因此，他们开发了一套极其有效的系统来识别顶尖人才，引导他们参加复杂的高科技培训项目。因此，那里的研发中心实际上就是人工智能人才的培训中心和孵化器。以色列许多领先的高科技初创企业是由在服兵役期间结识的合伙人创办的。这是一个高强度的教育项目，学员们全脱产上课，毕业后前往世界顶尖的技术平台工作。通过预备役部队的机制，其他人工智能和数字技术专家会回到中心当导师。纳尔说："在这一相互促进的系统中，他们将新知识带进来，也将知识带出去，这给聪明的年轻人提供了大量的资源，这是一般的 21 岁的年轻人在大学里无法得到的。"

防御性国防的理念自然会产生如 Cybereason 这样具有防御理念的民用公司，特别是在以色列这样的国家。然而，以色列的教育和研究方式也孕育了一系列不同的思想和人才。据纳尔估计，在该国的约 2 500 家初创企业中，有 500~700 家公司的业务与安全有关。例如，情报界及其对信息分析的关注推动了各种类型的大数据研究。此外，以色列也涌现出一系列以人工智能为基础的医疗保健应用程序。

虽然美国军队内部的高科技教育不像以色列那样普遍，但它已经通过 DARPA 建立起国防和前沿研究之间的强大联系。美国、以色列和中国在认知时代的“骑士”中脱颖而出。这些国家的国防创新延伸到学术和私人领域，推动了一系列非军用的商业应用。美国并不像以色列那样把每个公民都当作军人，但它的军事部门和民用部门之间保持着密不可分的联系。美国国防机构会从硅谷采购，但它们并不指望硅谷替它们打仗。同样的，DARPA 仍然是世界领先的尖端高科技研究推动者之一，资助研发人员开展各个领域的前沿研究，从自动驾驶汽车到植入式神经芯片，从复杂的系统分析（比如分析气候变化）到网络安全，无一例外。

美国塔夫茨大学计算机科学系负责人凯瑟琳·菲舍尔（Kathleen Fisher）在担任 DARPA 的项目经理后，研究了 DARPA 在美国拉斯韦加斯举办的 2016 年网络公开挑战赛。那些参赛队伍互相厮杀，既要攻破别人的系统，也要保卫自己的系统。因此，一个团队可能会编写自动修复程序的代码，然后让它自动利用漏洞来攻击其他对手。但是，这种夺旗比赛中出现了一个有趣的新现象。7 支队伍参加了一个专门为完全自动化系统设计的比赛。他们设计的程序可以在比赛中实现自动防护、自动攻击，完全不需要进行任何人工干预。一支团队的系统发现了某个漏洞，找到了补丁，进行了自我修复，然后利用漏洞对另一队发起了攻击，与此同时，另一队的系统识别出攻击，从那次拦截中用逆向工程生成了补丁，完成了修补。这一切都发生在 20 分钟内。

获胜的人工智能团队来自卡内基-梅隆大学。第二天，他们参加了与人类团队的比赛。一开始，人工智能系统因为速度快而表现很好。然而，随着赛事的推进，它落到了最后，因为人类可以概括并处理各种不同的黑客理念和策略。"这种情况以后会改变，"菲舍尔说，"计算机最终将击败所有人。当前，人类仍然比电脑更擅长开发软件。"

然而，就像以色列国防军一样，DARPA 的项目远远超出了网络安全和数字攻击的范畴。事实上，它与人工智能相关的一项关键举措就是希望能解决困扰所有该领域从业人员的一个问题：开发一个能够解释如何以及为何做出决策的人工智能系统。随着人工智能系统变得越来越复杂，"可解释的人工智能"的概念一直让专家们感到困惑。虽然智能机器可以动态地学习并处理大量复杂的数据，但开发人员仍然不清楚，为什么机器会判断一张图片上画的是狼，而另一张上画的是哈士奇。在一个臭名昭著的例子中，研究人员试图通过调整输入来观察对输出的影响，从而推断图像识别系统的推理过程。结果他们发现，神经网络之所以将一些哈士奇识别为狼，是因为它们坐在雪地里。

DARPA 信息创新办公室的项目主管韦德·沈（Wade Shen）表示："虽然可解释的人工智能具有明确的国防含义，但 DARPA 在该领域的资金投入对人工智能与人类的互动方式产生了广泛的连锁反应。"许多机器都能做出准确的决策，但它们没有被投入使用，因为人们无法信任机器。韦德·沈解释说，"可解释性"对某些类型的人工智能模型来说看似合理，但我们要理解更新的、日益复杂的技术，还有很长的路要走。因此，虽然人类能很好地理解因果模型，但当变量太多时（比如气候模型），人们就会感到无能为力。韦德·沈说："机器也许能针对非常复杂的过程构建模型，将成千上万的变量考虑在内，并做出超出人类认知范围的决策。"

最终，我们可能需要机器来理解并解释其他机器，简单概括其内部的运作方式。即使最精英的人士、最训练有素的人类头脑，仍然对人工智能如何预测股价涨跌感到费解。我们仍然对许多应用抱有信任。但是，随着这些系统在我们的生活中变得越来越普遍，我们将不得不自问，我们是否想要那些自己永远无法理解或预测的建模功能？我们究竟愿意将多少控制权交给机器？如果说自我意识会进行自我反省，因而是一种更高形式的意识，那么就像哲学家戴维·查默斯所言，机器意识相当于一个蹒跚学步的孩子，而我们想让它进行基因工程等其他重大的分析研究。

发展中市场的人工智能应用

人工智能图像识别已成为全球电子商务相关企业的热门应用。你只需拍一张照片，点击图中感兴趣的对象，应用程序就会识别产品，告诉你如何买到它。数字大亨们已经使用这项技术好几年了，但发展中市场的新兴公司正在将它用于新的领域。与美国的 Grabango[①] 等公司一样，中国的初创公司码隆科技已经将这种技术用于供应链，可以追踪检查货物的发货情况。他们的设想是，当顾客推着一车商品走出商店时，系统会在顾客出门时自动识别所有商品，并完成结账。

尼日利亚的加布里埃尔·埃泽（Gabriel Eze）希望做一款使用机器学习技术的应用，帮助那些不能读写英语或者完全不识字的当地人上网。他和 Touchabl 公司的同事目前专注于做电子商务的销售。比如有人看到一款喜欢的钱包，就可以点击图片查看它是什么牌子、在哪里可以买到它。他们通过向零售商和品牌方收取展示费来赚钱。他解释说："也许你的车里有个坏掉的零件，但你不知道它是什么，你可以用 Touchabl 来找到它。" Touchabl 如果还没有标记它，就会在网上搜索一个相似的图像，这显然已经超越了随机搜索。埃泽还希望开发者能在这个平台上进行开发，通过展示图片帮助小商小贩售卖商品，或者结合语音处理功能，帮助盲人或不识字的居民获取关于商品和周围环境的网络信息。

---

① Grabango 公司是一家无人零售解决方案提供商，是美国硅谷的初创公司。——译者注

他甚至设想，类似的系统可以利用人们上传的照片来诊断健康问题，比如白内障。这也正是 CekMata 在印度尼西亚农村地区所做的事情。该公司的首席营销官伊万·斯纳尔索（Ivan Sinarso）援引世界卫生组织的统计数据称，印度尼西亚平均每天就有一人因白内障而失明。早在患者失明之前，医生就能诊断和治疗白内障。但在印度尼西亚的农村地区，由于觉得治疗昂贵或者没有效果，很少有白内障患者会去医治。因此，CekMata 的目标群体就是印度尼西亚的年青一代，他们中的许多人拥有智能手机，CekMata 希望他们给父母和祖父母拍照，通过应用程序或网站上传。

CekMata 的系统可以识别疑似白内障患者，然后向他们推荐可以为他们诊断并开出治疗方案的医生。（斯纳尔索说，诊所为推荐名单上的位置付费。）斯纳尔索表示，在上线后的 8 个月里，该公司帮助了约 100 名农村患者识别并治疗白内障，但系统还可以继续扩大规模，只要有更多的人上传自己眼睛的照片。随着业务的扩张，CekMata 将能够运用追踪模式，发现有更高发病率的问题区域，并向卫生部门提供预警。

库尔蒂斯·希滕斯和梅歇尔·希滕斯夫妇也希望解决自己国家的一个关键性健康问题。他们正在开发一款全新的人工智能模型，这引起了 IBM 沃森人工智能 XPRIZE 大奖赛评委们的注意。他们将自己的团队称为“驱动器”，并进入了第二轮比赛。这对夫妻搭档正在开发“心理现实的虚拟助手”，模拟巴巴多斯的糖尿病患者的思维模式和行为。“通过询问助手，你实际上可以识别出外向或内向的性格特征，”库尔蒂斯·希滕斯解释，“所以，通过模拟情绪和对刺激的情绪化反应，你就能利用这个‘心理现实的虚拟助手’，像心理学家一样向它提问，它也会像人类一样表现出一些特征。”

“驱动器”会把病人的信息从对人格特征和行为的调查中提取出来，然后将其编码，在某种虚拟的大脑中模拟他的心理表现。临床医生可以在虚拟病人身上试验各种假设场景，以找到合适的方法来帮助真正的病人，让他们继续接受治疗。库尔蒂斯说：“我们相信，我们将能够识别出引发行为的根源记忆，这样医生就可以研究影响行为变化的真正因素。”

希望往往出现在意料之外的地方。正如著名作家威廉·吉布森（William Gibson）所描述的那样：“未来已来，只是分布不均。”这些人工智能的“即兴表演艺术家”——比如印度尼西亚、尼日利亚、巴巴多斯等国家，尤其是印度——正在开发新兴的人工智能技术，或者更多是利用模型来解决发展中国家长期存在的健康、基础设施等常见问题。世界上大多数高科技巨头都已在印度开展了大量业务，并将其视为一个巨大的数字机遇。根据凯捷咨询公司（Capgemini）的一份报告，印度 58% 的企业已经在大规模使用人工智能技术。因此在部署规模方面，印度仅次于美国和中国，位列全球第三。[1] 特别是在医疗保健领域，很多公司将机器学习和其他人工智能模型结合起来，试图扫除一些最基本的

---

① Bhaskar Chakravorti, “Growth in the machine,” *The Indian Express*, June 20, 2018.

医疗保健障碍。

医疗成像初创公司 Qure.ai（英文发音与“治愈”谐音）的首席执行官普拉尚特·瓦里耶（Prashant Warier）说，全球有 1 050 万名肺结核患者，其中 1/4 以上都生活在印度。这些病例中有许多没有得到诊断，甚至更多的人被诊断得太晚，从而导致疾病进一步传播。他说，问题在于时间。农村患者在前往诊所接受检测之前，会显现症状达数周。医生会让病人拍摄胸部 X 光片来寻找这种疾病的迹象，但由于放射科医生稀缺，主治医生可能需要几天时间才能拿到放射科医生对扫描结果的解读。到那时，患者早已回到老家，主治医生很难与他们取得联系，也很难进行微生物学检查来确诊肺结核病。

瓦里耶解释说，Qure.ai 可以将整个诊断过程压缩到一天之内。平台可以扫描 X 光片是否有异常，并在几秒钟内返回结果。如果图像显示出肺结核的迹象，那么医生就可以进行适当但昂贵的微生物学检查来做出最终诊断。整个过程被压缩到短短几个小时，病人离开时就可以带着相应的药物回家。Qure.ai 专注于解读胸部 X 光片和头部 CT（电子计算机断层扫描），通过自动化图像分析识别异常病理，然后将重要病例优先推给放射科医生进行快速检查。

瓦里耶说，虽然他们关注的是这两个核心的成像程序，但是平台还在探索其他可能性，包括进军美国等其他市场以及对医院的放射诊断进行复核。“我们可以在几小时内处理完医院一年的 X 光片，”他说，“然后我们可以利用自然语言处理技术，将其与书面报告中的诊断结果进行比较。因此，我们可以立即比对，然后告诉医院，比如有 100 张 X 光片的诊断有误。”

瓦里耶已经看到了印度人工智能开发群体的迅速壮大，他们将把这些技术应用到新的方向。尽管印度仍然明显落后于中国和美国，但人工智能模型和计算机技术的广泛性和开放可用性使得这一生机勃勃的行业成为人才和数据竞争的高地。Qure.ai 之所以如此成功，是因为它可以获得约 500 万张医学相关图像，然后对它们进行扭曲、旋转或以不同的方式剪裁，来进一步扩大训练数据集。“我们在模型架构方面做了很多前沿研究，因为我们的问题具有特殊性，”瓦里耶说，“解读放射影像比解读猫或狗的图像更具挑战性。”他解释说，目前几乎所有的人工智能主要研究的图片大小都不到胸部 X 光片的 1/100。然而，因为这方面有几个开源的代码库，而且几乎人人都跃跃欲试，想发表论文，所以有很多公开的文献资料。瓦里耶和其他许多人都将在现有的基础上继续创新。“对印度来说，这里的人们可以利用最新技术进行最前沿的研究，并且技术很快就能投入使用。”他说，“人工智能在不断地平民化，大量的人才都可以利用这个机会。”

与 Qure.ai 类似，印度医疗科技公司 SigTuple 也在利用人工智能解决农村医疗保健中因距离、时间而错过最佳治疗期的病人的问题。该公司的 Manthana 人工智能引擎可以对病理测试进行数字化处理及分析，并在几分钟内返回报告，将其传给病理专家审阅，然后传给医生，供其做出治疗决定，整个过程耗时要短得多。这种快捷性会对农村地区的急性登革热或其他疾病的治疗产生深远的影响。在印度，有1亿多人住在离医院100公里以外的地方，他们可以前往的诊所条件简陋、没有诊断设备。如果派遣救护车，医院可能需要四五个小时才能接到病人并将其带回医院。SigTuple的目标就是将设备放到那些小诊所里，实现快速诊断，这样救护车出发时就可以配备相关药物，在回程途中就可以为患者开展治疗，达到把治疗时间减半的效果。

与尼日利亚或巴巴多斯一样，印度仍面临着基本的基础设施问题，而这足以阻碍人工智能解决方案的应用。很多农村诊所没有联网，并且缺乏适当的技术培训。虽然移动上网已经普及，但宽带速度不尽如人意。2017年，印度政府将人工智能、3D（三维）打印等其他先进技术的预算增加了一倍，达到4.77亿美元。[①] 印度国家数字身份识别系统Aadhaar为各种数据驱动的金融、医疗保健服务提供了新的机会，这些服务都需要对个人进行在线身份验证。但是，印度各邦对政策在当地的落实有着很大的控制权，因此这样自上而下的举措并不像在中国那样推进得十分顺利。班加罗尔Khosla实验室首席执行官斯利坎特·纳德哈姆尼（Srikanth Nadhamuni）说，尽管在过去的50年里，印度社会的教育和经济都取得了飞速发展，但在印度的12亿人口中，仍然有约3亿人生活在贫困之中。他表示，所有对人工智能或其他先进技术的使用都需要把重点放在“金字塔的底层”，因为那里有重大的挑战和迫切的需求。配备了智能手机传感器的人工智能

① Ananya Bhattacharya, “India hopes to become an AI powerhouse by copying China’s model,” *Quartz*, Feb. 13, 2018.

诊断技术能让农村贫困人口享受负担得起的高质量医疗保健服务，这将为印度的医疗保健事业带来革命性变化。

尽管印度的人工智能技术正在跨越农村贫困的鸿沟，但不可否认，这仍然是其可持续发展的障碍。虽然印度近 2/3 的人口生活在农村地区，但孟买、新德里、班加罗尔和海得拉巴等大城市贡献了全国 70% 的 GDP（国内生产总值）。人工智能系统可以克服其中的一些障碍，但开发人工智能平台的公司如何才能从这些囊中羞涩的人身上赚到钱呢？这些贫穷地区不太可能是主流市场，那么企业又该如何调整它们的应用程序，以满足来自不同阶层、不同文化背景的人的需求呢，比如全国各地有几十种不同的方言？问题并不在于印度的农民或穷人是否会接受人工智能，因为正如纳德哈姆尼所说："只要能解决问题，人们都会喜欢。"

然而，对任何技术的担忧都在于，技术在解决问题的同时，又会不断产生新的问题。人工智能的新技术可以使资源平民化，让不同阶层和不同收入的群体发出声音，但它的好处并不会公平地惠及每一个人。对肯尼亚农村的小农户来说，他们拥有的只是一小块土地、一些工具和一部用来了解市场价格、天气预报和作物情况的手机。数据的接入让他们对生活有了更多的掌控权。然而，这也让全球科技精英的优势地位变得更加明显。数字知识的创造者和销售者积累了过多的权力，而这种积累只会随着这些产品和平台的增长而加速。人工智能领域就是如此。

随着企业可以对全球气候模式、农业生产、市场价格和基础设施状况进行数据分析，它们能够迅速将全球资源从一个市场转移至另一个市场。很少有偏远地区的农民和其他数字弱势群体能完全搞清楚，投资银行、全球食品企业集团和高科技公司如何在全球翻云覆雨。因此，尽管肯尼亚的穷苦农民或印度农村4个孩子的母亲可能会从手中的技术中获益，但他们没有多少机会来充分发挥自己的权力，也没有多少机会来表达对食品公正或全球收入分配的伦理担忧。

日本：人形机器人与“社会5.0”

《铁臂阿童木》的漫画首次亮相是在1952年。它讲述的是在一个未来的科幻世界里，人类和机器人和谐共存的故事。《铁臂阿童木》风靡一时，在日本的《少年》漫画杂志连载了16年。在漫画中，阿童木是由日本科学部负责人天马博士创造的。天马博士因为儿子在一场自动驾驶汽车造成的车祸中意外丧生，于是创造了这个具有人类情感的机器人。但不久以后，天马博士意识到，机器人始终无法取代他失去的爱子。失望之余，他将那个机器人卖给了一个机器人马戏团。随后，阿童木被一位宽宏大量的教授解救并收养，成为机器人大家庭的一员，开始了各种各样的冒险活动。

这部漫画系列一共有112个章节，还有一些翻拍和衍生剧集，是日本漫画史上最具影响力的作品之一。《铁臂阿童木》也为日本人与机器人互动的共生心态提供了最早的流行文化参考资料之一。日本人对机器人的亲近感在人口统计学和经济学上都有着实实在在的根源，因为机器人主要是为了代替日本日益萎缩的劳动力资源。但这也源自一种哲学传统，不同于西方所认为的“人类是特殊的存在”。因此，日本人工智能的前沿研究往往围绕着人形机器人和其他机器人技术展开，这也就不足为奇了。这两者的发展都朝着一些日本专家所说的“社会 5.0”[①]的方向推进。

现如今，问题的紧迫性主要源于日本所面临的人口断崖式萎缩。低生育率和对移民的厌恶使日本的年龄金字塔发生了倒置，企业争相替换年迈的工人。美国斯坦福大学沃尔特 · H. 肖伦斯特亚太研究中心日本项目研究学者栉田健儿（Kenji Kushida）说：“任何一种节省劳动力的技术都是至关重要的，这就是人工智能和机器人技术能够真正发挥作用的地方。”现在，日本的最新一代机器人陷入了两难境地。机器人在 2018 年所做的工作要比传统的工厂机器多得多，但它们仍与好莱坞电影和日本动漫中的科幻类机器人相去甚远。

尽管如此，开发人员在机器人感知和抓取这两项任务上已经取得了显著进步，这在很大程度上要归功于机器学习的新应用。这些技术进步使得机器人在抓取松果、铅笔或酒杯等任意形状的物体方面几乎要实现突破。美国加州大学伯克利分校人类与机器

① “社会 5.0”，旨在通过让虚拟空间和现实空间高度融合，实现以人为中心的社会，同时解决经济发展问题和社会问题。2016 年 1 月 22 日，日本内阁会议通过的《第五期科学技术基本计划（2016—2020）》中首次提出这一概念。社会 1.0 是狩猎社会，社会 2.0 是农耕社会，社会 3.0 是工业社会，社会 4.0 是信息社会，社会 5.0 是超智能社会。——译者注

人中心负责人肯·戈德堡表示：“我研究抓握问题已有35年，现在随着云机器人从数百万个例子中不断学习，我觉得我们正在接近这个问题的答案。”

解决抓握问题将使我们离创造类人机器人更近一步，但如果机器人对它所处的环境没有一些基本的时间和因果概念，那么无论是抓取还是感知都不会对日常生活有太大的帮助。这种认知包括一种推理，它让机器人知道，把满满一杯咖啡从托盘端到餐桌上的过程中，需要保持杯身的直立和稳定，而空杯子则可以快速翻转和移动。这些常识概念是人类天生就有的，或者在小时候尝试一两次就掌握的。这种程度的理解水平可能会给人工智能带来各种可能性。然而，这种探索方法已经淡出了人们的视线，常常被深度神经网络的暴力计算所取代。

日本在如何提高机器的环境意识方面进行了大量的研究，但尚未产生突破性的发现，这一短板并未阻止日本全国上下广泛采用自动化技术。栉田健儿说，由于招不到足够的工人，一些原本24小时营业的商店已经限制了营业时间；许多餐馆用机器代替了收银员，帮助顾客下单和付款；许多工厂和手工艺坊都在寻找方法将老一辈大师的手艺和知识固化下来，并植入人工智能系统，最终传递给新一代工人。

幸运的是，人工智能机器人和自动化技术的进一步整合并不需要国民经历大规模的文化转型，这在一定程度上要归功于《铁臂阿童木》这样的早期信号。日本产业技术综合研究所人工智能研究中心主任迁井润一（Junichi Tsujii）说：“当我与欧洲同事交谈时，他们认为机器人是一种可能摧毁人类社会的可怕的威胁，是一种怪物般的形象。但在日本，机器人是人类的保护者，也是人类的朋友。”因为日本的文化更容易接受人工智能，所以该研究所主要关注开发那些能够直接整合到现实世界的人工智能系统，特别是在制造业、医疗保健和老年人护理领域。迁井润一指出，日本坚持自己的传统，所以也会有一些限制，即使是传统也不总是神圣的。当开发人员教机器人表演一种即将失传的日本传统舞蹈时，这件事在当地掀起了轩然大波。

事实上，迁井润一和其他日本人工智能开发人员都表示，他们认为日本大众对先进技术的广泛接受，有着比人口统计学或流行文化更深层次的原因。它源自一种关键的哲学信仰，这种信仰在东方传统中相当普遍，即人类并不像西方思想中所认为的那样特殊，而是天人合一、万物共生，机器人和人工智能都是世界的另一种存在方式。“我们并没有像上帝那样的造物主的概念，”迁井润一说，“西方文明认为，人类是上帝的复制品，因此人类享有一些特权。亚洲文化没有这种思维，这只是从动物到人类的自然延续。”任何事物都不需要是完美无缺的。事实上，日语中有一个专门的术语——侘寂，来表示对所有事物的残缺之美的欣赏，不论这个事物是人类、大自然，还是机器人。

国吉康雄非常强调栩栩如生的人形机器人对人工智能在未来取得成功的重要性，这不仅是出于开发的目的，也是为了让它们更好地融入社会。国吉康雄是东京大学智能系统和信息实验室主任，他设计的系统极尽所能地还原了人体解剖学和神经学的每个细节。“我们想要把机器人做得尽可能像人类一样逼真，”他说，“我们不觉得这是一件邪恶或可怕的事情……这可能是西方人和日本人的不同之处。许多西方人不能容忍一个与人类平等的独立存在。”

加拿大：人工智能界的CERN

加拿大与其他西方国家的观点一致，但这种心态加上少数著名人工智能专家的巨大影响力，使得加拿大在人工智能发展方面比大多数国家都更加乐于合作、更加谦逊。从某种意义上来说，加拿大的人工智能生态系统已经成为人工智能界的 CERN（欧洲核子研究中心）。它营造了一个鼓励相互发现的良好环境，配有丰富的资源，就像全球著名量子物理学研究中心欧洲核子研究中心一样。在美国和中国，大部分大型数据集由大型企业主导控制。而蒙特利尔的一群有影响力的开发者和投资者已经开始着手创建一个数据生成器的国际网络。加拿大拥有强大的创业生态系统，受到世界各地的尊重，汇集了许多顶级人工智能人才。它的开放性也有助于吸引更多国际精英和跨国合作。

蒙特利尔的一些顶尖人工智能专家恰巧也是世界知名的研究人员，他们理念相同，主张非掠夺性市场竞争。像杨立昆（Yann LeCun）、杰弗里·辛顿和约书亚·本吉奥（Yoshua Bengio）这样的杰出人物对加拿大的人工智能领域产生了重大影响。“本吉奥的影响力尤其巨大。”Erudite 人工智能公司的创始人兼首席执行官帕特里克·普瓦里耶（Patrick Poirier）表示。该公司正在开发一种由人工智能增强的学生互助教学平台。普瓦里耶说："无论何时，只要你有一个相信并推崇某些特质的榜样，你就可以学习这些特质。我认为在这方面，本吉奥会对市场产生非常好的影响。"另外，蒙特利尔很少有重大的初创企业退出事件。也许是因为研发者尝到了丰厚利润的甜头，他们会更加努力地去争取成功。普瓦里耶说："就目前的情况来看，这个圈子都不太理解或重视股票期权，他们更多是想要提高社会影响力。"

本吉奥创立了Element人工智能公司，这或许是加拿大最著名的人工智能创业公司，它在很大程度上反映了该国当前的思维模式。该公司的联合创始人之一、Real Ventures（真实投资公司）的合伙人让–塞巴斯蒂安·科诺威尔表示，公司旨在提供有别于大公司囤积大量数据和人才的另一种"替代模式"。在那些互联网巨头来蒙特利尔挖走人工智能精英和各种资源之前，Element推出了一个奖学金项目，通过该项目，顶尖学者可以为公司做出贡献，并获得丰厚的报酬，同时继续自己的学术研究，培养下一代人工智能核心人才。通过这种形式，它试图对抗人工智能力量集中在全球十多家公司手中的局面。科诺威尔说："加拿大人善于合作。我们不知道如何支配他人。我们几乎与每个国家都是朋友。因此，我们的想法是，我们来建立一家人工智能公司，一个人工智能平台，将它作为一种服务，提供给所有需要的相关企业。"

将Element的平台和客户数据结合起来可以帮助小公司利用

人工智能技术来运营业务。反过来，这些客户与其他行业的公司也分享了它们从数据中获得的知识，从而加强了整个人工智能平台，这样可以为那些无法建立自己系统的公司创建更加强大的系统。“我们的加拿大基因让我们思考如何建立生态系统，从而帮助世界获得人工智能技术。”科诺威尔说。事实上，创始人们最初考虑的是成立一个非营利性组织，但他们后来意识到，必须要走营利性路线才能吸引顶尖人才，并售出软件，帮助公司融资。Element 成立 9 个月后，获得了一轮 1 亿美元的融资。他表示：“如果要让人工智能以社会想要的方式得到部署，让我们变得更加高产、高效，实现增长，我们必须改进我们的社会结构和社会支持体系。”

但是这种社会契约中隐含的规范在各国有所不同。加拿大的人工智能展望了一个更加包容的未来，日本则致力于实现更高程度的自动化，以色列军方帮助人工智能推动创新，俄罗斯则继续发展其科学传统而非企业家精神。中国和美国将强大的学术机构与更为强大的商业机构联系在一起。然而，国与国之间的边界使它们无法容纳所有不同的观点，它们所能容纳的只是世界范围内的海量数据。因此，一场争夺未来人工智能世界影响力的大赛已经开始，世界各大国都在竞相维护自己的价值、权力和信任。

第五章

全球人工智能群雄逐鹿

2012年，世界上193个国家的代表齐聚迪拜，共同确定了一套国际电信规则，以监管电话线路、互联网等。他们各持己见，没有一个人在所有问题上达成单边协议。美国坚持互联网自由和极少的内容限制，这一立场肯定会遭到许多国家的反对。但在举行初步会议之后，美国代表团大使特里·克雷默（Terry Kramer）认为，代表们起码能在10个议题的8个中找到共同点。然后，他至今仍然耿耿于怀的“糟糕时刻”就出现了。

在为该会议做准备的一次早期会议中，一位瑞典代表认为，非政府组织和其他民间社会组织的代表也应该参加讨论。该话题引来了各国一片哗然，讨论剑拔弩张，联合国国际电信联盟秘书长哈玛顿·图雷（Hamadoun Touré）甚至要求瑞典代表立即离场。克雷默说：“我相信图雷的出发点是好的，但他引导讨论的方式造成了一个有问题的谈判环境。”这一信号并没有完全扼杀谈判，但代表们立即开始巩固自己的战线，建立起一种“交换”的心态，对于那些原则性的问题，不轻易地妥协。

尽管如此，克雷默还是看到了希望。除去两个各方针锋相对、无法妥协的议题，比如内容限制规定，实际上所有国家都已在打击垃圾邮件和常见网络安全威胁方面达成了广泛共识。克雷默认为，图雷本来可以在达成共识的问题上有所作为，让大家相互之间建立善意。但他没有，而是在进一步讨论可能产生结果的时候，选择强制投票。克雷默说："我认为，他这样的行为带来的结果就是让某些国家在一个非常公开的场合感到被'点名和羞辱'。这是对美国等国家反应的严重误判，错过了让各国在一些本可以达成一致的关键问题上达成共识的机会。"

在会议的最后一个晚上，国际电信联盟的领导层在最后一刻允许伊朗提出建议，并在没有任何事先讨论或通知的情况下就进行投票，这使得问题最终爆发。而伊朗的核心提议就是让各国政府都有权以自己的管理方式对本国的互联网进行监管。不管领导层的决定是不是为了孤立美国，他们至少执意要这样做。克雷默犹豫地站起来，不知道是否有哪些国家，包括他的欧洲盟友，和他一样完全拒绝限制自由开放互联网的提议。各国进行了投票，55个国家表示支持美国的立场。克雷默说："美国所创造的制度允许自我表达，能培养企业家精神。"这些支持国家"不会反对这些核心原则"。

最终，这份《国际电信规则》被大多数国家接受。美国属于少数派，不愿接受或签署该文件。互联网并没有像克雷默和美国所希望的那样实现世界范围内的自由开放。

无论是按照互联网自由还是按照监管人工智能的方向发展，美国的愿景仍然在遥远的未来。美国和欧洲的利益从某种程度上说在国际社会中仍然占少数。如果要建立一个会议监管机构，无论是以政府类型还是以人口为标准，美国都会是少数派。一个可能的例外就是，如果由 GDP（1 美元等于 1 票）来决定，那么发达国家和发展中国家之间将存在巨大的鸿沟。克雷默猜测，美国可能会利用其联盟中的 55 个国家来解决其他国家提出的问题，通过贸易谈判等其他手段来获得影响力。他说："如果你确实认为在其他国家有改善的机会，那么你就应该努力推动这一进程。"

然而，人工智能开发者社区内部正在逐渐形成一些广泛的共识。世界各地的文化规范、政治需求和数据各不相同，人们担忧这些情况的相互交织将影响人工智能的未来发展，许多观察人士呼吁制定一套能够被普遍接受的标准。IEEE 从技术的角度出发，出台了 IEEE P7000 标准化项目，它与《人工智能设计的伦理准则》和《自主与智能系统的伦理准则全球倡议书》中涉及的议题密切相关，后者着重倡导在人工智能和机器人开发的所有阶段考虑伦理问题。当约翰·C. 黑文斯致力于协调全球各方努力时，他希望人们在考虑人工智能发展时避免"GDP 至上"的思维，因为我们衡量成功的标准不仅仅是 GDP 的增长。"我们的目标是让个人幸福与社会福祉保持一致，将这些伦理思维与新的经济指标相结合，不再紧盯增长率和生产力水平。"黑文斯说。正如我们在本书的最后一章中将要讨论的，世界各地的行动都在朝着相似的目标努力，但标准必须走出实验室，走出工作室，走出公司董事会。“在我们进入一个人工智能系统影响个人代理、身份或情感的未来世界之前，我们必须停下来反思一下。”黑文斯说。我们理想中的企业环境是这样的：如果工程师揭发别人所写的程序代码是偷懒的、无知的或邪恶的，那么他理应“为推动创新而受到称赞”。

IEEE 应该会为其 160 个国家的 42 万多名成员采用一套标准。当企业因为不慎使用个人数据而承受公众压力时，企业甚至会采纳黑文斯“抛开 GDP”的建议，让经济增长与人类发展保持一致。但是，除了对专业工程师和正在发展的算法伦理思想流派的期望之外，民族国家将继续在地缘政治层面上争夺霸权。人工智能不仅仅是一场军备竞赛，尽管它有非常明确的军事和防御特征，正如我们在上一章中讨论的那样。这也是一场政治文化竞赛、一场争夺认知权的战争，比拼的是影响思维、社会和经济的能力。参赛者包括各国政府机构和关心政治的民间人士，也包括一些有共同志向的个人、民营企业及其他机构，比如工会和教育工作者。因为人类将价值观撰写在人工智能的代码中，因为我们允许这些算法替我们做出更多的决定，所以这些系统及其缔造者的想法将营造我们的生活。这些价值观是否会来自一群白人和亚裔男性程序员？它们会来自中央集权政府吗？或者，它们是否会产生于一个民营企业和公共部门共同参与的多学科环境中，追求的就是满足全人类的福祉？

人工智能各显身手

各国将在多个维度对未来人工智能主导权展开争夺。第一个维度是国家实力及其背后的驱动力，包括向科学家和企业家提供的资金量、人工智能稀缺人才的聚集程度、科研水平和企业生态系统的流动性，以及一个国家建立并输出其社会价值体系和信任的能力。第二个维度建立在这个基础上，但也融入了个人力量。这一维度是由以下要素驱动的：公民自由行使并改变自己的角色和选择的能力；面对人工智能系统犯下的错误采取补救措施的能力；关闭开关或选择退出的路径的存在；公民帮助塑造人工智能治理的方式。同时，所有这些要以不遏制其发展为前提，这当然是一种难以把握的平衡。第三个维度中有一些推动人工智能发展的制度的力量：数据集是否足够庞大准确，是否在统计上有效，是否符合当地的利益代表的准则？例如，程序员、公司和政府是否有决心以一种平衡个人和集体利益的方式来编写系统？这些人和机构能否保护个人隐私，代理并捍卫一个人的真实身份？这些人和机构是否有足够的专业技术知识和能力来代表公民以公开透明的方式管理人工智能，促进其发展，防止滥用职权？

当然，这种国家、个人和制度性权力的混合模式并非新鲜事物。它是当今大多数政治经济互动的核心内容，自社会契约和民族国家出现以来就一直存在。然而，亨利·基辛格在《启蒙运动如何终结》一文中指出，人工智能从根本上改变了这些人类固有的互动。[1]在此之前，人类的互动迫使我们思考人际关系和制度关系，反思我们的价值观和他人的价值观，训练批判性思维能力，磨炼创造力，以改善伙伴关系。人工智能帮我们减轻了一些负担，带来了极大的便利，但如果我们不小心的话，它也会让我们的思考和决策能力下降。

个人和机构将不得不探寻新的方式，在追求效率和便利的同时兼顾教育，培养适应社会的公民。但是，许多个人和组织会从这种状态中偏离，断然接受先进技术工具带来的便利，避免经历艰难孤独的深度思考（我们已经在社交媒体上看到了这种情况，这已经改变了我们大脑的神经连接）。机构面临的压力将越来越大，它们被要求降低门槛，为数据建立更通畅的渠道，利用人类的本能为那些能够抓人眼球并登上头条的关系、投资和声明打开渠道，提供流量。尽管如此，一种更强大的力量可能开始涌现，它来自那些兼顾便利性和自觉性的机构，既注重经济增长，也注重人类发展。

能够促进这种平衡的国家将会吸引那些重视精心设计、深思熟虑、寻找共同利益的公司和个人。这并不一定意味着民主政府或自由市场经济具有优势。人们已经可以在不同的国家看到这种深思熟虑的做法的雏形，不论是在丹麦、瑞典，还是在新加坡、阿联酋。不管外人是否赞同这些国家的理念，它们都支持一种连贯的认知增长思想。它们正在提出一种统一的方法，这种方法得

[1] Henry A. Kissinger, “How the Enlightenment Ends,” *The Atlantic*, June 2018.

到了技术专家的高度支持，计划周密，具备科学和技术能力。正如帕拉格·康纳在其著作《美国的技术统制：信息国家的崛起》中指出的，它将促进当今世界经济和政治力量的增长。[①]

民众、机构和国家对这些维度的处理方式的看法各不相同，尤其在监管和数据保护方面。在上一轮全球化浪潮中，各国已经在各个战场上打得不可开交，例如互联网上的言论自由、民用航班的自由通行、对电信服务提供商所有权的限制、移民签证制度、贸易关税、对跨国公司的征税等。我们可以看到，人工智能的政治和战略方向导致了一些更具影响的、更为强大的差异，这些差异将对未来的认知竞赛产生重大影响。

三个主要的人工智能大国将带着自身的历史传统、特质和思想进入未来。美国的做法是"强壮的男爵"式的，即重度依赖自由市场资本主义、强大的私营部门及其形成的浓厚的创业氛围。虽然对基础研究和高端研究的核心资金来自政府部门，但大部分的创新和控制权都掌握在美国的初创企业和数字巨头手中。当然，在中国，政府会更加强力地支持先进技术的发展。欧洲落后于美国和中国，但最近选择了一条中间道路：建立一块"共同体公地"（Community Commons）。欧洲几乎没有数字巨头，政府的干预程度也是节制适度的，这使得整个欧盟形成了平衡创新和保护个人隐私的氛围。

---

① Parag Khanna, *Technocracy in America: Rise of the Info-State* (CreateSpace Independent Publishing: January 2017).

欧盟：共同体公地

正如我们在上一小节中所讨论的，欧洲几乎没有自己的数字巨头。虽然欧盟曾多次试图通过反垄断诉讼来限制谷歌和微软，并在极权主义方面积累了丰富的历史经验，但欧盟仍然担心美国或中国企业可能挖掘其公民数据，将这些信息保存在不那么关心个人隐私保护的司法辖区（可能出于不同的原因）。当然，隐私问题不仅仅存在于欧洲。美国人在知晓国家安全局自“9 · 11”恐怖袭击后监视境内“可疑人员”后，对隐私问题更为关注。事实上，民营企业的表现加剧了这些担忧。有越来越多的关于民营企业数据外泄或者超越用户信任和隐私范围主动分享个人信息的报告出现。脸书与剑桥分析公司及其他合作伙伴达成了一些数据共享协议。这把首席执行官马克·扎克伯格送到了美国国会听证会的聚光灯下，无形中形成了一种令双方都感到不舒服的对抗关系。

值得称赞的是，欧盟在这方面已经比其他国家和地区都更进了一步，对数据和人工智能提出了更严格的个人隐私保护要求。欧盟新出台的《通用数据保护条例》（GDPR）让公民对个人数据拥有更大的支配权。如果有人要求删除自己的个人数据，那么公司必须这样做，否则将面临巨额罚款。该条例还要求公司能够解释系统为何对特定的人做出特定的决定。欧盟需要“可解释的人工智能”，这是一个难题，因为正如我们所描述的，许多机器学习的复杂神经网络无法告诉人类究竟如何得出结论。让人工智能变得可解释似乎是普遍的愿望，但它也带来了一些重要的弊端。从经济的角度来看，这会破坏这些神经网络设计者的竞争优势，从而削减对相关应用的投资。同时它还可能导致开发和应用仅限于少数种类的可解释的人工智能系统，而使更为强大好用的应用程序流入监管更松的市场之中。早期的监管也可能会严重限制实验研究。

德国人工智能研究中心的达米安·博思注意到，许多研究人员被这些规定弄得焦头烂额。他们理解这是对个人隐私保护的切实需要，但在某种程度上这些规定也放缓了整个欧盟人工智能发展的步伐和部署，这种寒意令人感到惋惜。他说："直到飞机上天之前，我们都不知道飞机是如何工作的。"最重要的是，我们能够确保飞机、飞行员和空中交通管制以有效、安全的方式工作。但这也需要一定的监管门槛，以确保不会出现危急的情况，从而引发更加强烈的反弹。

欧洲经济社会委员会成员、人工智能研究员卡特琳·穆勒表示："政府和监管机构需要解决这些困难，包括个人隐私问题和人工智能对劳动力构成的威胁。"欧盟官员召集了各个社会利益团体，包括工会成员与企业高管，来共同讨论人工智能对就业的影响，更好地了解未来的发展可能。"如果我们想要从中受益，从这些技术的巨大潜力中真正获益，我们就必须解决这些挑战。"穆勒说，"如果我们不解决这些显而易见的挑战，未来的某个政府会说，它要禁止这些技术。这就为时已晚了。因此，我不认为这是在扼制创新，这是在理智地推进创新。"

2018年4月，欧盟发布了一份报告，提出《人工智能和机器人技术研究的欧洲方案》。[①] 该方案提到，欧盟将在名为“地平线2020”的框架计划下，对人工智能每年大幅增加70%的投资。欧盟委员会表示，将在2018—2020年把对人工智能的总投入增至18亿美元。欧盟委员会认为，如果成员国和欧洲民营企业也做出类似的努力，那么到2020年，总投资额将会增至240亿美元。报告称，此后的10年里，欧盟国家和民营企业应该以每年投入240亿美元为目标。

该报告还计划建立500个数字研发中心，并将欧洲现有的研究中心连成一体。这些中心都将支持人工智能的发展，为将来可能的社会经济变革做好准备。这一计划还得到了道德和法律框架的保驾护航，让欧盟成员国对人工智能的使用有更为明确的预期。然而，这一指导计划中没有一条表明它将为新数字巨头的崛起提供温床，推动民营企业的人工智能发展。相反，该计划提出了另一种选择，有别于中美人工智能行业的数字巨头模式。

欧盟提出的方案更像是一种“人工智能按需服务”的战略。它把人工智能看作数字经济的基础设施，类似于输电线或光纤电缆。但是它更进一步，增加了两个更像是绿色能源计划的额外步骤。首先，该计划将努力实现新人工智能模型的普及，建立大型的数据库。这将使得个人和各个领域的组织都能获得人工智能应用开发所需的这两种主要原料，与加拿大的人工智能项目（在第

---

① Robotics and artificial intelligence team, *Digital Single Market Policy: Artificial Intelligence*, European Commission, Updated May 31, 2018.

四章中提到的）如出一辙。其次，欧盟计划建立一些新的融资机制：成立 6.05 亿美元的“欧洲战略投资基金”，支持对人工智能的开发和应用，以及 25 亿美元的泛欧风险投资母基金计划。这些资金将在全球人工智能竞赛中起到至关重要的影响。根据麦肯锡公司在 2018 年 4 月关于欧盟人工智能战略的报告中提到的数据，2016 年，欧洲的民营部门投资大约比其他地区少 30 亿 ~40 亿美元。同一年，北美的人工智能投资总额为 150 亿 ~230 亿美元。亚洲各国各自投资 80 亿 ~120 亿美元。[①]

这些提议标志着欧盟向前迈出了明确的一步，并且发出了强有力的信号，表明欧盟将重视发展和利用人工智能，促进社会经济增长。然而，以欧盟现在的资金投入来看，它的投入显然比不上其东、西两边的地区。欧洲还需要证明，它的数字单一市场、地域安全和网络安全框架将为人工智能创新打造一个 5 亿人的区域一体化市场。这对于一个有着巨大多样性的地区是历史性的挑战。尽管从数据的角度来看，这种多样性可能成为一种潜在的优势，但从许多方面考量，该地区在经济、政治和文化上仍处于分化状态，这使得创业企业难以扩张。规模在市场和经济中至关重要。

然而，具有讽刺意味的是，欧盟福利国家的数字化也可能为欧洲的人工智能发展进一步打开大门。例如，马娅·赫耶尔·布鲁恩是丹麦奥尔堡大学的教授和技术人类学家，她做了一个实验，测量丹麦居民对无人机的反应。布鲁恩和她的同事将无人机派到

---

① James Manyika, “10 imperatives for Europe in the age of AI and automation,” McKinsey & Company (October 2017).

居民的住所上空，然后趁无人机在他们头顶时对居民进行了采访。几乎所有受访者都认为，政府会有合适的制度安排，运营商也会遵守规则。布鲁恩表示，并非所有欧洲国家和人民都持这样一种宽容的态度，丹麦居民的反应可能是因为丹麦的数字政务服务已经非常普遍。但这也证明，许多欧洲人信任政府对颠覆性技术的管理能力。

这方面，丹麦已经捷足先登。丹麦政府与公民已经建立了良好的数字信任关系。多年前，丹麦政府建立了一些影响广泛的数字平台，让公民可以在网上报税或咨询其他政务服务，如 Citizen.dk 和公民电子邮箱（Ebox）。丹麦还要求学校教授计算机科学，探讨数字文化，培养下一代人的数字素养。因此，尽管布鲁恩仍然对人们在数字化过程中所扮演的角色和可能被替代的工作感到担忧，但她毫不怀疑，大多数丹麦人都会相信政府监管下的人工智能创新。她说："人们对政府高度信任，但维系这种信任至关重要，我们不能为了商业目的而出卖个人数据，从而损害信任关系。人们愿意为改善公共卫生和基础设施等类似目的而贡献自己的数据，但他们希望看到一个有意义的目标，自己作为用户或公民在为自身甚至整个社会做出努力，而不仅仅为了满足一些公司的私利。"

根据美国塔夫茨大学弗莱彻学院高级副院长巴斯卡尔·查克拉沃蒂的一份报告，欧洲一些国家，尤其是瑞典，有着很高的数字信任评级。查克拉沃蒂和同事研究了 42 个国家的数字态度、行为、环境和经验，在这四大类给各个国家打分。在态度方面，或者说“用户对数字环境的感觉”方面，法国和挪威（均为 2.41 分）、美国（2.45 分）的数字信任度都低于巴基斯坦（2.66 分）。德国则略高一筹（2.73 分）。相比之下，中国的分值为 3.04 分。数字服务广泛易得，并不意味着人们信任技术。虽然没有证据表明信任度低意味着该国在全球数字经济中实力较弱，但我们有理由相信，低信任度不利于提升国家实力。显然，中国基于技术发展所创造的繁荣，虽然受到各方的干扰，但是使得大众更加支持数字政策。

当然，尽管欧洲有能力对这些数字发展新趋势进行批判性思考，并为其公民建造起保护作用的护城河，但作为全球数字参与者，欧洲缺乏关键性力量。它没有一个可行的替代模式来实现技术经济发展，而这正是世界未来的发展方向。柏林、汉堡、伦敦，也许很快还有巴黎，这些地方都有一番生机勃勃的技术景象，但除了实现制造业的一小部分数字化渗透以外，这些技术的影响力还没有扩大至地区性市场，更不用说全球市场了。欧洲国家和欧盟究竟会寻求扩大自己的人工智能经济，还是坚守原来的阵地？如果它们只做后者，它们还能影响美国、中国和全球市场吗？“我比较担心欧洲的经济发展。”克雷默大使这样说。他在欧洲生活了很多年，之后在美国任职。他说：“如果你在全球竞争中没有可扩张的数据资产，你将如何发展？你又如何有资本与他人谈判，对他人施加你想要的影响？”

俄罗斯：何剑可亮

当西欧在努力寻找人工智能创新和个体机构之间的平衡时，它的东方大块头邻居似乎很少有这样的担忧。俄罗斯的言论表明，该国特别关注人工智能在维护地缘政治权力方面的作用。然而，虽然普京总统表示“得人工智能者，得天下”，俄罗斯的人工智能生态系统似乎还是缺乏人工智能领导者所必需的一些核心资产，至少缺少商业资产。[①]但是，俄罗斯仍然在安全领域展示了强大的实力。“不要低估俄罗斯深厚的科技底蕴。”德国前总理赫尔穆特·科尔（Helmut Kohl）的前国家安全顾问、俄罗斯事务长期研究专家霍斯特·特尔奇克（Horst Teltschik）表示。特尔奇克回顾了2004—2005年他作为波音公司德国分部总裁期间和我（奥拉夫）一起工作的经历。当时，我们的俄罗斯同事会为莫斯科2 000名工程师的创造力感到自豪，这对美国公司来说是一项极其重要的、物超所值的资产。“的确，每年大约有10万名俄罗斯的年轻人离开祖国，前往其他地方寻找更好的就业机会，”特尔奇克说，“但是那些想要从事太空或国防事业的人在俄罗斯有很好的职业前景。毕竟，美国要利用俄罗斯的火箭运送物资到联合空间站。”

事实上，俄罗斯国家资助的技术开发正开展得如火如荼，其中很大一个原因是普京首要关注的是维护统治权力，美国国防部

---

① James Vincent, “Putin says the nation that leads in AI ‘will be the ruler of the world,’” *The Verge*, Sept. 4, 2017.

负责俄罗斯和东欧事务的前副助理部长伊芙琳·法卡斯这样认为。普京在石油和天然气生产的浪潮中逐渐掌权，但这些商品价格波动，无法确保人民一直保持忠诚。因此，官员们开始将“开放又难以管理”的市场大门慢慢关上，迫使非政府组织和领英等公司退出，法卡斯说，政府还开始要求服务器为其访问开设后门。然而，俄罗斯对西方互联网公司仍然比较开放。因此，本书之前所提到的俄罗斯人工智能项目 iPavlov 在政府资助下创建语言处理的开源数据库，也就不难理解了。

然而，法卡斯说，尽管“新俄罗斯”在崛起，它重新强调帝国的概念，想重现当年的辉煌，但是俄罗斯的科研能力已不如从前，无法再与苏联时期的研究广度和深度相媲美。虽然这种现状可能随着普京对人工智能的重视而改变，但俄罗斯对研发的兴趣并不大，这导致了人才流失，使得青年才俊流往以色列等具有更好研发环境的地方。IBM 旗下的 Aspera 公司的咨询顾问、Cambrian. AI 公司的俄罗斯战略家迈克·库兹涅佐夫解释说，这些人离开俄罗斯的原因之一是科学家难以在学术界和产业界之间转变身份。

在中国和西方的人工智能发展中，获得业界上层认可的为数不多的方法之一，就是公开发表研究成果，参与开源开发。但在俄罗斯，研究人员如果想参与商业项目，通常需要与俄罗斯联邦储蓄银行或俄罗斯天然气工业公司这样的大型国有企业合作。库兹涅佐夫说：“创业机会越来越少，许多科学家不得不在造福国有企业的不同研究项目之间做出选择，要么留在学术界从事基础研究，要么只从资助资金中赚取更少的钱。”这限制了那些科学家为颠覆性的新企业带来前瞻性见解和前沿性技术的可能性。

中国：数字巨龙开始腾飞

与世界上大多数领导人一样，普京希望扩大本国的地缘政治影响力，在某些情况下，这可能会破坏其他国家的政治和社会凝聚力，比如2016年美国总统大选。对中国来说，人工智能代表着能够推动中国重新登上世界重要舞台的关键引擎。在“一带一路”倡议这一宏伟计划的推进下，中国将对发展中国家投资数十亿美元进行基础设施建设，从而不断提升中国的影响力。中国勇敢地摆脱了过去的孤立主义，希望重新确立自己在全球的地位。在这方面，人工智能起着至关重要的作用，它将支持中国在亚洲各地开展陆地和海港的基础设施建设。“一带一路”倡议旨在重塑通往欧洲的古代丝绸之路贸易通道及沿线的一系列海港，建立起中国通往亚洲其他国家、非洲、中东和欧洲的贸易走廊和能源走廊。

争取人工智能领导权的竞赛彰显了中国的雄心壮志。在许多中国人眼里，这标志着中国在经历了几个世纪的外国列强的剥削之后重新赢回世界舞台的应有地位，蕴含了强大的民族自豪感。中国人民，不论是受过教育的精英人士还是越来越多的普通民众，正在利用人工智能来实现这一目标。

正因如此，人工智能技术扮演着多重角色。这也解释了为什么中国的某些思维模式，包括其对隐私的看法，与美国和欧洲有所不同。“这不是政府层面的事情，而是关系到中国文化。”奥尔布赖特石桥集团的负责人埃米·切利科（Amy Celico）说。该集团是一家旨在帮助客户了解国际市场复杂性的全球战略咨询公司。但这并不意味着政府或公民不关心隐私，事实恰恰相反。2017年，中国通过了关于数据隐私保护的相关法律法规，要求关键信息基础设施的运营者在中国境内运营中搜集和产生的个人信息和重要数据应当在中国境内存储。该法规的部分目的是限制一些在美国常见的令人讨厌的商业入侵行为，切利科解释说。从美国的角度来看，这似乎是中国方面要控制数据，以便追踪数据。然而，从中国的视角来看，中国正是在保护这些数据的安全。切利科说：“政府打击隐私侵犯的目的不是要阻止异见人士，而是更好地维护整个社会。”

稳定高于一切。2013年，由哈佛大学社会科学教授加里·金领导的一项研究发现，审查制度的目的是遏制群体性事件，消除那些代表、增援或引发社会动乱的言论。中国在人工智能领域的蓬勃发展有助于其保持社会稳定，提升国家自豪感。

正如切利科指出的那样，中国仍然面临着一些可能延缓其发展进程的普遍性和结构性挑战。人工智能也许有助于解决部分问题，但它不能解决所有问题。例如，中国政府仍然在努力为如此庞大的人口提供基本医疗保障。因此，政府必须在人工智能、先进技术上的支出和改善较低的基本医疗水平的举措之间找到平衡点。同时，中国还需要继续应对农民涌入城市寻找经济机会的浪潮。因为中国的许多公共服务，包括卫生保健和儿童教育，都与户籍制度密切相关。户籍制度可以识别籍贯及其他个人信息，而许多福利都以农村或城市居民的户口为基础。对农民工来说，要在城市落户是很困难的，尤其是在大城市。如果没有城市户口，农民工的子女就无法像城市居民的子女一样在城市里免费上学，而是必须要交一笔学费。

中国有必要的资源和工具来解决这些问题，并且能够加快推进人工智能、机器人、半导体和生命科学的发展。30 年前，只有美国拥有引领世界的资本、市场、人才和技术创新。百度前总裁、微软亚洲研究院前负责人张亚勤表示：“如今，这些中国都有了。人才就在这里。这里的市场和资本的条件和美国一样好，但如果考虑人口规模，那么中国的优势可能更大。”中国还有一个明显的优势，就是张亚勤所说的“中国速度”。中国人的思想较为开放，即使在传统行业，人们也乐于接受新理念。许多商店都争先恐后地使用人工智能技术，哪怕人们不太清楚它到底是什么。几乎所有的消费者，不论男女老少，都开始使用电子支付手段，而不再只使用现金或信用卡。张亚勤说，调查显示，中国约 90% 的民众支持自动驾驶汽车，而在美国，这一比例仅为 52%。毫无疑问，这种支持源于中国特大城市的交通拥堵和高人口密度以及污染问题，中国民众也表达了更强烈的接受各种新技术的意愿。

能达到这样的中国速度，一部分原因是政府有能力授权并实施全面的举措，政府渴望将大型企业纳入这些计划，比如利用可再生能源减少污染，或者构建社会信用体系来增加信任、促进商业发展。然而，张亚勤表示，这种速度优势的根源来自中国人民自身。近几十年来，他们见证了中国崛起并成为高科技大国的过程，他们为创造领先的全球品牌感到自豪。不过，张亚勤说，更重要的是，他们看到了中国政府一直努力的方向，并相信自己也能从科技繁荣中获益。

马云就是最好的例子。他曾多次在小学和中学考试中失利，并在高考时也失利了，毕业后艰难地寻找工作。当24个人去肯德基应聘时，只有他没被录取。正如他在多次采访中提到的，他曾申请过哈佛大学10次，都被拒绝了。1999年，他创立了一家公司，非常艰难地为自己的新公司争取到风险投资。[①] 到了2018年，这家小公司已经成长为世界上最大的数字巨头之一，它的名字叫阿里巴巴。截至2018年4月，马云的身家约为385亿美元。[②]

美国：平衡的领导者

1987年，著名经济学家莱斯特·瑟罗（Lester Thurow）在日本仙台发表了一场演讲。其中的一段话在此后的许多年里一直在我（马克）的脑中盘旋。瑟罗指出，“二战”结束以后，美国在

① Ali Montag, “Billionaire Alibaba founder Jack Ma was rejected from every job he applied to after college, even KFC,” CNBC, Aug. 10, 2017.

② Fortune 500 profiles, “No. 21: Jack Ma,” *Fortune*, Updated July 31, 2018.

各个行业都领先于世界，除了一个行业：自行车。意大利享受了这份孤独的荣誉。在我们撰写此书时，美国无可争议的巅峰地位已逐渐下降，世界开始形成更加平衡的多极全球经济，在一些先进技术领域也是如此。中国在地缘政治和技术实力方面崛起，但尚未取代美国在人工智能领域的领导地位。美国的大学、企业和政府支持的项目仍在继续推动创新的前沿，至少在一定程度上，来自硅谷、波士顿、西雅图和其他美国高科技中心的前沿研究仍在使其竞争力不断提升。根据中国教育部的统计，2017 年，超过 608 000 名中国学生赴海外留学，其中大部分人前往美国和欧洲读大学。留学回国人员，也就是被称为“海归”的人，其数量在 2017 年增长 11% 以上。其中近一半的学生获得硕士或更高的学位。当然，他们就读的西方大学目前仍处在突破性思维的前沿，不论是在科学技术方面，还是在对社会的批判性思考方面。①

斯坦福大学的行为科学高级研究中心就是这样一个领先的中心。在奥巴马政府领导 DARPA 几年之后，阿拉蒂·普拉巴卡尔搬回了硅谷。她曾在硅谷做过风险投资人，现在又回到那里，接受了一份研究员的工作。通过研究，她不断寻找建模和理解极端复杂的当今世界的方法。她的许多前沿研究都源自丰富的经验，这在美国的创新领袖中屡见不鲜。最近，她正在思考“适应性规

① Ministry of Education of the People's Republic of China, *2017 sees increase in number of Chinese students studying abroad and returning after overseas studies*, April 4, 2018.

则”的概念。“它允许你在一定条件下进行实验和学习。”她在学校附近的一家咖啡店里这样说。她指出，政策和法规应该达成一定的共识，然后要保持政策的稳定，这样个人和企业就可以在一定时间内掌握这套基本的规则。“我们不会让监管的步伐迈得和科技进步一样快，如果真的这样，我们就会受到冲击，”她说，“但我们可以小步前进。”

“包括人工智能在内的先进技术可能对人类产生有史以来最大的影响，因为技术在解决社会问题、研究人类行为。”普拉巴卡尔说，“但我们真的还处在非常早期。”虽然认知机器可以处理规模惊人的巨大阵列，但没有一台机器能给出任何深层次的理解。因此，研究人员试图构建一些经济和行为模型，利用人工智能强大但有局限性的计算能力帮助人类更好地理解。但是，显然，模型本身是不够的，我们需要在它们的基础上进行研发创新，建造更好的模型。她问道：“如果你想要更进一步，构建一个更丰富、更具代表性的模型，你也知道你不会模拟每个环节，那么你会怎么做呢？”

DARPA曾经致力于开发一款模型，以预测非洲或中东等地的粮食危机，追踪天气、土壤状况以及其他一些环境和人为因素。然而，人们永远无法完全模拟政府机构的反应，而这些反应可能危害或促进农业生产。因此，一个更深层次的模型必须考虑到这些变量。“当今科技的最佳注脚就是，它所能处理的规模和复杂度是我们以前无法处理的。”普拉巴卡尔说。

在这种复杂系统思维中，除了专注于人工智能开发的深层技术和研究专业知识外，美国研究人员更擅长对“人工智能的未来演变”给出定义，施密特未来公司（Schmidt Futures）的首席创新官汤姆·卡利尔（Tom Kalil）说。他曾任白宫科技政策办公室的技术与创新副主任。然而，各种模型的冲突随之而来，我们现在还不完全清楚它们相互作用时将会发生什么。卡利尔表示：“中国的政治经济更注重最大限度地增强国家实力，而美国的政治经济更擅长进行有效的资本配置。如果中国愿意不惜一切代价，在人工智能和量子计算等技术领域确立领导地位，那么虽然可能效率不高，但它终究有效。我不认为美国的政治和商业领袖有应对这一问题的策略。”

中国仍然面临着关于学术成就和完整性问题的重大制度挑战，但“海归”的回归将有助于缓解一部分问题。他们回国后，带来的新技术、管理和文化理念将增强中国的人工智能生态系统。人工智能的突破将在某些方面造福全人类，无论哪个国家。美国与中国以及其他国家之间的相互联系将有可能改善世界各地人民的生活。然而，令一些美国专家感到困扰的是，中国在一定程度上将公民社会与国防目标结合在了一起。价值观的明显差异正在显现，这些价值观决定了普通公民是否应该以及该如何为国家安全做出贡献。美国和其他西方国家的军队在战争与和平之间划出了明确的界限，区分了民用和军事领域，而中国人民解放军则倾向于将自身视为一个连续的统一体。[1] 政治或经济竞争被视为一场

---

① Elsa Kania, “China’s quest for political control and military supremacy in the cyber domain,” *The Strategist*, Australian Strategic Policy Institute, March 16, 2018.

持续斗争的一部分，在这场斗争中，每个公民都发挥着自己的作用，即使这个国家还远未发生任何直接的军事冲突。

这就是为什么区分“人工智能军备竞赛”的传统概念和各国在不断发展的基础上对彼此进行的情报和反情报行动是非常重要的。战略与国际研究中心高级副总裁詹姆斯·安德鲁·刘易斯说道：“在争夺人工智能领导权的竞赛中，军事术语是没有意义的。这不是一场战争。这不是一场军备竞赛。”在军事领域推动更大规模的数字创新并不是一个新奇的概念。然而，他说，在经济和文化影响力方面，美国无疑面临着一个新的、政治上不同的竞争对手，这是自冷战以来美国从未见过的对手，这是一场跨领域的竞争，不成功便成仁。

美国前总统唐纳德·特朗普的科技政策办公室对国内外的人工智能相关监管采取了一套更倾向自由主义的做法。根据总统的技术政策副助理迈克尔·克拉提奥斯（Michael Kratsios）所说，总统的科技政策办公室将寻求在美国境内降低高科技初创企业的壁垒，使国家一直处于创业创新的最前沿。在 2018 年 5 月的一次讲话中，他宣布成立美国国家科学技术委员会下属的人工智能特别委员会。他说，在许多情况下，“政府能采取的最重要的行动就是铺平道路”。[①] 他说，政府不会试图去解决无中生有的问题。相反，政府将竭尽全力为民营企业提供政府实验室数据等更

① *Summary of the 2018 White House Summit on Artificial Intelligence for American Industry*, The White House Office of Science and Technology Policy, May 10, 2018.

多资源。此外，克拉提奥斯还与其他七国集团的代表共同声明了对人工智能研发进行投资的重要性，并宣布了提升公众对人工智能技术信任的共同目标。他还强调，白宫“不会遏制美国在国际舞台上发挥潜力”。在美国国内，命令控制型的法规跟不上民营企业创新的步伐，政府也不会用“出于对最坏情况的恐惧而做出的国际承诺”捆住企业的手脚。他说：“在爱迪生点亮第一盏白炽灯之前，我们并没有执行烦琐的程序。”

正如我们在第八章将要探讨的，对现有国际机构的依赖可能会导致缺乏专业性和包容性，这可能会促使中国建立起自己的国际治理模式。中国不想再遵守西方制定的游戏规则和体制，而热战和冷战的规则手册都已发生了变化。冷战期间，美国遇到了一个精通心理战的对手。美国当然也有自己提升影响力的技巧，比如开通自由美国电台、在西德和中东地区建立大学。从那时起，我们就把心理战设想为第五大道，而不是宾夕法尼亚大道。刘易斯说：“一位埃及同事告诉我，美国人在宣传方面毫无希望。‘你们觉得这就像卖汽水一样简单。’这可能是对美国评价过低了，但很明显，中国和俄罗斯最近的记录显示，人工智能和社交网络对心理的影响成倍增加。这些比发传单或当面说服更能引发情感共鸣。”

今天，中国和俄罗斯的军事学说考虑了认知和经济行为，希望收集更多的公共和私人数据，或者给竞争对手制造混乱。“最大的变化会发生在经济方面。”刘易斯说。将人工智能和自主技术整合到武器系统的努力已经进行了数年，所以现在更为有趣的是人工智能将改变你作为消费者或企业所做的决策。也就是说，美国网络司令部已经将其对网络活动的看法从个人黑客攻击转变为一场持续的、复杂的运动，其目的是破坏美国军事力量或社会凝聚力。[①]

当然，这并不意味着传统防御应用中的人工智能不再重要。尽管中国在文化和经济的影响力方面取得了巨大进步，但美国目前仍保持着国家实力和智能军事技术上的优势。这部分来源于时任国防部长查克·哈格尔（Chuck Hagel）在2014年首次提出的"第三次抵消策略"。先后任奥巴马和特朗普政府国防部副部长的罗伯特·沃克（Robert O. Work）在一份关于美国国防部高级技术支出的报告中称，这一战略旨在将自主技术和其他人工智能技术整合为"作战潜力"，恢复军方"不断消退的强者地位，加强常规威慑，它们曾经面对任何对手都不可一世"。[②]

政府分析和大数据公司Govini发布的报告指出，2017财年，美国在人工智能、大数据和云技术领域的非保密国防开支达74亿美元，较2012财年增加32.4%。人工智能虽然仅占总开支的1/3，但贡献了5年内大部分的增长。Govini公司的分析和咨询服务主管、该报告作者之一马特·赫默（Matt Hummer）解释说，资金主要流向了虚拟现实、虚拟代理和计算机视觉领域。大部分增长集中在搜集情报、监控和侦察领域，这些活动产生的大量音

① Richard J. Harknett, "United States Cyber Command's New Vision: What It Entails and Why It Matters," *Lawfare*, The Lawfare Institute, March 23, 2018.

② *Artificial Intelligence, Big Data and Cloud Taxonomy*, Govini, 2017.

频、视频和其他数据可以通过人工智能技术得到分类和分析。赫默指出，在 DARPA 的一个项目中，自然语言处理程序与虚拟代理一起工作，为士兵在海外部署时可能遇到的小众方言提供先进的现场翻译服务。然而现在，美国军方甚至可以将士兵与普通平民的闲谈录下来并进行评估，然后用它们来指挥军事打击。这在无意中把平民变成告密者，把他们当作靶子。在其他应用中，无人侦察机搜集的大量视频片段现在可以被更加全面地评估。以前，人类分析员很难在给定的框架中识别出所有感兴趣的对象，而现在机器学习可以更快速高效地分析情景图像。这对一个比地球上其他任何国家都拥有更多近代史军事数据的国家来说，是一个巨大的优势。美国和中国的私营企业都建立了庞大的数据集来训练大多数人工智能模型。但在军事应用方面，重要的不仅仅是数据集。“重要的是在实操环境中搜集数据，”赫默表示，“而美国在这方面拥有巨大优势。”

因此，双方在这些先进领域的国防开支短期内不会减少，特别是考虑到 DARPA 和类似机构的创新成果能够而且经常会随时间的推移逐渐渗透到商业用途中。继续从前沿阵地推进，将有助于保持军事和经济优势。就像赫默指出的那样，大数据仍然是不可或缺的。

全球竞争即将到来

人工智能的赛场不会仅有两三位选手登场。虽然美国和中国显然是人工智能竞赛的排头兵，但以英国、俄罗斯和以色列为代表的第二阵营也并未落后太多，其他数十个国家也将在人工智能的未来普及中扮演关键角色。阿联酋已经为人工智能设立了专门的政府部门，并向那些寻求测试交通运输私人无人机和其他未来先进技术的公司敞开了怀抱。2017 年 10 月，阿联酋副总统兼总理穆罕默德任命年仅 27 岁的奥马尔·本·苏丹·奥拉玛为首任人工智能国家部长，他的使命是“发展未来技能、未来科学、未来技术”，使阿联酋成为“世界上人工智能准备最充分的国家”。阿联酋将会采取什么样的路线？是像欧洲那样规则先行，还是像美国那样试验先行，或者像中国那样法令先行？答案将在未来揭晓。然而，有一点已经十分清晰，那就是人工智能将成为一项更加全面的经济发展战略，旨在将阿联酋建设成未来主义试验和投资中心，支持埃隆·马斯克推广的“超级高铁”高速运输概念、中国小型跨国公司亿航所测试的自动驾驶飞机，以及海水淡化和太阳能等方面的新项目。

阿联酋曾经依靠石油和高端金融迅速崛起，站在了世界经济的舞台上。这个国家经历了石油和金融的繁荣兴衰，从中吸取经验教训。如今，阿联酋知道自己需要多条腿走路迈向未来。同时，它与卡塔尔和伊朗等邻国的竞争将进一步加剧。卡塔尔和伊朗都是技术先进的中东大国，其经济地位、政治利益和该地区的盟友都可与阿联酋一较高下。

阿联酋规模较小、文化统一、资金充足、商业基础设施完善，已经满足了人工智能投资的一些加速条件，与新加坡、丹麦毫无二致。它是中央集权政府，强调安全、个人隐私和自由的稳定性，这使其与中国一样，成为一个开放的试验田。然而，它缺乏美国固有的创业精神传统和数字生态系统，并且作为一个小国家，它需要大量的数据来训练人工智能系统。尽管如此，这些利弊组合只是限制因素，并不是无法逾越的障碍。任何国家，只要拥有正确的数据集、优秀的专业知识和出色的计算能力，都可以在这场竞赛中脱颖而出，它们的参与将开始重塑我们今天所理解的地缘政治学说。

正如《如何转动世界》一书的作者帕拉格·康纳所说："当今时代在某种程度上与中世纪相似，在这个世界里，诸位主角，包括政府、城市、公司、非政府组织和个人，都在为争取权力和影响力而角逐。"我们究竟会把它变为一场新的复兴运动，还是另一场全球冲突，仍然有待观察。这是人工智能之春来临之前的场景。但如今，数据悄无声息地跨越国界流动，在某个国家搜集的数据可能由另一个国家的一小群高级工程师处理和审核。哪里能吸引并发展这支队伍，哪里就可能最终发起充满活力的新复兴运动。

即使他们的意图是崇高的，这群企业家和研究人员中也很少会有能够对不同国家的文化、伦理或法律影响得出结论的专家。因此，各国政府仍然在尝试不同类型的人工智能监管和政策，而并未太过关注不易察觉的负面效果。正如我们所解释的，有些国家倾向于自由放任的管理方法，有些国家则倾向于积极监管对个人数据的使用，并强调人工智能的透明度和可解释性，还有一些国家则简单地以特定的制度来实施管理。未来 10 年，随着数字巨头不断扩张跨国业务，以实现它们对数据和利润的永不满足的追求，这种分化将变得更加明显。旧患未除，又添新忧。监管、影响力以及社会和经济参与的理念将会发生冲突，这也是不可避免的。

这些冲突及其后果将围绕关于价值、权力和信任的问题展开。对美国社会和机构的持续攻击可能会促使政府对其公民进行军事化管理，引发美国对其道德权威和例外主义概念的新质疑。人工智能已经超越了网络战争，开始干涉构成社会结构的个人的生活。这可能会威胁美国一直以来高度重视的军民分离原则。信任的概念也会产生冲突，美国和欧洲很可能会引领人工智能监管模式的发展，规定如何保护个人对数据的控制权，以及如何使用这些数据。尽管中国在个人隐私问题上采取了不同的做法，但西方企业和政府可能需要开发新的商业模式，让个人获得更大的控制权和代理权，从而增强人们的信任。

这种信任可能会在地缘政治影响力和软实力的角逐中发挥作用。西方国家提出基于信任的模式，但投资较少，中国提供更多的资金和基础设施，但个人对数据的控制更少。正如中国创新工场的首席执行官李开复在《纽约时报》的一篇专栏文章中所写的那样，这可能会使发展中国家成为“经济依赖者，为换取福利补贴，允许其依赖的国家的人工智能企业从发展中国家的用户身上获利。这样的经济制度将重塑现有的地缘政治联盟”。[①]

---

① Kai-Fu Lee, “The Real Threat of Artificial Intelligence,” *New York Times*, June 24, 2017.

与此同时，我们不应理所当然地认为，美国在认知计算和相关应用领域的科技领先地位已经不可撼动。之所以会有如此不明智的执念，很大程度上是因为美国人认为中国的学术机构要具备和西方顶尖大学同样的实力，还需要很长的时间，可能相当于美国建立起研究型大学体系所花的时间。然而，中国已经证明自己善于吸收人才和专业知识，就像美国在“二战”后向欧洲所证明的那样。我们不要忘记，在过去的60年里，中国已经使超过3亿人摆脱了贫困，而且近年来，中国机器学习研究论文的数量已经超过了美国。

人工智能领域的全球竞争在解决问题的同时，也带来了许多新的挑战，进步的洪流就是逆流而上。但是，无论这场人工智能竞赛出现什么转折点，全球创新温床上所培育的应用都将改变我们的世界，以我们今天几乎无法理解的方式造福人类。

当今时代，美国在世界范围内的领导地位不断下降，更不用说工业化国家对全球经济的连贯愿景了，中国的愿景可能会成为一个更有吸引力的选择。

要衡量中国作为潜在的地缘认知超级大国可能对全球经济秩序产生的所有第二级和第三级连锁反应，理论上是不可能的。“二战”以后，以美国为首的布雷顿森林体系和联合国式的体系以更加透明和可预测的方式不断演变。

美国既有硬实力，也有流行文化的软实力。它树立了大众数字化的成功典范，推动了空前的经济进步。尽管它的发展故事对世界上不少地方仍然具有吸引力，但这个故事已经失去了一些光彩，尤其是与中国令人印象深刻的成功故事相比逊色不少。美国对人工智能应用、伦理和影响力的预测仍然在许多国家的外交机构和私营部门中普遍存在。毕竟，如果把用户看作公民，那么脸书就是世界上最大的国家。但鉴于剑桥分析公司事件和脸书的其他丑闻，以及美国其他数字巨头和联邦机构所面临的问题，美国的影响力在逐步降低。

第六章

潘多拉魔盒

犯罪者无论多么小心，总会留下蛛丝马迹。为了找到它们，杰夫·乔纳斯（Jeff Jonas）总是喜欢出其不意，不按常规套路出牌。乔纳斯不是一位典型的数据科学家。在我们写这本书时，他是参加每届世界巡回铁人三项赛的四个人之一。他为拉斯韦加斯赌场开发的系统能帮助赌场抓到麻省理工学院的“21点”团队。这群天才少年横扫美国各地赌城，他们的真实经历也被改编成了畅销书《迷失的天才》和电影《决胜21点》。连乔纳斯于2016年成立的公司Senzing也是IBM的一次不同以往的尝试。IBM同意让乔纳斯及其团队成立一家独立的公司，通过所有的数据集帮助客户识别谁是谁。这个被称为“实体解决方案”的过程可以帮助企业为满足欧盟新的数据保护规则做好准备。但乔纳斯真正感兴趣的是找到隐藏线索。“我对消灭坏人的系统有着特殊的热情，”乔纳斯说，“帮助客户抓获真正聪明的坏蛋能带给我巨大的快乐。”

乔纳斯擅长在不相关的信息数据中发现令人意想不到的模糊联系（他也把这个想法写进了他为赌场开发的非明显关系识别软件）。通过使用这种方法，人们可以观察一系列数据集，甚至包括那些心怀不轨的行动者都没有想到要掩盖踪迹的细小之处。将多个信息主体之间的关系拼接起来，人们就可以在不同数据集之间的不一致或差异之处找到证据。如果你刚搬进一所新房子，街对面的人对你说，他从来不去国外旅行，那么你永远不会知道这是一个谎言。但后来他的妻子喝醉了，说他曾住在法国。这样你就找到了前后矛盾之处。这个例子非常典型。但随着犯罪分子利用高超的伎俩来掩盖踪迹，这一挑战变得越来越严峻。

除了某个人犯了明显的错误或者同伙放弃了他的情况，调查人员会有两个选择。第一，他们可以选择出其不意，寻找犯罪者从未想过他们会采取的观察类型，也就是乔纳斯口中的“转移至新的观察窗口”。第二，调查人员可以利用犯罪者从未见过的技术来进行计算分析。例如，对方可能知道你有一台摄像机，但他可能不知道它具有识别车牌的功能。乔纳斯的方法就是将两种功能打通。他解释道：“你必须要问，什么样的数据来源可以提供反向证据，且它们是坏人难以控制的？什么能够成为绑定前两个数据点的黏合剂？只有当它成为黏合剂时，你才会发现它是有用的。”

然而，对如此依赖用数据抓捕坏人的人来说，乔纳斯在谈到个人隐私保护的必要性时会变得更加激动。他承认，在试图追踪算牌人和拉斯韦加斯赌场的其他罪犯时，他并没有考虑太多这方面因素。但最近，他将数据隐私作为除了自己的公司和他对抓捕坏人的热情以外的又一追求目标。他认为，欧盟严格的数据保护规定可能会成为世界各地隐私监管的标准。然而，他对加强社会治安监控没有异议。“监控就是用来看的，这并不是坏事。当你横穿马路时，你就要看看是否可以安全通过。所以，关键在于，你观察的数据的范围是什么，你是否拥有合法合规的权力去观察它。”他说。

例如，有人可能会争论，剑桥分析公司是否拥有法律和道德上的权力，将它在脸书上搜集的数据用于分析选民。这引发了一场关于社交媒体平台对用户私人信息处理不当的丑闻。但是，消费者有时也会难以抵挡商品服务的诱惑，或者他们会为了体验新的数字产品而主动放弃个人隐私，以换取一些利益或便利。问题不在于分析人们生活的人工智能系统本身是好是坏，它们只是可以同时用于实现多种目的的工具。除非人们愿意阅读用户协议细则，或选择退出，否则人工智能将继续分析人们的生活。而如果人们真的那么做，他们就无法继续交易或得到信息。

例如，普遍地开放患者数据的访问权限可能会为医疗保健带来惊人的突破，促进原子和基因层面的发现，从而极大地提升人类整体的福祉。然而，人们可能不太愿意将自己的健康信息分享出去，这就加剧了矛盾，使得人工智能系统只能根据小范围的数据集生成结果。在许多类似的人工智能案例中，最关键的问题是我们如何根据价值观来界定私人权利和公共权利。乔纳斯说，关于监控和隐私问题的讨论也是如此。监控仅仅是一种观察行为。

关键问题在于，谁在监控什么，以及公民对于决定拥有多大的控制权。这些都是关于隐私的问题，体现了个人和社会对隐私的重视。虽然任何国家的安全都离不开监控，但监控的范围和隐私的界限在不同国家之间相差甚远。

这些划分的标准也经常变动。当有强大的新威胁出现时，人们可能会要求实施更广泛、更密集的监控，尤其是因为我们可以大胆地推测，许多如今昂贵的先进技术将在未来变得越来越廉价和普遍。乔纳斯问："如果普通的日常技术能让一个人以5美元的成本杀死1亿人，那会怎么样？接下来又会发生什么呢？"他的一位从事隐私和公民自由方面工作的朋友曾在此基础上提出了一个令人深思的观点：在未来，我们是应该更严格地控制谁可以访问无处不在的监控，还是应该将权限开放给大众？没有民众监督的权力会滋生腐败，所以他的朋友认为，更好的选择是确保无处不在的监控接受广大民众的监督，而不是将这种权力集中在少数人手中。鉴于全球数据的爆炸式增长和大量人工智能开源代码的存在，这一生态系统已经倾向于获取更开放、更广泛的访问权限。如果情况像人们预期的那样继续下去，那么有人可能会利用更加廉价而强大的人工智能来扰乱我们的生活，这会加大人们对无处不在的监控的需求。这是一场基于技术的巨大指数效应的军备竞赛。

这些事实已经对我们的价值观、权力观和信任观提出了严峻挑战。随着认知机器进一步融入我们的生活，这种困境只会加剧，还会导致新的两难局面。我们在塑造一个有益的人工智能的未来时，需要考虑这些“北极星问题”（引导性问题）。我们将如何尊重和保护隐私？我们如何保持人类的选择权和主导权？我们如何确保公正和公平？我们如何构建能够增强人类创造力和同理心的技术？如果没有想清楚这些问题和其他代表性问题，我们就没有能力去应对人工智能技术可能带来的危害，我们也没有做好充分准备，利用这些强大的工具提供的机会，为人类创造一个繁荣的未来。

数据隐私保护

数十年来，英国公共安全部门一直习惯于使用闭路电视监控系统。该系统最初被用来发现爱尔兰共和军那些放置炸弹的恐怖分子，这一组织一直希望北爱尔兰从英国的控制中脱离出来，实现独立。现在，监控系统已经成为被广泛使用的犯罪侦查工具，特别是在伦敦等大城市。英国当局将面部识别作为一种识别犯罪嫌疑人的基本手段。莫斯科也使用了类似的系统，当地政府安装了大约 16 万个摄像头，但由于成本原因，一般只有几千个摄像头处于使用状态。[①] 莫斯科信息技术部门发言人阿提姆·叶尔莫拉耶夫称，该系统覆盖了该市约 95% 的公寓大楼，其识别成功率约为 30%，并在最初的试验阶段帮助警方抓捕了 6 人。低光线条件对摄像头的使用来说仍然是个难题，但这在近期可能会有

① James Vincent, “Moscow says its new facial recognition CCTV has already led to six arrests,” *The Verge* (September 28, 2017).

所改善。

马宁德拉·马宗达（Manindra Majumdar）将摄像头系统和人工智能检测系统整合在一起，以解决印度近年来两个最臭名昭著的问题：无人管理的垃圾倾倒和女性在公共场所面临的骚扰。在推出了一款名为 GoFind（去寻找）的基于图片的搜索和购物应用程序后，马宗达创建了一家名为 CityVision（城市视觉）的新公司，并在印度的两个城市投标，测试能够识别垃圾倾倒或潜在犯罪的监控系统（自那以后，该公司已向迪拜的一个监控项目和多伦多的另一个监控项目提交了投标，并在多伦多重新建立了运营基地）。在印度，CityVision 系统会追踪人们经常倾倒垃圾的地区，在需要收集垃圾箱时向有关部门发出警报，或者告知它们在目标区域内有非法倾倒发生。此外，它还可以用来识别性骚扰行为，当它发现某人对女性的轻微骚扰开始升级时，它就会将相关位置数据和视频传给警方进行审查。

马宗达说，由于印度的人口比其他大多数国家都要密集得多，而且更加多样化，所以人们更愿意接受监督，因为他们认为这是保障安全的必要条件。不过，个人隐私又是另一个问题了。对此，CityVision 采取了相关措施，对个人身份进行保护，并将所有直接执法权交至卫生部门或警方手中。

不难想象，全球各地的城市都在关注此类技术，尤其是城市化率的不断上升加剧了社会经济斗争，并加大了发生冲突的可能性。在人口集中地区，对管理并缓解紧张局势的需求可能会超过对保护个人隐私的需求，至少在公共场所是如此。随着移民、贸易、媒体消费和跨境资金流动的加速，各国政府会把这些系统相互串联起来，以追踪个人和资产在司法管辖区之间的移动。总有一天，我们很可能会把这种追踪能力看作一个安全可靠的社会的标志。

因此，我们正在稳步迈向一个警觉性提高、意识增强的社会。在这个社会中，人工智能驱动的系统能够看到并专注于人类的眼睛和大脑难以探测或处理的领域。机器可以察觉到当前情况或模式的微妙变化，人类却被束缚在自己狭隘的视野之中。所以，机器和它对我们所处环境的人工感知意识可能会成为人类最好的朋友，就像狗能在地震来临前夕感知地震一样。事实上，我们可能会看到一种新型的人工智能蜂巢意识，它能提升我们个人的幸福感，乃至整个社会的福祉。

在不久的将来，一个人工智能平台将把交通、天气、基础设施和其他用户的信息整合到一个导航平台，它会比谷歌地图更全面、更方便，能引导你避开交通拥堵。晚上多云预示着第二天上午会有倾盆大雨。径流和基础设施数据显示，有 82% 的可能性，大雨将使你上班常走的路线的下水道超负荷运转。你有几个电话，但日程上没有紧急会议。因此，这个平台会自动调整你的日程安排，让你可以选择待在家里，或者走另一条路线前往办公室。2018 年，谷歌已经搜集了海量的数据，将这些数据整合到此类分析中并不需要重大的技术飞跃。

随着人们获得越来越多的数据，不同的创新方式可以被用来整合这些信息流，公司和开发人员将为人们提供更多的便利。同样的系统很容易发现你配偶日历上出现的新的时间冲突，并相应调整你的日程，由你去送孩子参加足球训练。它会捕捉到法国可能发生航空公司罢工的消息，建议你重新预订从巴黎到法兰克福的夜间航班，在那里你能够购买一张火车票，可以在你教女生日的当天看到她。它甚至还可以根据你的跨大西洋航班调整你的营养和睡眠计划，帮你预订有益心脏健康的食物，并重新调整你的褪黑素摄入剂量，帮助你维持血压和胆固醇，优化休息方案，等等。

但是如果用户没有隐私和个人代理设置的控制权，那么上述这些场景都不应该发生，无论是享受个人服务还是同意向朋友或陌生人分享数据。我们已经将大部分个人数据的所有权交给了政府、数字巨头和许多其他服务提供商，而且我们通常没有追索权，也不知道这些数据的用途。世界各地都在为保护个人数据所有权和控制权付出努力。随着滥用行为的出现和风险的增加，这些行动很可能会获得更多支持。但是，即使选择退出，我们也会面临另一种危险。我们可能稀里糊涂地走进一个人工智能监控下的社会，你留下的数字足迹越多，得到的信任就越多。未来10年，随着越来越多的人要求有权选择加入或退出基于人工智能的服务，这种分歧将会进一步扩大。我们可以看到人口将分化为高参与群体和低参与群体。那些高度活跃用户或拒绝参与的用户可能获得特权，从而产生新的分歧，引发法律和民事纠纷。由于优势市场和人工智能系统会忽视那些不那么幸运的人的需求，全球人口的很大一部分将慢慢地掉队。政客们将看到社会动荡、经济增长波动和选民信心动摇。我们的制度将面临一种全新的不平等。

可预测和可计算将产生新的能量，而数字时代的卢德分子可能需要快速深入地思考如何进入城市地区而不被发现。我们在道德层面上是否享有保持模糊、不被评估的权利？我们中究竟有多少人想要这样的权利？不难想象，会有更多人选择退出某些人工智能驱动的平台，以避免他们所认为的恶意使用。脸书和其他社交媒体网站经常面临用户流失的问题，有些网站的问题更严重一些。很容易想到，人们可能会采取一些技术措施来避免攻击或对未经授权的个人数据的使用。

总的来说，人工智能和任何新技术一样，是一把双刃剑。一个完善的区块链平台的分布式账本可以使交易更加安全，而且极难被伪造，但它同时也允许用户保持匿名，这妨碍了执法部门追踪犯罪活动。同样，人工智能技术的进步可能有一天会让学校领导识别出问题学生，在他们带枪上学之前进行干预，但同样的创新也可以被学生用来躲避问责。

保镖机器人

新的应用程序将会出现，它们会保护我们的隐私，让我们不那么透明和可读，并保护好我们的数字化身份。有一些这样的创业项目已经存在了。“比如说，Controlio 作为你和大型互联网平台之间的媒介，代表你发出产品或服务的需求建议书。”情景规划咨询公司“全球商业网络”的创始人、现任 Salesforce 公司常驻首席未来学家彼得·施瓦茨（Peter Schwartz）表示，“当你进行交易时，你仍然会交出数据，但你对每一笔交易都有控制权。”

随着人工智能技术的发展，我们可以看到个性化数字经济发展到了一个全新的层面。比如，个人数据存储库只会在我们需要的时候打开，而不像如今，只要你一连上网络，数据就开始泄露。然而，我们不能同时优化选择和安全性。我们需要找到一种平衡，这种平衡可以根据场景进行自动调整，比如可以让父母查看孩子的照片，但是禁止社交媒体网站操纵这些孩子的相关数据。公司和政府已经在尝试数字铁腕，将它们的需求与我们渴望的产品和服务捆绑在一起，以获得超出我们分享意愿范围的更多信息。所以，也许我们将会创造出新的保护性助手，我们可以称之为“保镖机器人”。

保镖机器人会在我们的数据地盘巡逻，允许我们立即访问我们想要的内容，延迟一些比较彻底的审查请求，并拒绝某些其他请求。它们可以代表我们行动，寻找我们想要的东西，提供相关数据或虚拟货币来换取这些东西，然后重新运行个人防火墙。互联网巨头和大部分公司都会排斥这个概念，甚至拒绝为那些将自己的保镖机器人带到它们平台上的消费者提供服务。从它们的角度来看，这种反对似乎是合理的。毕竟，在过去 20 年的大部分时间里，我们都从那些被认为对用户“免费”的服务中受益。然而，最近“免费”的概念已经演变成一种更清晰的理解，即用户在提交数据时付出的是什么，而人工智能将进一步推动这一概念的演变。

但以往的例子告诉我们，与客户对抗而不是给他们想要的东西是一种不可持续的行为，例如数字技术对音乐产业所做的彻底变革。数据驱动型公司与个人消费者隐私之间的虚拟僵局，将以一种可行的商业模式达到某种程度的平衡。尽管如此，我们仍然发现，常常有一些技术逾越了我们认为的可接受范围。我们很少提出反对意见，但是当我们这样做的时候，这种越界行为通常是让人怒不可遏的，比如美泰公司试图通过高级版的芭比娃娃来帮助孩子学习、提升孩子的体验。自退出市场以来，这种增强型娃娃搜集并储存了大量关于孩子如何玩耍和孩子与芭比娃娃对话的信息，并将所有这些信息发回了美泰公司的服务器。公司可以根据这些数据分析儿童的行为和发展，并提供其他有针对性的服务，比如为父母提供儿童监控服务。在得知美泰公司可能会追踪儿童的行为，并用这些数据精准定位其产品以后，许多家长感到不寒而栗，尤其是这种公司出于商业利益获取不知情的未成年人的数据的做法。父母们可能会分享许多关于自己和孩子的数据，但他们不希望芭比娃娃搜集这些数据。

然而，他们已经以更加私密的方式提供了这类信息。每一天的每一分钟，智能手机都会搜集我们的位置和行为信息。有了合适的配件，它们甚至可以监控我们的睡眠模式。一些公司可以利用这些数据流来提供一系列服务。例如，苹果和安卓手机可以识别你何时停车、开始步行，这样它就能提醒你把车停在了哪里。或者它可以识别你是在开车，然后帮你拦截短信，直到你停车为止。其实，智能手机可以搜集细粒度更高的数据，它们对个人的医疗健康状况等信息洞察入微。有一家公司就是利用这一点来推送心理健康服务、监控患者的日常生活的。

严重的精神疾病患者需要经历周期性的住院治疗、出院、复发和再入院。大约 1/3 的精神病患者会在一年内重返医院。这是一个恶性循环，很少有技术或治疗方案能够彻底地打破它。保罗·达格姆（Paul Dagum）和他在 Mindstrong 公司的团队希望改变这一现状。该公司对手机和其他设备的活动情况进行极其精细的检测，以此来追踪病人的情况。达格姆说，所有这些信息能产生大约 1 000 个认知度的标记，它们来自一些直接的指标，比如毫秒级的反应时间或者是手指在智能手机上轻点的方式。

机器学习有助于编译和分析这些细粒度的模式，它们可以显示患者的认知能力什么时候开始减弱，由此提醒看护者或家庭成员在患者病情恶化之前及时干预。患者和护理团队的应用程序允许双方进行互动，共同查看认知标记，以此确定潜在的诱因，重新调整药物，或者仅仅是加强门诊治疗。达格姆说："现在，我们主要关注的是患有精神疾病的病人，或者是高危人群。我们得到的大部分反馈都是积极的，他们觉得自己很脆弱，这种软件给了他们一种安全感。但是它之所以起作用，是因为我们在医疗保健体系下作为医疗保健提供者与他们接触。"

最终，Mindstrong 平台上的认知监测功能可以扩展到追踪阿尔茨海默病或其他影响认知功能的病症。达格姆希望，心理健康护理最终能成为每个人常规健康保健的一部分。制药公司已经开始与 Mindstrong 公司接触，利用其标记对药物测试进行更深入的了解。但就目前而言，Mindstrong 公司首先关注的还是严重的心理健康问题，并在这些病人的日常活动中与他们接触。达格姆说，他希望这项技术能将病人的再次入院率降低一半。他说："这将医疗关爱转移到了社区，将极大地影响这些患者的治疗结果。"

我们仍然需要问自己，人工智能平台及其所有者可以从我们每天数百次的键盘敲击、鼠标点击和智能手机的滑动中测量出什么？科技研究公司 IDC 估计，连接互联网的人群平均每天与数字设备的互动次数将从 2015 年的 218 次增加到 2025 年的近 4 800 次。[①] 这些行为都需要进行精神分析吗？随着新的医疗和健康应用的激增，很多人可能会这样做。随着我们手机中的处理器和传感器变得日益复杂，越来越多的生理数据可以与数字行为相互关联并相互参照。鉴于这样的系统与我们的身心健康关系如此密切，我们希望确保系统告知用户它正在挖掘数据，以及它将如何使用这些信息。我们可能会要求服务提供商在出现新的疾病时，特别是当这些疾病对他人构成威胁时，向用户、他们的家人、主治医生或公共卫生官员发出警报。当这样的关键时刻来临时，智能机器可以为改善个人和社区层面的健康状况做出贡献，为人们带来福祉。但在这个过程中，它也将迫使我们在个人隐私和公共安全之间做出艰难的抉择。

毫无疑问，公司和人工智能平台搜集了太多的信息，这会给

---

① David Reinsel, John Gantz, and John Rydning, "Data Age 2025: The Evolution of Data to Life-Critical," IDC white paper sponsored by Seagate Technology (April 2017).

患者和服务提供商带来新的责任和负担，人们的信心将遭到破坏。当用户看到他们的智能手机、手表和其他设备每天搜集的生物特征数据越来越多，但他们并没有立即意识到这种信息共享的好处可能需要数年才能实现时，他们就可能会产生偏执情绪。医疗人工智能提供商将获取海量数据，用于药品推荐和广告，一些人可能会试图突破FDA（美国食品药品监督管理局）或其他机构的监管和伦理界限。这会造成很深的伤害，因为医疗信息比财务信息更难恢复，但我们在执行数据便携性、隐私保护和保险条例方面有一定的经验基础。而且，就像今天的脸书和推特一样，公民意识将会提高，公众的反应将会加剧，执法机构会开始处理这些违规行为。

数据透明度与控制权

作为人类，我们会带有偏见，而且往往不知道自己在智力和情感上的盲区。而一个精心制作的人工智能机器，即使有自己的缺点，也能帮助我们做出更客观的决定，为提升我们的生活质量和改善社区的生态环境做出贡献。这样的系统可能为你的工作通勤提供另一种选择，它可以提出一项计划，既能大幅减少你的碳足迹，又能提供足够的便利，让你不用马上放弃新的旅行计划。看一看大多数工业化国家的离婚率，你可能会相信，如果人们能对伴侣的选择进行一些客观理性的分析，那么这可能不是什么坏事。教师可以利用智能机器为不同的学生量身定制更为有效的课程，并对他们的学习情况进行实时更新。美国的人工智能专家已经在研究能够帮助人们避免食物短缺和饥荒的系统，方法是将天气、土壤、基础设施和市场等各种因素的变化整合到复杂的模型中，以缓解短缺问题。

Beaconforce 可能无法解决全球的饥荒问题，但它找到了一种方法，有助于解决大多数人在日常生活中会遇到的问题，即如何应对限制个人发挥最大潜能的工作压力。该公司的系统追踪客户公司的员工在“内在动力”的七大支柱方面的表现，这些内在动力指的是，当我们沉浸在一种有参与感和获得感的活动中时所感受到的驱动力。正如首席执行官卢卡·罗塞蒂（Luca Rosetti）所描述的那样，这些支柱包括反馈、社交互动和控制感，有助于员工保持“心流”状态。当员工的能力和所面临的挑战落差过大时，Beaconforce 面板会向经理发出警告。

该公司利用人工智能对员工进行情绪分析，并通过 Fitbit、苹果手表或类似的可穿戴设备测量员工的某些生命体征。该程序每天都会在员工的智能手机上询问他们几个简短的问题，然后将这些答案与他们目前的工作环境和心率信息关联起来。经理无法看到员工的个人答案或心率，但他们可以看到 Beaconforce 面板。当员工开始因为某个项目、同事或环境感到不舒服时，面板就会发出信号。

罗塞蒂分享了 4 个案例，其中包括一个来自四大会计师事务所合伙人的故事。这位合伙人注意到，Beaconforce 面板显示他的三名员工突然进入了压力状态。起初他并没有太在意，因为压力在他们的工作中很常见。但后来一名人力资源员工走进他的办公室，说其中一名顾问在那天突然开始焦虑，并在一次会议中失声痛哭，但他拒绝透露任何原因。经理立即猜到了他是谁，并开始调查此事。

Beaconforce 平台显示，这三名员工的读数开始恶化的时机与项目负责人分配给他们任务的时机一致。原来，这个项目负责人在为另一家公司做咨询，并向这三人施压，要求他们和他一起跳槽。他威胁说，如果他们拒绝，他就会让他们在现在的项目上吃苦头。因此，合伙人换掉了项目负责人，而几位员工的分数立即恢复了。罗塞蒂提供的案例研究显示，该合伙人甚至成功地留住了那位项目负责人，因为他确实非常有才华。

如果我们设计得当，这种人工智能应用可以帮助我们取得更大的成就，但它也是一把双刃剑。认知计算可以增加或减少我们选择的自由，但后者的风险随着人们对个人数据的大规模搜集和操作而不断增加。人类和机器之间相互了解的平衡有可能会被打破。人工智能可能会增强人类的能力，但如果个人和控制我们数据的实体之间没有基本的平等意识，它也可能限制我们发挥最大的潜能，因为我们牺牲了自己的自主决定权。同样，用机器判断取代人类判断可能会拓宽或缩小我们的视野，也可能会增加或减少我们的社会和经济选择。通常情况下，我们并不知道这会如何以及在多大程度上对我们产生影响。单独来看，商业和政治利益的推动可能收效甚微。总之，它们可以用强有力的方式改变人们的生活，比如剑桥分析公司在 2016 年发布了有针对性的信息，影响了数百万名美国选民。

推动意识的平等有助于揭示人工智能系统的有益用途和操纵性用途之间的许多难以定义的临界点。这项工作应该从重新设置数据透明度和控制权开始：允许每个人访问从自己身上搜集到的信息，并允许他们将其删除，或将其转移至新工作岗位或新的医疗服务提供商那里。我们可能会开发一种新的选择加入协议，其中包括临时退出权，让用户有机会退出这场数据泡沫。例如，工人可以选择暂停生产力助推项目，或者高胆固醇的人可以暂停他们的提醒推送，在生日当天享用一份美味的牛排。关于个人的测量和数据洞察不应被操纵、滥用或侵入。但是，如果我们最终希望赋予每个人权利，让他们过上更有所作为、更丰富多彩的生活，他们就必须有权决定自己应该获得多大的权利，而不会因为选择退出某个服务而遭到疏远。

最终，要识别和监控利弊之间的界限，将需要更高的透明度和针对新算法、数据集以及平台的公众监督。尽管人工智能的许多领域都有着开放的氛围，但专有代码和数据常常让人难以确定系统是否越过雷池。这种不确定性将导致法律诉讼、金融交易以及人工智能涉及的几乎所有领域出现问题，但它在教育领域引发的担忧尤其严重。我们几乎无法一致地确定长期课程和实体教科书是教育还是洗脑，更不用说对人工智能系统为学习提供更微妙的助推作用的领域进行判断了。

帕特里克·普瓦里耶正在开发一个点对点辅导平台，他希望通过让人参与其中，来安装一个防止人工智能操控的关键屏障。

普瓦里耶创立了 Erudite 公司，这是加拿大蒙特利尔的一家初创企业，利用机器学习来提高由学生辅导其他学生的效率。该应用程序在 2018 年初仍处于试点阶段，它帮助学生辅导员与其他同学合作，分析他们的互动，整合各种最佳学习实践，并帮助学生辅导员为被辅导的学生提供最佳的教育方式。例如，如果学生辅导员想要立即给出答案，系统就会介入，帮助辅导员为其他学生提供有助于他们学习的反馈，普瓦里耶解释道。当他和同事们测试这个系统时，一位专业的教育工作者会监控这些互动。在一开始，Erudite 需要训练有素的教师作为他们开发人工智能系统的代理。这些互动开始不断完善人工智能，然后教育工作者可以协助改进系统的交互功能。普瓦里耶说，最后，这个基本实现自动化的系统将在同学们互助学习的过程中为他们提供指导，但它也将继续受到教师或教育机构的审核。

这个最初的想法引起了 IBM 沃森人工智能 XPRIZE 大奖赛管理人员的注意，他们将其命名为“十佳团队”。但让这家初创企业独一无二的是普瓦里耶对未来教育广阔前景的预测。普瓦里耶说，现在的评分方式是“打击人心”的，从 100 分开始往下扣分；Erudite 将探索一种向上累加的评分方式，就像玩电子游戏一样。学生们从某个基本分开始，随着他们不断获取知识，分数会慢慢往上涨。普瓦里耶说：“通过技术手段，我们可以开展更多的个性化学习，更多的互动学习，以寓教于乐的方式来传授知识。”现在的学生跑到教授那里，会问自己在哪里丢分了，就好像这些分数本来就是他们的一样，然而在未来他们需要逐渐得到这些分数。“你可以通过完成任务来学习，但是如果没有关于你的学习任务的证明，你自己也并不知道效果如何。你需要通过测试进行衡量。通过技术手段，你可以开始积分，每完成一项任务，你就会得到加分。”他说。

这类方法并不能保证人工智能系统的有效性和准确性，但是重新设定目标和以奖代惩将有助于增加人们对智能机器的信任，直到达成完全透明和可解释的效果。与此同时，人工智能技术的不断发展将提高我们分析算法和数据集的能力。研究人员已经开发出了可以相互测试的人工智能模型，朝着更高质量输出的方向发展（至少开发人员是如此设计的）。只有公众监督才能实现从更广泛的社会视角来确保这些算法和数据集的质量。如果我们继续努力，建立能够审核人工智能系统、平衡企业利益和社区价值的机构，那么人类就能避免被这些智能大脑操纵。

认知计算的力量

一些公司在搜集、分析并销售海量的个人数据。你一走进杂货店，监控摄像头就会追踪你在过道里行走的路线。你刷一下信用卡和贵宾卡，商店就会比较你此次购买的商品组合和之前的购物经历。把这些信息放到一起，商店就会清楚地知道，把哪些产品放在哪里、以什么价格销售会让你（和其他同类购物者）更可能额外购买一两件东西。然而，即使是小小的杂货店，它拥有的关于你的数据也比它想要使用的多得多，更不用说一家大型的互联网公司了。亚马逊也许不需要知道某位顾客是一位身体健康的中年人士、喜欢吃奶酪、喜欢蓝色、经常跳槽、有着哥斯达黎加血统、是拉丁裔飞钓手，除非这些特质的组合使他更有可能购买某种产品。

大公司能够编译的意识深度与他们实际编译的程度不同，这可能有助于我们减轻一些焦虑。就像我们不清楚保密和隐私之间的模糊界限一样，我们也不清楚系统和个人之间的权力平衡点在哪里。如果公司开始生成关于我们生活模式的越来越精细的真相颗粒，我们真的希望看到生活的原始样貌吗？这种认知是否开始削弱在某种程度上依赖于消费者故意无知的脆弱的平等感？毕竟，根据欧盟的数据保护条例，人们对公司搜集的主要数据拥有控制权，但这些公司似乎仍然可以控制它们从这些数据中得出的见解。我们可能不知道它们是如何评价我们的。

2017 年，我们率领一个创意产业的 EMBA（高级管理人员工商管理硕士）学生团访问了 IBM 沃森西部中心。访问期间，IBM 的代表展示了一款能够根据推特消息分析个人性格的新程序。学生团中一位名叫约翰·安东尼·马丁内斯的学生自告奋勇地提供了自己的推特。他来自得克萨斯州，性格外向。沃森马上给出了结论：马丁内斯是"忧郁的""谨慎而挑剔的"，同时也是"精力充沛的"。他生活节奏快、日程繁忙。沃森最后总结说，虽然马丁内斯更喜欢倾听，不喜欢诉说，但他是一个"由自我表达的欲望驱使的人"。这一结果并没有让马丁内斯感到惊讶，但他也不完全赞同，也许是因为沃森没有对原创和转发的推文做区别处理，所以报告有一些偏差。一些情感内敛的人可能会反对其中的许多标签，特别是当它基于数据流只捕获了他们身份的一个侧面时（而且通常是伪造出来的）。有时候，这种不加修饰的反馈提供了有价值的见解，但经验丰富的教练和心理学家表示，只有在人们以恰当的方式进行表达时，这些反馈才是有效的。沃森能否具备足够的情商，以一种保持教练与个人、机器与人类之间健康公平的关系的方式，有效地分享自己的意识？

当做出这种判断的是另一个人，而不是一台机器时，情况就完全不同了。有很多人情商不高、不具备同理心、无法察觉他人的情绪，但是我们对此心知肚明，并且如果没有情感虐待、蓄意伤害或诽谤的迹象，我们在人际交往中能够接受相当高程度的不确定性。我们知道并相信，人类普遍拥有感知和评估能力，可以脱离或缓解糟糕的情况。

我们还不知道这种感觉是否会存在于认知计算机中。我们如何确保对特别敏感的社会问题（比如性别、身份和个人健康等）保持平等意识？如果沃森能让医生对我们的健康状况有更清晰的认识，那么大多数人可能还是会欣然接受 IBM 带来的医疗进步，即使这意味着机器比我们自己更了解我们的身心状况。我们可能希望人工智能系统为我们提供可靠的理财建议，帮助我们更好地管理和使用辛苦挣来的钱。但如果它们真的如此了解我们，难道我们不想知道这种洞察力究竟有多深入吗？

想象一下，这台机器正在不断地对你和与你有联系的人进行分析，但它从来没有把它的观点发送给你或他们。几年以后，一个人工智能系统可能会帮助“乔治”为即将到来的一天做准备，帮他搜集所有他当天将要见的人的性格资料。该平台不需要访问每个人的个人数据流，它查阅了所有公开的社交媒体，分析了乔治智能手机中的相关录音、个人聊天记录和照片库，已经获得了足够的信息。现在，想象一下，你正坐在乔治的桌子对面，希望从他那里得到关于你在美国找工作的反馈建议。当你向乔治寻求建议时，他的人工智能正在对你们的讨论进行实时处理。它分析了你在美国找到工作的机会，并将其与相关行业的其他员工的数据进行关联。乔治会用这些反馈意见来给你指导和建议吗？还是说他意识到你前途渺茫，对你不屑一顾，因为你对他的商业关系网没有任何好处？同时，因为你从欧洲来到美国，你的人工智能助手可能受到欧盟更严格的隐私保护条例的约束，限制你接收深度分析，让你对乔治和他的动机了解甚少。

认知就是力量，一系列个人和社会因素都会影响我们如何平衡这种力量。不同的监管机制、参与数字经济的意愿以及购买更好的产品的能力，都将影响认知能力的不平等分配。所有这些失衡都不容易纠正，而且一个社会或许会决定保留一些失衡，但我们可以从现在开始，以全球视角看待人工智能和个人数据的流动。也许在15~20年后，我们会签署一项协议，限制在其他地区设计或托管具有不对称意识的人工智能，开启一个认知平衡的时代。在这个时代里，知识的力量被不断重新协商、测试、打破、验证和重置。

信任来自真相和透明

人类的价值和信任都依赖于人与人之间的某种理解，这种理解需要某种最低限度的信任。当然，这一标准因人而异。我们可能不需要知道哪位技工修理了我们的汽车，我们可能也不会担心他是否签署了承诺书，保证对我们的车进行最好的保养，但如果对方是为我们做手术的外科医生，我们当然希望了解更多。不管我们是否想知道医生究竟会在我们的内脏周围做什么，我们都需要确认她的工作有更高的透明度，她能够做出更明确的解释。否则，我们将对整个过程和她本人失去信任。

我们需要维持类似的信任度和共同的价值观，并保持人机力量的适当平衡。随着人工智能的日益普及，我们将对透明度和开发人员口中的“可解释性”提出更高的要求。洛杉矶的人工智能警务系统和美国法院的缓刑制度都引起了选民的反对，他们要求知道自己如何被排名、评级和评估，以及这背后的逻辑是什么。然而，要找到让人工智能系统解释其决策的方式和原因的方法，是一项艰巨的挑战，DARPA已经为此投入了数百万美元。这个项目对军方领导人有着重要的影响，能让他们理解为什么系统会给出将造成致命后果的行动建议。它在日常生活中也发挥着作用，例如联邦调查人员和优步公司的科学家试图搞清楚凤凰城的一辆自动驾驶汽车为什么会撞上行人。随着自动驾驶汽车在全球各地越来越普遍，它们的运行系统能否解释它们为什么会做出导致伤亡的决定？如果机器无法做出解释，我们是否有足够的信任把方向盘完全拆下来？

欧盟的数据保护条例于2018年6月开始生效。它对未来的展望远远超过了大多数现有的人工智能相关法规。它的“一刀切”做法引起了一些人的不满，因为许多应用程序并不需要完美的解释。事实上，社会有时会倾向于接受不那么完美的解释。比如说，一个复杂的医疗诊断人工智能在识别疾病方面比任何其他系统都要好，但是我们不完全理解它复杂的工作原理。我们可能希望它改善我们的生活，甚至救人性命，但事实上我们无法确定其背后精确的推演过程。我们可能会对人工智能有一些合理的疑问，比如我们应该对这样的系统怀有多大的信任？它在长期来看表现有多稳定？它会产生哪些意想不到的后果？但如果监管规定从一开始就遏制人工智能系统的发展，这些质疑都会变得毫无意义。

然而，欧洲也在对抗微软、谷歌和其他公司的强大市场力量时扮演了白衣骑士的角色。尽管欧洲的监管环境可能使得该地区不会产生本土的数字巨头，但它已开始将一个拥有5亿人口的单一数字市场统一起来，并制订了可能孕育“数字公地巨头”的计划。欧盟的最新目标是创建一个大型、公开、开放的数据集，用于训练人工智能系统。它将为大量新模型和应用程序提供资源，其中包括许多我们甚至尚未想象到的项目。即使是最精通人工智能的公司，也拥有许多不知道如何处理的数据，其中许多数据与它们的业务模式无关。（2018年，一家在线服务公司曾询问未来的员工，他们会如何把多余的数据好好利用起来。）

创建和控制这些广泛可用的数据集只会扩大欧盟对大西洋彼岸的思维模式和商业模式的现有影响，许多观察人士预计，世界各地都将采用欧盟的数据保护监管形式。此外，如果没有欧盟条款中最核心的透明度和可解释性规定，我们就难以界定一个系统的准确性。我们可以测量输出，衡量它们如何随不同的输入而变化，这本质上是对最终结果的完整性的更好解释。然而，人们不禁要问，政策制定者和监管机构如何为人工智能系统设定界限，这些系统的影响往往在事后才能被衡量，尤其是当它们影响我们的健康、指导政府资源的分配，或与社会文化价值观发生冲突时。对于那些对人们生活没有直接影响的应用，回顾一下机器的决策过程可能就足够了。我们对某些事情可能根本毫不关心，假如人工智能导航系统告诉我们该选择公园大道而不是麦迪逊大道，这又有什么关系呢？但其他问题可能会让我们更加在意。

由于这些应用在个人生活中扮演越来越重要的角色，它们需要得到更深层次的信任。那么我们将面对一系列的权衡，而这种权衡需要我们持续衡量利益与无知。2018 年，数百万人信任在线约会网站，相信 Match.com 等网站的算法可以帮他们找到理想的伴侣。他们之所以相信这个过程，一部分原因是它不会比传统的通过随机相亲了解他人的方法差到哪里去。几十年后，当婚介系统拥有更多的数据、更能够适应人类时，我们可能希望机器给出更多的关于它是如何进行匹配的解释。或者更现实地说，它为什么没有建立某个配对关系。

也许到那时，我们的人工智能助手会在我们第一次约会时捕捉到一些难以察觉的线索和数据，并将其识别为不可避免的不理想的配对。他身体的某个微妙动作可能暗示他在不自觉地说谎，一些模糊的蛛丝马迹显示她过去可能曾有过不忠的行为。然而，约会进行得很顺利，双方都觉得对方在个人、身体和情感吸引力方面达到了自己的预期。如果他们决定无视这台机器，那么他们可能会走上一条注定让人心碎的道路。如果他们听从了机器的建议，拒绝第二次约会，那么他们可能会错过一段改变命运的缘分。如果没有一个对机器质疑某个配对关系的清晰解释，那么人们如何信任它的决定呢？如果该公司的人工智能平台开始识别人们的弱点，并认为这些人都风险太大，无法与任何人匹配，那该怎么办？深度学习算法可能会将相亲视为一种不带情感色彩的事务性的活动，从统计学的角度对第一次约会进行判定，而不是让两人一头扎进一段关系，然后再慢慢自我提升和成长。

当然，生活中没有什么是确定的。有些人能修成正果，有些却一拍两散。即使是机器学习和神经网络，也只是根据过去的模式推断出概率，而不是完美地进行预测。所以，我们可能会对第一次约会的不成功一笑了之。然而，当军事或政治领导人基于对情报的人工智能分析做决策时，我们就需要有更深入的了解。一名参战士兵可能会合理地质疑为什么政治和军事领导人决定将他们置于战火之中。士兵的家人和国家的公民可能会合理地要求得到更清楚的解释，从而更清晰地了解人工智能如何以及为什么会提议采取致命性的危险行动。（在美国，这一点尤为明显，因为有关大规模杀伤性武器的错误情报导致美国第二次入侵伊拉克。）

当我们的情感和身体健康面临较大的风险时，我们就会提高对不了解的事物的信任门槛。同样的道理也适用于智能机器时代。如果人工智能系统还不能很好地解释它所做的决定，以培养更深层次的信任，那么人们自然会偏向谨慎，并限制人工智能所能带来的好处。随着时间的推移，我们会尝试着向可解释性靠拢，在应用程序缺乏确定性的情况下感受我们的舒适程度。有时候，我们会不太追求绝对的清晰，比如交通路线的选择。但我们也会加倍努力，加强我们对信任评级、医学诊断以及其他可解释性至关重要的领域的理解。

人工智能与社会两极分化

由于智能机器依赖于不断获取新的数据，它们可能会扩大联网地区和未联网地区之间的数字鸿沟。发展中国家，特别是农村地区的人们，将越来越难享受到人工智能系统所带来的好处。而那些能够负担得起更高级的访问权限或更深层次的交互的人将继续利用自身的优势，因为他们产生的数字足迹具有经济价值，他们可以利用这些数据来换取更多的访问权限。在最坏的情况下，他们至少可以选择退出。即使是在人民富足、数据丰富的地方，人工智能也可能使社会两极分化，它可能会让观点相似的人聚在一起，强化他们的信仰和价值观，并限制那些迫使我们深入思考这些原则的互动和摩擦，这就是我们在美国社会所看到的。更进一步，人工智能系统可以促进数字社会工程，创建平行的微观社会，赋予企业更多样的能力，让企业可以瞄准特定人群的求职者，并把其他人排除在外，就像我们在脸书上看到的那样。①

我们将越来越多地遇到这样的情况：有些人主要关注的是那些可以被轻松有效地处理成“可操作的见解”的数字类信息，他们不会将我们在线下生活中产生的数据计算在内。这对那些不想被关注的人来说是好事，但这也限制了他们在群体、社区和社会中确立自己地位的能力。数据农奴和数据地主之间这种不断演化的权力平衡暗示了一种新的数字封建主义，那些提供最少数据价值的人，面临的选择也最少。这是一场交易，它青睐那些愿意分享数据的客户，尤其是那些平台的所有者和设计者，包括数字巨头。

这种封建象征也适用于工作场所。推动这些关系的公司往往拥有成本更低、灵活性更高的员工队伍。然而，这会进一步使劳动力和消费者经济发生根本的转变。过去，人们认为，工作是一种连贯的雇佣关系，其中一方带来了一套专门的技能。但这一概念正在被打破，人们将技能片段提供给在线等待的人群，这些人对这些技能片段进行筛选，并将它们融入自己的生活方式或财务版图。这对受过良好教育的人士或者年轻人来说是很有效的，他们拥有公司需要的技能，或者有时间和资源来适应人才需求的变化。对那些需要可预见性来维持家庭最低生活水平的人来说，这

① Julia Angwin, Noam Scheiber and Ariana Tobin, “Facebook Job Ads Raise Concerns About Age Discrimination,” *New York Times*, Dec. 20, 2017.

种方法的效果不太好。

颇具讽刺意味的是，数据地主们常常看起来很像《绿野仙踪》里的奥兹国巫师，他们之所以神通广大，很大程度上是因为他们可以像“幕后大佬”一般控制操纵杆，按下按钮。我们已经在自动驾驶汽车的各种解决方案中见识了这一点。如今，许多所谓的自动驾驶汽车和卡车都配有司机远程待命，他们坐在控制驾驶舱里，当一辆车遇到新情况时，他们随时准备接手，比如遇到恶劣的天气、道路上的障碍，或者是在高速公路的施工现场，有人挥旗指挥你沿着路障在对向车道开车。这就是 Roadstar.ai 在深圳提供机器人出租车服务时所采取的策略，也是总部位于洛杉矶的星空机器人公司（Starsky Robotics）对其机器人卡车所做的设定。

使用“幕后大佬”的不仅仅是自动驾驶汽车。人们通过为数据打标签和远程人类参与训练了许多人工智能系统。长期以来，视觉识别的云服务一直用人工来识别出机器标签有误的图像和视频，有时公司甚至会在海外雇用数千名员工。这为客户提供了更好的服务，同时扩充了已经非常庞大的人工标记数据库。在医学成像方面，提供者必须依赖于“工具”模型，在这种模型中，机器只会对图像进行建议解释或标注潜在的异常区域，最终的诊断需要由人类放射科医生完成。教育系统可以在互动中加入人类的互动，让真正的老师在课堂上听课，并实时调整反馈，就像 Erudite 公司在当前一次迭代中所做的那样。老师的反馈之后将被用于训练系统在类似情况下做出相同的反应，从而减少对人类参与的需求。这样，老师可以被解放出来，从而参与到与学生更丰富的互动中来。研究人员认为，在这种特定的环境下，真实的拟人互动是可以实现的，但只能以狭义的形式存在。

就像奥兹国的巫师一样，开发人员可能会让我们不要关注幕后之人，但人工介入在未来的几十年里仍然是必不可少的，尤其是在涉及伦理和道德决策时。“美国国防部在决定是否使用致命武器时，仍然需要人类来拍板，而人类通常需要通过决策树来思考自动化决策过程。”Govini 公司的分析和咨询服务主管马特·赫默这样表示。那么，问题就是，人类处于这棵决策树的哪个位置？人类是否会扣动扳机或按下闪亮的红色按钮，或只是监视系统的一举一动，以确保其正常运转？赫默可以想象，未来军方可以依靠机器做出包括使用致命武器在内的自动决策，尤其是在时间紧迫的防御场景中。赫默说，美国国防部已经在虚拟现实和其他模拟战斗系统上投入了大量资金来训练它们，但大多数人认为，这些系统还是需要人工介入，人工智能将“经受大量的训练，在未来为我们创造这些决策树”。

人类意识到，任务驱动的机器犯致命错误和人犯同样错误之间存在着巨大的区别。当人做决定时，我们允许他犯错，毕竟人无完人，但我们希望机器一直完美运作。当无辜者被非法杀害时会发生什么？军事领导人不能对机器进行军事审判，尤其是一台它自己也无法解释系统如何做出决定的机器。他们会起诉开发人员、监督者，或在战场上调用人工智能系统的士兵吗？他们如何确保军事应用的后果仅限于战场之内？这就是为什么训练需要无懈可击，赫默说，如果机器遇到不确定的情况，我们要有相应的保障措施。例如人工智能辅助武器应该能识别非军事场景，并拒绝开火。“但即便如此，我们也可能会遇到出错的人工智能，把情况弄得一团糟。”他说。

军事应用将这些问题推向了一个极端，虽然这确实是一个重要问题，因为世界各地对人工智能的国防应用已经投入了数十亿美元。为了解决人们在日常生活中可能遇到的普遍又关键的伦理问题，彼得·哈斯（Peter Haas）和他在布朗大学“以人为本机器人”中心的同事采取了一种新的方法来研究人类介入的概念。他们采用了一种跨学科的方法，将人与机器一同放在模拟的虚拟现实场景中，让机器在人类做出决策和执行动作的过程中向其学习。该中心的副主任哈斯说，该系统不仅可以进行基本的理解和操作，也适用于更广泛的范围，将道德与场景和对象联系起来。

他解释说：“在一个特定的场景中，一组特定的对象决定了某种特定的行为模式。所以，当你看到一个场景，里面有桌子、一块黑板，还有一群孩子坐在桌子前时，你会认为这是某个学校里的场景。我们试图理解，如果存在预判，是否有某些对象会改变我们对场景的期望？如果你在一个场景中看到了一把枪，那么你就会看到危险或者安保人员之类的对象。你在寻找其他线索来进行行为预判。”

目前，他们在虚拟现实环境中进行研究。哈斯说，他们的目标是让机器人能够更好地在社会环境中进行互动，基于人类行为建立系统规范，并确保它们与周围环境和对象的关联性。我们不需要太多的想象力，就可以想象到不同的人工智能系统在这种情况下是如何组合在一起的。例如，在教室场景中，面部识别系统可能会立即识别出持枪者是一名正在访问教室的警官。"对机器人和智能体来说，它们的优势是能够利用人类可能无法立即访问的大型数据库的信息。"哈斯说。一位人类安保人员无法在高度紧张的高压环境下迅速而准确无误地完成任务。"机器人和智能体可以快速利用大数据来解决人类无法解决的问题，但智能体并不具备任何人类的道德感。"

机器无法理解规范准则在不同场景下的变化，更不用说理解不同的文化了。哈斯的一位同事研究了日本和美国的文化规范，围绕着这些规范，他们可以在智能体中发展道德行为。他和同事们设想，在未来的 10~20 年中，全球各地共同行动，利用增强现实和虚拟现实系统来搜集人类的反应和行为，从而建立一个道德伦理行为反应库，让机器人和其他人工智能系统可以从中学习。

这一方法最有意思的地方，就在于它的目标包含尽可能广泛的人类输入。人工智能开发者将不得不把我们许多灰色地带的道德辩论变成非黑即白的代码。他们选择了谁的准则？这些准则是否代表了人类的多样性？算法已经不仅仅是用来优化计算机芯片的处理能力，将广告匹配给合适的受众，或者为某人找到一位情投意合的浪漫伴侣的工具了。如今，代码对决策的影响远没有那么明显，它的利弊权衡更加模棱两可，相关决策包括我们的投票偏好，是否要让车辆为了避让小狗而偏离道路，或者教室里的访客是否对孩子构成了威胁。

直通心智

这些例子已经提出了关于数字民主或数字封建主义的关键性问题，但当机器直接连接到人类大脑或身体时，会发生什么呢？当脑机接口能够理解神经过程，解读意图，并刺激神经元，产生听觉、视觉、触觉和运动时，我们如何建立信任，确保力量的平衡呢？菲利普·阿尔维尔达（Philip Alvelda）仍然记得，DARPA支持的触觉技术第一次让一位受伤的人能够用假肢和手指感知到被触碰的物体。这名男子还开玩笑地说，他又是右撇子了，观众们含着泪笑了，DARPA生物技术办公室的前项目经理阿尔维尔达说道。如今，科学家已经可以诱发触觉、压觉、痛觉和大约250种其他感觉。“医学治疗手段多种多样，”他根据自己在DARPA的经验说，“我们可以建立人工系统，来替换和弥补受损大脑的部分区域。”

这些植入皮质的芯片已经可以帮助帕金森病患者缓解震颤，恢复视力，克服中风或其他脑部创伤造成的伤害，研究人员已经对如何显著提高患者能力有了必要的基本理解。神经科学家能够识别出大脑对各种想法的抽象概念，例如，他们可以追踪那些对语言编码中的特定概念做出反应的区域，阿尔维尔达解释道。“如果我能理解核心意思，我们就不再需要语言了，”他说，“我们可以不在文字层面进行交流，而是在概念和思想层面进行交流。我们的交流没有理由被限制在视觉或感知层面。我们没有理由不能在感觉或情感层面进行交流。”

在 2017 年 3 月的西南偏南大会上，布赖恩·约翰逊（Bryan Johnson）指出，让几百人在同一间屋子里安安静静地坐上一个小时，只听三四位小组成员发言，是多么低效。约翰逊是大脑芯片技术公司 Kernel 的创始人，他对当天下午在酒店宴会厅所聚集的脑力感到惊叹。"如果我们所有人之间能同时进行对话会怎么样？"他问道。这种"蜂巢通信"结合人工智能协助处理噪声中的信号，也许能让一群人立即分享、处理他们所有的集体情感、概念和知识，或许还可以通过激活丰富的神经活动或用图像代替文字交流来提升效率。

这种深度的交流即使可能被实现，也仍然有许多技术有待突破。例如，这样的系统必须穿过大量的噪声，以确保人类大脑能够在一个有很多参与者的房间里处理大量传入的信息流。由于我们依赖如此丰富的视觉、音调和手势来辅助交流和理解，如果互动过程不包含这些信息，我们可能会丢失意义。不过，这已不再是科幻小说的素材了：研究人员已经创造出了一种神经植入物，可以填补或替代大脑丧失的功能。阿尔维尔达说："鉴于我们近年来取得的进步，这些都是我们现在可以开始着手制造的东西。这不是在碰运气。我们已经知道大脑的哪部分承担这项工作。我们已经开始理解编码。我们可以植入设备。"获得脑部手术的监管批准还需要时间，所以最初的病例将涉及几乎别无选择的受伤患者。阿尔维尔达表示，一些技术上的挑战依然存在，包括扩大数据输入和输出的芯片的带宽，但研究人员不需要通过重大的突破来完成所有这些工作。他说："如今，我们正在制造可以在动物身上执行这些功能的设备，最多一到两年的时间，我们就可以用全带宽和无线连接在人类身上做这些实验。”技术和流程仍然需要通过 FDA 的审批，但等待时间并没有几十年之久。“从我们将第一个合成信息写入人类大脑，到 2018 年将它商业化，也就是在盲人头骨上植入人工视觉系统，这个过程大概经历了 7~8 年的时间。”

要弄清楚与人类大脑进行直接连接会产生什么棘手的伦理问题，时间并不多。仅仅是神经植入的想法就已经引起了足够多的担忧，这也是阿尔维尔达和他的同事、同行，以及 DARPA 的前辈们都充分知晓的。在最基本的层面上，植入芯片这种侵入性脑外科手术存在着道德和伦理问题。除此之外，DARPA 还明确了另外两个主要关注的领域。首先，神经植入可以为黑客开辟一条全新的途径，让他们能够使用一种更直接方式控制人类：给我想要的东西，我就让你的大脑恢复过来。其次，如果安全问题得到解决，并且恢复或增强人类感官的潜力得以实现，这是否会变成富人的专属待遇？如果有钱的父母可以在他们孩子的大脑中植入芯片，以加强他们的大脑功能，而贫穷的父母却不能，这是否会导致社会进一步两极分化？阿尔维尔达表示，在这种环境中，病毒和防火墙都被赋予了全新的含义，它们也不再是遥远未来的问题。

当神经植入物获得更多的功能，被更广泛地使用时，会出现意想不到的困境。到 2035 年，随着越来越多的交流直接在大脑之间进行，我们可能需要一种全新的方法来验证我们说的话的含义。含义可能会改变，因为一个官方的“口头”词汇可能表示一个意思，但当它被传递给另一小群人时，它的概念可能变成了另一个意思。要搞清楚谁值得信任或者什么值得信任，将变得难上加难。科幻小说中关于思想控制的描述可能成真。想象一下，在一场刑事审判中，一名证人被要求就被告的神经植入物接收到的信息做证。哪些想法是私密的？哪个想法可以被传唤？如果每一个想法最终都要被抨击，那么我们可能会失去思考和反思的自由。这就是压制的结果。一旦失去改变观点的自由，我们将不再有余地把自己的想法归为试探性、不恰当、自我审查或自我调整等类别。

正如阿尔维尔达所指出的，在硅和神经元之间传递信息已经成为可能。是否每一个跨过这个门槛的想法和互动都变成了理所当然的调查对象？而这剥夺了人们选择思考和反思的自由。如果上传、下载和向他人的横向传输变得可记录、可分析、可评判，那么思想本身就从大脑活动的转瞬即逝的产物变成了确切的记录。一个人的内在思考可能会被他人编辑、操纵和盗用。

任何更强大的神经植入和通信的发展，都必须至少包括一种明确的法律保护思想。这将是维护我们的认知和意识隐私的必要手段，它将证明并鼓励那些帮助我们保护私人内在自我的技术的发展。

肮脏、粗野和短暂[①]

公平和正义的概念在人工智能系统的背景下很难定义，特别

① 改编自托马斯·霍布斯在1651年的《利维坦》中所说的“孤独、贫穷、肮脏、粗野和短暂”。

是当我们试图考虑对一个人的公平和对一个群体的公平时。哥伦比亚大学数据科学研究所负责人周以真说："我们发现，'公平'这个概念的含义有很多细微的差别。在某些情况下，我们可能对公平有着不同的合理理解，但把它们放在一起就会产生冲突。"比如，对一群人来说是公平的东西，对某个人来说可能是不公平的。在面试应聘者时，招聘经理可以故意选择不合格的女性候选人进行面试，仅仅是为了满足统计上的平等。毕竟，只要保证相同比例的男女申请者参加面试，就可以说女性作为一个整体被公平对待了。但是很明显，经理可以故意选择面试那些不合格的女性申请者，而不给那些条件合格的女性申请者面试机会，从而实现区别对待。

个体和群体之间的差异很重要，因为许多智能体都是根据一组相似个体被识别出的模式得出针对个体的结论的。美国网飞公司根据一个人过去的生活模式来推荐电影，这种模式也是与这个人志同道合的观众的生活模式。通常情况下，系统可以从更大的群体中得出更直接、准确的预测。如果范围缩小，要求系统给较小的小组提供更精准的推荐，就会增加它出错的可能性。如果你在考虑晚上选择什么娱乐活动，这并不是什么问题。但当你试图确定被告究竟适用缓刑还是立即判刑时，这就是一个大问题。当法官将自己的专业知识与基于罪犯的统计模型相结合，他就可能会忽视当前被告所处环境的细微差别。从理论上讲，这样的算法最终可以帮助法官抵消偏见，或许还可以在量刑时消除种族差异，但"例外"将一直存在。截至 2018 年，这些系统并不像我们所预期的客观机器应该做到的那样万无一失。

在面向消费者的人工智能应用程序中，还不存在一致且准确地识别这些最不可能发生的情况所需的背景。然而，截至本文撰写时，一些企业应用已经取得了突破性的进展，例如英特尔旗下的Saffron。英特尔的Saffron人工智能企业软件部负责人盖尔·谢泼德表示，在制造过程中，大多数故障检测都能识别出常见或可能的缺陷和故障原因。Saffron的基于记忆的学习和推理解决方案是对机器学习或深度学习的补充。她说，它不仅能识别那些可能发生的事件，还可以深入挖掘，找出可能导致某个部件损坏或系统故障的一次性弱点，并解释这样的异常情况。如果成功的话，英特尔的一次性人工智能学习能力可能对高质量制造产生巨大影响，并可能最终改善人工智能平台，为人们的日常生活提供帮助。

然而，个体之间公平与公正的紧张关系，可能仍会与更广泛的社会利益发生冲突。辛西娅·德沃克试图用“通过意识实现公平”的概念来解决这个问题，这个概念旨在保证统计上的平等，同时“尽可能同等地对待相似的个体”。[①] 作为日常生活的一部分，这听起来很简单；我们只是感受这件事究竟公不公平，然后设法为这种感觉构建一个合理的理由。但事实证明，把这些概念运用到计算机代码中要困难得多。德国在政治和商业上对女性实行的配额政策，美国针对少数民族的平权政策，以及印度招募低种姓

① Cynthia Dwork, et al, “Fairness Through Awareness,” Proceedings of the 3rd Innovations in Theoretical Computer Science Conference (November 29, 2011).

人至政府机构的行为，都试图以不公平地对待某个群体的方式来做正确的事。然而，每一种政策都在个人层面制造了棘手的情况，特别是对那些不直接从类似项目中受益的群体来说。

这些试图平衡群体和个体公平的行为往往会引发人们对于不公正的反对呼声，比如美国最高法院对密歇根大学和得克萨斯州大学奥斯汀分校的平权行动或多元化举措提出了反对。在这两起案件中，法院总体上支持大学的政策，尽管并非没有警告——部分原因是这些政策从个人的角度来看可能没那么公平。通常，我们也将个人的公平感与正义混为一谈。这就是美国哲学家约翰·罗尔斯（John Rawls）的正义理论的流行观点。罗尔斯认为，真正的正义应该产生于公平和个人利益的平衡。罗尔斯假想，人们都处在他所谓的“无知之幕”背后。在这个“原始状态”中，人们不知道自己的属性，也不知道自己在社会中扮演什么样的角色。因此，当他们为整个社会设计正义规则时，他们不会暗中布局，使规则对自己有利。因为没有人知道，资源和能力的分配会将他们置于社会经济阶梯的什么位置，所以所有人都倾向于设计一个公平对待每一个人的系统。

罗尔斯经常出现在人工智能著作和权威评论文章中，通常与智能体日益智能化情况下的道德地位有关。但他的“无知之幕”也同样值得关注，它可以被看作人工智能在司法系统中扮演的角色的一个比喻。人类已经永远无法回到罗尔斯的无知之幕背后，但理论上，他们也许能够开发出一套人工智能系统来模拟“原始状态”的概念。如果可行的话，这样的制度可能会在原告、被告和他们所在的社群之间进行最公正的利益权衡。当然，这一理论也有一些障碍，其中最重要的是，我们编译的几乎每一组数据都潜藏着无意的偏见。然而，即使是一个不完美的模拟，也可能有助于指导执法部门、受害者权利组织、美国公民自由联盟等监管机构和社区活动人士之间的合作。

无论如何，随着人工智能分析出不同群体和个体之间更复杂的差异，正义和公平的问题只会变得更加复杂。社会背景、行为特征、学术和工作表现、负责任的行为和过去的缺点——所有这些类型的数据都可以被输入人工智能系统。当这种信息算法混合的复杂性超出了人类的理解能力时，我们将如何重新评估谁真正值得社会的支持呢？随着我们的生活更加数字化，人工智能的分析越来越细致入微，我们会失去影响我们正义感和公平感的主观环境吗？例如，在美国，陪审团在审理刑事案件时，会考虑该案件的各种背景信息，从先前的犯罪记录到证人的可信度，无所不包。再加上美国判例法的不断演变，就连一直十分严苛的法律正义概念也在受到主观观念的影响。

因此，我们至少可以从政策开始，让个人、企业和政府机构对公平和公正地使用人工智能负起责任，因为它们将直接影响人们的生活。“一般来说，算法问责的工作应该从开发和部署算法的公司开始，”凯西·奥尼尔在她的著作《算法霸权》一书中写，“它们应该为自己的影响承担责任，并拿出证据证明它们的所作所为并没有造成伤害，就像化学公司需要提供证据证明它们没有破坏周围的河流和水域……举证责任应该在公司身上，公司需要定期审计算法，检查其合法性、公平性和准确性。”[①]

“我们只是军火商人。”一位科技高管在与我们的闲聊中这样说道。他是以开玩笑的口吻说的，但这说明了当今科技行业的悲哀，那些致力于“改变世界”的人现在正深深地陷入道德难题中。这类问题需要比以往任何时候或在任何行业中都更强有力的治理。实现这一目标是我们义不容辞的责任。

如何面对科技性失业

我们不能否认，人工智能系统的发展将以前所未有的速度改变工作任务、取代工作岗位。它还将刺激对我们尚未接触到的新技能的需求。我们不知道的是，在这个动荡的过程中，人民、政府、经济和企业将如何反应。有些国家可能会选择禁止机器人，另一些国家可能选择对机器人征税。还有一些国家将限制企业能够保留的分析和数据的数量，或者限制人工智能应用程序对我们日常生活的渗透程度。劳工组织可能会奋起反抗，就像历史上法国农民或美国汽车工人参加罢工那样。新一代的卢德分子可能会试图摧毁机器，拔掉电网，然后躲进远离数字技术的避风港。一些经济学家和政治家提出了全民基本收入（UBI）的概念，即为每位公民提供一份最低收入，以此来帮助那些因人工智能和其他自动化技术迅速发展而失业的人。还有一些人则认为，工人们可

① Cathy O’Neil, *Weapons of Math Destruction* (New York: Crown, 2016).

以利用部分收入，把这些抢他们饭碗的机器买下来。例如，卡车司机可以拥有代替他们的自动驾驶卡车，并从它身上获利。

但是，除了产生对失业的焦虑和对相关保障的呼吁，我们也会开始意识到，认知机器正在承担许多枯燥乏味的工作。盖洛普2017年的一项调查显示，全球约有85%的员工表示，他们感到“和工作场所没有感情联系”。我们到底想要维持什么？也许，更为合理的选择是，安排并培训员工在人工智能的帮助下完成工作，从而提高工作效率，获得更大的激励，达成更高的目标。也许人类与人工智能系统的这种共生智能关系，可以让员工有更多的时间去追求能够实现他们自我价值、为雇主创造更好的成果的工作，或者只是让他们有更多的闲暇时间享受快乐，在海滩上喝上一杯代基里酒。

在所有的文化和社会中，人们都喜欢创新、实现自我价值。自我表达的规则和习惯可能会有所不同，但创造力和满足感往往是在工作中体现出来的。挖掘这种潜在的能量可以掀起一股新的生产力发展浪潮，在全球范围内提升生活水平和创新水平。Adobe（奥多比系统公司）是Photoshop、Illustrator等系列软件的开发商，世界各地的艺术家和设计师都在使用这些软件。该公司也开始运用人工智能技术来消除创意过程中的单调乏味。从自动消除照片中的“红眼”的系统，到可以真实交换照片背景、适应广告活动需求的工具，Adobe的进步让人们可以把更多的时间花在创意部分。曾经需要几周时间才能完成的改变现在可能只需要几分钟。“这提高了生产力。这就是我们所讨论的效率。”该公司负责知识产权和诉讼的副总裁达纳·拉奥在2018年3月这样对加州议员们说。富有创造力的专业人士“还在使用他们的技能”，拉奥说，“他们仍在发挥自己的聪明才智，但他们的工作变得简单多了。”

当然，凡事都有阴暗面。人们已经在使用基于人工智能的创新工具来歪曲、欺骗或误导他人（毕竟，我们甚至说修改过的照片都是“PS过的”）。2018年春天，美国前总统巴拉克·奥巴马的几段经过数字处理的视频在网上疯传，所有视频看起来都相当真实，但没有一句话是他真正说过的。有些出于好意，另一些不太友善，但每段视频都塑造了他的面部表情、嘴巴动作和声音，让他看起来更真实。熟练的数字编辑可以制造出各种各样的视觉素材，例如假新闻视频，让我们相信一些从未发生过的事情。他们就像是电影导演，但他们唯一的目标是改变我们的观点、心态、话语和决定。然而，也有一些技术是用来打假的，例如Digimarc公司针对图像和视频推出了数字水印。随着数字水印技术的发展，伪造将变得更加困难，因为这种技术可以跟踪更改痕迹。电影制作人可以把电影场景包放入区块链，如果有人对它进行编辑，就一定会留下痕迹。使用这种验证和分类账技术，可以将确认信息和记录分发给广泛的用户群体，从而减少操纵和欺诈的机会。

尽管如此，恶意使用的威胁丝毫不会减缓各种人工智能工具的普及。从历史上看，企业从本质上就有动机使用机器，并由更少的高技能工人来操作机器。许多国家，尤其是美国，缺乏关键性的经济和政策激励措施，无法鼓励企业教育并改造劳动力。从企业的角度来看，人工智能通过提高工人生产率，增加了企业减少人力支出的动机。实际上，几乎所有规模可观的公司都在考虑如何将人工智能整合到自己的业务中。毕马威的数据显示，2017年，全球对人工智能和机器学习领域的风险投资翻了一番，从上一年的60亿美元增至120亿美元。[①]

如果从历史趋势来看，那么其中很大一部分投资将改变公司需要的技能类型。2017年，牛津大学的一项研究登上了新闻头条。该研究指出，在未来的20年里，美国47%的工作将面临自动化的“风险”。麦肯锡在同年12月发布的一份报告中称，全球约有一半的工作已经可以利用现有技术实现“技术上的自动化”了。据估计，到2030年，也就是10年后，将有多达3.75亿名工人不得不转向新的职业。[②] 其他研究人员和智库对人工智能扰乱工作的看法更为细致入微，在某些情况下得出了不同的结论。我们参与的伯克利工作和智能工具及系统（WITS）项目的工作组探讨了人类如何在智能工具时代塑造世界和工作场所。跨学科合作主要从任务的视角看待人工智能对工作带来的技术性改变。另一项德国研究表明，智能技术不会导致大规模失业，但会对某些工作的任务构成和就业产生结构性影响。其影响对制造业是负面的，对服务业可能是正面的，而且对男性的影响可能大于女

---

① “Venture Pulse Q4 2017,” KPMG Enterprise report (Jan. 16, 2018).

② “Jobs lost, jobs gained: Workforce transitions in a time of automation,” McKinsey & Company (December 2017).

性。[1]一些智库和咨询公司的看法更为乐观。例如，埃森哲 2018 年 1 月发布的一份报告显示，企业如果积极投资最先进的人机协作，那么到了 2022 年，其营收将大幅提高 38%，员工规模将扩大 10%。

最终，问题不在于工作是否会改变，工人是否会被取代——许多时候就是会如此。这甚至不需要超级智能就会实现。我们在 2018 年已经看到的狭义智能体的发展将会使更多的工作自动化。问题是，这些转变将会以多快的速度发生，我们能否跟上它们的步伐（特别是在教育和劳动力培训方面），以及我们能否发挥想象力，看到这些变化将带来什么样的新机遇。不过，我们总是有事可做。正如奥莱利媒体公司的创始人兼首席执行官蒂姆·奥莱利（Tim O’Reilly）在他的视频《我们为什么永远不会失业》中所说的那样，我们的办法总比困难多。[2]但是，适应新的工作性质需要发挥想象力并做好准备。卢德分子是正确的，工业化威胁着他们的生活和福祉，因为他们没有足够的想象力去看到最初的破坏之外的东西。大多数公司只看到他们眼前的，以及智能机器能做得更好、更节省成本的工作，但他们不会看到未来工作需要的技能，比如人机合作经理、数据侦探、首席信用官，或 Cognizant 咨询公司在 2018 年的报告中提出的其他 18 个“未来

① Researchers studying in this vein include: Carl Frey and Michael Osborne (Oxford University); Wolfgang Dauth, Sebastian Findeisen, Jens Südekum, and Nicole Wössner (Institute for Employment IAB); and David Autor (MIT).

② https://www.oreilly.com/ideas/why-well-never-run-out-of-jobs-ai-2016.

工作”。[1]

然而，即使有大量资源的支持，想象也只能止步于此。如果美国企业只需要现金来让自己和未来的美国劳动力做好准备，那么它们早在 2017 年初就会使用它们拥有的 1.8 万亿美元的现金储备了。[2] 企业有充足的战略依据来维持如此巨大的流动性，这使它们能够对市场动荡做出快速反应，并为新产品和服务的研发提供动力。然而，要对未来工作、收入和学习这些新概念进行投资，需要它们长期关注全球和本国经济的需求。在短期股东利益的驱使下，很少有公司有足够的动力去想象一个尚未被定义的未来。

政策制定者可以选择一条更明智的道路，旨在提高企业的生产率和竞争力，同时让劳动力为第四次工业革命做好准备。首先，他们可以在清洁能源、技术设计和 3D 制造等领域建立激励机制，鼓励公私合作，促进企业对未来防御性工作的研发和培训进行投资。各国政府可以考虑采取类似的激励措施，投资民用和商业基础设施，包括创新的交通解决方案以及为发展新经济重振老制造业中心。他们还可以将同样的激励逻辑应用到经济适用房的投资上，这样，旧金山、上海、柏林、孟买等全球经济热点地区可以吸引更多有识之士。

不幸的是，从目前的形势来看，很少有国家在战略上帮助工

---

① *21 Jobs of the Future*, Cognizant, Nov. 28, 2018.

② *Moody's: US corporate cash pile grows to $1.84 trillion, led by tech sector,* Moody's Investors Service, July 19, 2017.

人完成这样的转型。因此，我们需要培训工人来从事这些工作，其中许多工作所需要的技能或技能组合在当今职场中是闻所未闻的。公私合作关系可以定义未来工作类别的轮廓，构建基于项目学习的线上或线下混合培训模式，并提供学分制的技能提升项目，包含微课程和教育证书。他们可能会推出综合性的企业学徒计划，类似德国的宝马和大众等公司在本土开发再引入美国的那种。技能背景较弱的工人可以通过参加这些项目，快速地提升自己的技能，获得额外的税收抵免，甚至可能获得一项全民基本收入来支持他们的发展。

通过结合企业与劳动力的“救济和再培训”项目，政府可以改变现有的人和技术竞争的思维模式，并打造能够适应未来的工作，以实现更高的综合生产力，从而使自己成为高科技未来的开拓者，帮助人类释放潜力。但即使在当今职场结构中，认知科技也可能帮助企业提高生产率，并通过对我们动机和意图的深刻了解，为员工带来更大的回报。它甚至可能让我们的潜意识为我们工作。例如，由沃伊切赫·厄齐梅克领导的波兰初创企业One2Tribe，通过一个人工智能平台来帮助客户激励员工，该平台分析员工的个性，然后提供奖励，以鼓励销售或提升电话客服水平。该公司综合运用了心理学和计算机科学的专业知识，但最重要的见解之一来自简单的反复试验。厄齐梅克说，除非员工可以选择加入或退出，否则他们会反对以这种私密的个人方式来推动行为的系统。因此，One2Tribe 要求客户只在自愿的基础上使用该系统。他说，通过奖励，通常会有约 60% 的符合条件的员工参与进来。

厄齐梅克解释说，这个平台的运作方式很像电子游戏中的流动模型，小心地把握挑战和奖励之间的平衡。但它更进一步，平台的心理学专家测试了从实时反应到实际大脑功能的所有指标，这样他们就能更好地理解挑战与奖励的关系，找出对每个人最有效的方法，然后动态调整它。他说，挑战和奖励之间的时机安排尤为关键。一名员工可能在一个更大的周目标奖励下能达到更好的结果。而另一名员工可能会在每天获得更小的奖励时取得更好的效果。该系统通常会分发一种虚拟货币，员工可以用它交换其他物品。“我们开发人工智能是为了平衡目标和需求，”厄齐梅克说，“我们会考虑个人的技能、性格特征，然后试图创造一个相应的激励场景。”

当然，One2Tribe 对员工行为微妙和深刻的影响自然会引发人们对操纵行为的担忧。一开始，这个平台运作得很糟糕，直到厄齐梅克和同事意识到，使用这个系统必须是员工的自愿选择。但即使是在自愿的基础上，也需要有保障措施来确保公司不会在没有制衡约束的情况下部署类似的人工智能系统。我们的未来不需要外部激励和游戏化的奖励来把我们耍得团团转，或者更糟的是，把我们当作毫无成就感和目标、只会机械生产的机器。个人、社会和整个地球需要我们从内而外去思考什么是正确的，而不仅仅是看表面的对错。

然而，我们还需要认识到，普通员工也将在制定保障措施方面发挥关键作用。一家试图改变员工心态的公司不会创造出一个吸引优秀人才的理想工作场所。Glassdoor 已经成为员工评价和评估工作场的首选网站，企业也大肆宣传自己在《财富》杂志评选的“100 家最适合工作的公司”中的排名，这些并不是没有原因的。但毫无疑问，当我们校准不同类型的员工激励时，我们将会经历许多与员工相关的人工智能系统的错位。无论有意还是无意，公司都有可能在某些方面越界。

负责任的组织会希望跟踪绩效并识别有可能发生滥用情况的领域。进步的企业会让它尽可能透明。这可以从劳工和雇主之间的非正式合作开始，双方可以共同为影响员工行为的制度制定规则。这可能类似于德国现有的情况，劳资双方共同努力，指导机器人和员工培训项目的部署。最终可能会由一个专业组织（如 IEEE）为与员工相关的人工智能平台颁发认证，或由内部和行业特定的劳工审查委员会对此类系统进行审计。无论如何，企业和政府都需要考虑道德和职业行为准则，以解决根本问题，尤其是在受短期季度业绩和与之相关的股票期权计划驱动的经济体中。或许，当我们为这场正在展开的认知革命做准备时，我们可以评估是否应该在计算绩效薪酬时，将利益相关者的道德规范纳入其中。

医疗保健与人类福祉

对许多人来说，对于我们的动机和心态的微妙引导似乎有点儿过于私密了，即使是在有限的环境和自愿选择的基础上也是如此。人工智能在我们的身心健康护理中的使用可能会显得更有侵略性，这也是迄今为止人类医生仍然在大部分医疗相关体系中占据着核心地位的原因之一。人工智能在医疗保健领域的力量在于，认知机器可以以比人脑更快、更准确的方式处理海量的数据流，并且识别复杂的模式。如今，图像识别系统的表现已在许多放射性测试中超过了人类专家的表现。IBM 的沃森机器人能在一周内处理大量的癌症研究文献，然后在下一周学习几乎所有可能的治疗技术，这已远远超出了人类的集体能力。将这类认知机器与训练有素的医生和其他人工智能系统相结合（例如可以理解大量药物疗效及其副作用的认知网络），便可以将医疗保健和人类福祉提升到前所未有的水平。

然而，所有这些工作仍然是人类医生、护士和医学实验室专业人员的核心职责。他们将科学含义、社会情感结构和病人的心态结合起来，用和谐有效的方式提供医疗服务。"我们仍然需要放射科医生来解读这些结果和发现。"美国得克萨斯大学奥斯汀分校戴尔医学院院长克莱·约翰斯顿说，"但是，今天放射科医生花费的绝大多数时间都将被机器取代。"美国南加州大学计算机科学教授乔纳森·格拉奇指出，同样的，智能机器可能最终通过面部或语音识别算法来识别情绪，但要准确解读人类的目标和议程比许多研究人员想象的要困难得多。当前的大多数方法都假定，识别表面程度的情绪表达，如声调或面部表情，就足以理解一个主体的精神状态。然而，格拉奇表示，系统需要在上下情境中解读这些表面线索，因为人们通常会隐藏或掩饰他们的表情。

如果一个扑克玩家微笑，这并不能说明他或她的精神状态。如果是在拿到一张新牌之后露出的微笑，这可能更多地暗示了他或她的想法，或者这一切都可能是精心设计的骗局的一部分。这是一个错综复杂的问题。

机器也不能真正体会到移情，而这也许是成功的医患关系中最重要的一点。人工智能可能会模拟同理心，有时这足以让病人进行更加开诚布公的回应，尤其是在心理治疗方面。但归根结底，医患关系依赖于相互信任的关系，病人会诚实地阐述他们的病症，而医生将会在诊断和治疗中保持最高的服务标准。这种相互信任体现了数百万年人类进化的共同经验。一位好医生知道，疼痛、无知和尴尬可能会让病人对症状的描述出现较大的偏差。大多数病人需要医生知晓这些人类共同的弱点，了解它们，并且知道如何循循善诱，找到核心问题。这种共同的人类体验可以建立更深层次的人与人之间的理解，这也是基于发现不同群体的共同模式的狭义人工智能所无法企及的。

然而，通过识别不同群体中更为复杂微妙的模式，人工智能系统可以发现人类医生、放射科医生和其他医疗专家无法发现的问题。将这种深入的客观分析与人类的同理心结合起来，可以为我们的健康和福祉带来更深刻的见解。但是，要让理想变为现实，首先要让人工智能系统被医疗专业人员接受并投入使用。这并非易事。首先，有太多的人为变量会影响我们的健康决策。一个成年人如果有轻度发烧，可能会决定在家里养病，因为我们知道如何对付它。但如果孩子的体温升高了，初为父母的家长可能会跑到急诊室。“情况有无数种被误解的可能，”约翰斯顿说，“我认为计算机需要很长时间，甚至更长的时间，才能掌握人类互动与事实之间的所有细微差别。”

这也可能包括医生本身作为人类自带的偏见和误解。在一个临床环境的工作流程中，一个先进的人工智能系统可能会观察到医生如何对待不同的病人，包括病人对疼痛耐受的不同概念、对他们坚持治疗方案的不同期望。如果安和我（奥拉夫）在柏林会见第一个癌症专家时有这样的平台的话，它可能会意识到，专家终止妊娠的建议是基于他自己的妻子因患乳腺癌而不幸离世的经历。这种背景可能使他相信，必须要果断而迅速地采取行动，而不是考虑一种风险更大的替代方案。

这样的平台需要多年的创新，但医生们可能需要数年时间，才能将当今新兴的人工智能技术完全融入他们的日常工作流程。这看似简单，但在复杂且受到严格监管的医疗环境中，医生们表现出极度的沉默，不愿将已经被证明的更好的技术应用到日常生活中。约翰斯顿仍然记得血氧饱和度检测设备问世的情形，那是一种简单的仪器，把它放在手指末端，它就可以测量血液中的含氧量。当时，许多医生说这是不够的。他们说，医生需要做全面的血液气体检测来正确追踪气体，而病人每天只能做一到两次这样的检测。然而，自从氧气监测仪被引进以来，它在拯救病人方面产生了巨大的影响。

约翰斯顿说，这种沉默再正常不过了。就连电子邮件这样简单的技术在医患沟通中都没得到充分的利用。只有当不用某种技术会影响到医生的钱包，或者当一种先进的技术可以融入他们的工作流程中，而不是需要医生反过来适应它时，这种情况才会开始改变。尽管目前人工智能系统在医疗方面已经有很多进展，但我们几乎没有做什么工作来确保这些系统能够为使用它们的医生服务。约翰斯顿和他在戴尔医学院的同事已经试验了一种语言处理系统，在医生与病人交谈的过程中，这种系统不仅可以将语音转换成文本，还能正确地将信息填到标准的保险单或门诊表格中。

其他公司也采取了类似的方法来让机器适应人类，例如一家名为 Aidoc 的以色列初创公司（发音为“aid doc”，即帮助医生，尽管是无意中取了谐音）。“该公司已经进入了正在快速转型的放射成像领域，但它与竞争对手有两点不同之处，”首席执行官埃拉德·瓦拉赫说，“首先，它采取的是综合法，可以识别大范围的各种异常，而不是分析某一个或某一部分的疾病。那些聚焦的方法效果很好，但是它们不具有 Aidoc 的第二个优势，也就是它的结果很容易融入放射医生或临床医生的日常工作中。”瓦拉赫解释说，这一系统并不是用不同的工具来识别不同疾病，而是对各种各样的问题添加危险标记，因此它更容易被整合到日常工作流程中。10 年后，医疗保健环境将会与今天大不相同，也许以色列、欧洲和北美的医生很快就会适应不同的人工智能和其他先进技术。“但现在，要想深入并占领市场，”他说，“我们必须尊重医生的地位，为他们的工作提供附加值。”

网络安全的担忧

近年来，我们目睹了前所未有的网络犯罪和网络恐怖主义浪潮，例如美国国家安全局的震网病毒让伊朗的一架铀离心机过热，致使该核工厂陷入瘫痪，塔吉特公司和 Equifax 公司的数百万条个人信息被盗，这些事件几乎已经成为我们生活中司空见惯的事情。在我们准备好应对我们的数字经济和基础设施遭到的重大破坏的同时，我们将在与世界各地的非法个人和组织进行的不透明且不光彩的军备竞赛中寻求安全。

可以肯定的是，人工智能安全的概念涉及几个相关的目标。① 但是，尽管在这场斗争前线的网络安全专家们认为我们可以控制损失，努力减少连锁反应的发生，但黑客往往并且永远会占据上风。网络有如此多的潜在接入点，黑客每次只需发现一个弱点；而公司或个人则需要每时每刻保护所有的接入点。专家说，人工智能驱动的网络安全应用的发展可能会响应更快、覆盖更广，但这绝不是全面有效的。与此同时，不法分子也会进一步增强自己的人工智能黑客技术。

“我们很早就意识到，整个行业都在考虑如何阻止攻击的发生，”以色列网络安全初创公司 Cybereason 的联合创始人约

---

① 人工智能环境下的安全可以指三种不同的东西：（1）用于安全的人工智能，或为解决安全问题而设计的技术，如避碰汽车；（2）网络安全人工智能，或抵抗对抗性妥协、未经授权的变更或控制的技术；（3）从头构建、为避免缺陷和不良后果的安全的人工智能。

西·纳尔表示，“我们意识到，有经验的攻击者总能想方设法进入，而问题的关键就在于我们要在环境中找到他。”Cybereason 负责巡逻网络的“终端”，即人机界面的外部边缘，也就是攻击的入口。通过观察这些边缘，并用机器学习来分析精细到个人和设备层面的使用模式，Cybereason 能够识别出不符合一系列事件或典型行为模式的异常情况，并快速对它们做出反应。监控网络的远端边缘可以提供最全面的使用数据集，但是由此产生的大量信息使得这样的监控变得不切实际，我们还需等待更便宜、更强大的计算能力出现，以帮助机器学习系统处理这一信息洪流。

硅谷初创企业 DataVisor 的联合创始人兼首席技术官俞舫并不认为会有更大更好的防火墙来阻挡黑客。但通过创建一个无人监督学习系统，分析客户网络中数百万次的合法交易，然后利用这些知识来识别异常行为，包括从未见过的攻击类型，公司的技术可以阻止更多的坏人，俞舫解释道。其他系统需要根据训练数据或标签来确定要关注什么，然后它只会寻找这些内容。“黑客会突然发起大规模攻击，因为他们可以同时攻击多个账户，”俞舫解释说，“无监督算法能够检测到新模式的形成，并显示出这组账户在行为方面非常相似，而且与普通用户模式有显著不同。”

黑客可以模仿一个账户或一小组账户，但能搞垮一家公司的大规模欺诈行为会形成自己的模式。识别那些未经训练的攻击，能让 DataVisor 更快地做出反应，并消除可能增加成本、降低网络安全措施有效性的误报。在一个案例研究中，这一系统将全球最大的在线支付平台之一的盗号行为检测率提高了45%，并将其误报率降至0.7%。

然而，令人感到悲哀的是，黑客有太多的选择可以进入网络，无论是数字端还是模拟账户。他们使用简单的人类思维偏差就能做到。总部位于旧金山的网络安全公司Wallarm的首席执行官伊万·诺维科夫（Ivan Novikov）说，考虑到潜在的攻击途径与防御难度之间的不对称性，更大的危机几乎无法避免。公司通常采取两种方法来检测攻击。传统的方法是雇用安全分析师来分析恶意软件或恶意流量的样本，并根据这些样本创建"签名"。这种签名可能包括一段独特的代码或元素组合，可以将这个样本识别为有毒的。当新的攻击来临时，这一过程就会重新开启。

Wallarm使用神经网络来做类似的事情，但它创建的不是签名，而是一份统计配置文件，可以实时开发和部署数据，诺维科夫说。它具有更高的安全性，但考虑到与恶意黑客之间无休止且大部分时候都无法取胜的战斗，他也已经接受了这样一个事实，即我们未来将遇到更糟糕的攻击。"我无法预测它何时以及如何发生，"他说，"但我预计，未来5~10年内会出现一次全球互联网大崩溃。去年，已经有人尝试了僵尸网络。因此，我们将看到大量用户无法使用大量的互联网服务。"

这种破坏如果出现在互联互通的基础设施中，可能会导致更严重的危机。一个中断的电网并不可能通过拨动开关就马上恢复过来。如果大面积停电持续一周或更长时间，那么这将威胁到医院护理、食品供应、安全、供暖和空调，以及其他众多关键系统的维护。空中交通将完全瘫痪，道路交通将堵成一团。虽然没有人能通过最小化危险来获益，但我们不应该忘记我们可以得到的好处。DARPA 最初的互联网版本建立了一个自然弹性通信基础设施，即使某一部分网络遭受攻击，它仍然能幸存下来，并自动将流量重新转移至另一个部分。每一台连接到它的电脑都可以作为一个节点运行，如果有一百万台电脑被感染，那么其他几百万台电脑就会填补上空缺。

研究人员也已经开始研发防御性的人工智能。当恶意软件进入我们最重要的网络节点时，这种系统可以中和它们。也就是说，互联网和基础设施所面临的威胁促使我们作为个人，在生活的数字化和制度层面上制造冗余，将我们的资产和重要的生活功能分散到更广泛的个人网络领域。我们不应该袖手旁观，而是应该着手准备，让自己的个人基础设施更有弹性。已经有许多人这样做了，也许出于其他原因，他们在自己的家里添加了太阳能电池板和雨水收集系统。我们可能需要为自己的数字生活准备同样的后备方案，当“木马”出现时，我们会触发断路开关，然后再根据备份重建各种连接。

例如，每个智能家庭应该都安装一个“模拟岛模式”，它可以切断所有的数字连接，在不中断任何关键功能的情况下，将家庭模式无缝切换为安全的操作模式。它可以保护家人的生命，保护关键的硬件，如睡眠呼吸暂停器、婴儿监视器、冰箱和家庭警报。这种安全开关也可以保护范围更大的电网，在它遭受攻击时帮助人们平衡电力负荷，避免发生代价高昂的停电。电网运营商与许多依赖安全电力供应的家庭、商业场所和工厂之间的交流与合作，可能有助于控制或更快地从无论是由杂草丛生的植被还是恶意攻击所引起的停电中恢复过来。

明天会更美好

在过去10年的大部分时间里，以色列企业家亚龙·塞加尔（Yaron Segal）都在寻找一种更好的方法来帮助他的儿子。他儿子患有家族性自主神经失调症。这是一种使人衰弱的综合征，会影响控制无意识行为，比如消化、呼吸和流泪的神经细胞。作为一名父亲和科学家，塞加尔感到他有必要去发现儿子所患疾病的根本原因。这一研究引导他学习其他患有脑部损伤和神经系统疾病的案例，这些疾病与自主神经系统疾病具有相同的基本特性。发现这些问题之后，他开始想办法减少这些问题的影响。就这样，总部位于以色列的初创公司BrainQ诞生了。

首席执行官约塔姆·德雷克斯勒（Yotam Drechsler）说，世界上数以亿计的人饱受神经疾病之苦，且它的治疗成本不断攀升，主要是物理治疗费用和生活成本。德雷克斯勒说，目前许多的治疗方法都治标不治本，它们只能解决手臂或腿的部分瘫痪问题，而不是解决源自大脑或脊椎本身的损伤或限制的问题。由于初创团队由传统科学家和数据科学家组成，他们以一种全新的视角看待这个问题，将先进的机器学习方法和工具与科学理论结合起来，尤其是赫布理论，该理论声称：同时被激发的细胞连接在一起。

该公司以一种新颖的方式将赫布理论付诸实践，希望能在受损或受限的大脑中重新建立神经连接。“我们为什么不直接对大脑进行物理治疗呢？”德雷克斯勒说，“我们相信，大脑中一定有特定的模式与每一个动作关联。一旦我们识别出它们，我们的目标就是用一个基于低电磁场的非植入性设备来模仿它们，实现神经的可塑性。我们学会用先进的人工智能工具来模仿‘激发’模式，以促进‘连接’。”虽然神经科学家可以理解特定的精神网络是如何控制某些身体功能的，但用传统技术来精确衡量激活率几乎是不可能的。BrainQ 开发了一种机器学习算法，据称它能清晰地显示干扰频率。该公司称其拥有目前世界上最大的脑电图（EEG）运动任务数据库，用于脑机接口（BCI）应用。“激活率并不是什么新发现，”他解释说，“问题是，人们多年来一直在研究它，却没有太多发现，因为信噪比是如此之低。数据噪声非常大，因此需要像 BrainQ 这样的复杂工具来解释它。”

这些信号被隔离后，该公司用一个看起来像发廊的电吹风的线圈，以合适的频率提供低强度信号，重新激活神经，希望以此重新建立神经线路。该公司的一段视频显示，无法移动后肢的下身瘫痪的小老鼠会用前肢拖着它的后腿。经过一个月的治疗，测试显示受损组织建立了部分连接，小老鼠在移动它的后腿，尽管速度很慢。到了第 58 天，老鼠爬上了盒子，它的后肢恢复了正常的功能。这种疗法使用的是低强度的能量，因此不会产生任何已知的身体风险，而且可以治疗各种脑部疾病。BrainQ 在以色列进行了一些有限的人体试验，已经出现了一些积极的结果。在作者撰写本书时，该公司开始在美国寻找机会。它是否可以帮助全世界每年 25 万 ~50 万名饱受脊髓损伤之苦的患者？[①]

开发人员、科学家和研究人员正在利用人工智能解决人类世界中和地球上最复杂的一些挑战。其中一些公司，如 BrainQ，正在使用这些强大的人工智能系统来设计曾经不可能实现的治疗方法，探索解决已知挑战的新途径。其他人，比如国吉康雄，正在寻求对智力和学习本身更深层次的理解。国吉康雄先生是东京大学智能系统和信息实验室主任，他和同事们试验复杂的神经网络和机器人，希望能开发出能力更强的智能体。他们也在学习更多关于人类发展的知识。

国吉康雄先生开发了一个机器人胎儿，那是一个可以完整模拟人类身体和神经系统的机器人。这个极其精确的模型甚至漂浮在一个充满液体的“子宫”里。它在这个“子宫”里会自发地摆动和移动。通过传感器和神经网络，机器人胎儿开始了解自己和周围的环境。因此，他解释说，如果它的肢体相互接触，机器人就会识别并了解这种物理关系。“这也会反过来改变输出，”他说道，“随着胎儿不断学习，它会随动作的变化而改变它的行为和输入。如果这种情况继续下去，那么我们可以称之为自发的发展。”

它仍处于发展和理解的早期阶段。目前的系统仍然非常小，只有几百万个神经元。但是没有人知道，什么程度的复杂性会触

---

① *Spinal cord injury fact sheet*, World Health Organization, Nov. 19, 2013.

发类似自我反省这样的人类能力。这需要大量的计算能力和进一步研究，但是国吉康雄确信，神经和身体之间的关系，认知计算机和机器人之间的关系，对于理解这些属性是如何以及何时发展是必不可少的。“我坚信，对于人工智能的未来，拟人性是非常重要的，”他说，“类人思维建立在类人身体和类人环境的基础之上，而最初的轨迹是非常重要的。”

什里亚·娜拉帕提（Shreya Nallapati）可能不会选择跟随国吉康雄，深入研究前沿的人工智能领域，但她显然在做一些对我们的幸福十分重要的事情。在我们与她交谈之前，她已经在科罗拉多高中读了书，想着去那里上大学，在计算机科学和网络安全方面继续追求她的兴趣。然后，在 2018 年 2 月 14 日，19 岁的尼古拉斯·科鲁兹在佛罗里达州帕克兰的玛乔丽·斯通曼·道格拉斯高中枪杀了 17 名同班同学。就像之前的大规模枪击事件一样，这一事件再次引发了关于枪支管制的争论，它同时引发了一场新的更大规模的运动—— 一场由受害者同学发起的运动，这场运动很快就蔓延到了全国各地的高中生和年轻人群体中。受到“# 再也不要发生”（#NeverAgain）运动的发起人埃玛·冈萨雷斯的启发，娜拉帕提发起了“再也不要之技术”(#NeverAgainTech)运动，提倡运用机器学习、自然语言处理和其他人工智能技术，找出大规模枪击事件的根源，并希望在未来阻止此类事件的发生。

在“埃米·珀勒的聪明女孩”、福布斯等组织和 Splunk 等一些硅谷公司的支持下，娜拉帕提和她的伙伴们开始整理导致大规模枪击事件的各种因素。她们研究了各种各样的数据，将这些数据分为五大类：枪手的精神疾病，他们的社会经济地位和社会或家庭背景，他们的动机，使用的枪支，以及该州关于枪支的相关政策。娜拉帕提说，这支娘子军的目标就是提出一种坚固不破、证据充分的论点来支持国家或州对枪支管理的政策，希望这些政策能够克服根深蒂固的政治观点，并将业内人士、学生和政策制定者聚集在一起。她说："最后，我们意识到，虽然我们不能主动阻止下一次枪击事件，但我们可以尽力找出这些活动的潜在热点区域，为一个非常复杂和情绪化的问题提供一些线索。"

只要一提到人工智能，人们就会开始焦虑，担心这些微妙而强大技术被用来伤害人类。然而，这些人工智能系统仍然只是工具，如果我们将它用好，世界将变得更加美好。我们需要在各个机构、政府和世界数字巨头之间实现权力平衡。我们需要支持现有的机构，以确保电力、水力和数据的安全流动。我们需要保持信任和以人为本的价值观。

塞加尔、德雷克斯勒、国吉康雄、娜拉帕提以及世界各地成千上万的志同道合的人已经在应对这些挑战。每个人最终能否成功，对整个世界来说可能无足轻重，但他们对人工智能的愿景所体现的关怀和热情，将对人类的未来产生深远的影响。

第七章

2035 年的生活和爱情：一个科幻故事的结局

康纳（前男友）

康纳重新整了整犁，停下来检查了马具。骡子们已经干了一整天了，现在它们排好队，朝着远处暮色渐浓的桦树和枫树交错的丛林慢慢地走去。虽然它们已经很累，但当他靠近它们时，骡子们的耳朵竖起来了，康纳像往常一样感到了完成工作的冲动。于是，他用皮手套的背面擦了擦额头，欣赏了一会儿骡子们排成一线的步履，然后退到了犁的后面。

“你为什么不能放手？”

那声音在他的脑海中回响。愤怒与渴望交织在一起，这让他感到反胃。这是阿娃的声音，他最近经常听到它。起初，前女友的声音会激怒他，让他陷入疯狂的工作中。社区里的人也不清楚是什么惹恼了他，但他们都能看出来他在什么时候发火了。在一年多的时间里，康纳在社区规则下尽可能地少做事，但现在，康纳突然开始在下午的时候检查每天的任务清单。到目前为止，其他的兄弟姐妹都知道，除非每一份工作完成妥当，否则他不会停下来，他停不下来。每当他发高烧的时候，他们就会放松下来，任其发展下去。

这种情况最近没有那么频繁了。康纳仍然像其他人一样努力工作，但没有像之前那样疯狂了。即使是现在，当他鼓励自己的马儿与骡子走成一排时，他也会不针对任何人地说一句口头禅："你为什么要同意去做一件事，又不把它做对？"但他一说完就叹了口气，又陷入了自己的思绪，回想起他和阿娃同住的公寓。他喃喃自语，声音大到刚好能让她知道有什么东西惹恼了他：你为什么不把鞋子放在该放的壁橱里呢？这从来都不是什么大事，到哪天它变成大事了，就已经太晚了。

"你为什么就不能放手呢？"当康纳在去为利奥守夜的路上提起这件事时，阿娃这样说道。他们对朋友的自杀有着截然不同的反应。阿娃认为，这是一种更加诚实的自我表达。而康纳则认为，这是普遍使用个人人工智能助手的最糟糕的结果。他认为，人工智能助手加重了利奥对自己性取向的抑郁。他想：利奥没有自杀，是助手杀了他。当他们坐车前去悼念利奥时，康纳情不自禁，痛苦地问道："你真的认为那该死的东西对你有什么好处吗？"

现在他站在犁的后面回想起那些场景，厌恶感又回来了。当阿娃的助手第一次提到，阿娃的生物特征和行为证据暗示她是双性恋时，康纳一笑了之。当阿娃开始更多地思考这个问题时，康纳认为这是她在吹毛求疵。当司机把他们送到目的地时，两人开始对对方大喊大叫。“你为什么就不能放手呢？”她又问了一遍。正是在那个可怕的夜晚，在那条人行道上，他决定离开。

他最终到了这里，加拿大阿尔伯塔省一排笔直的耕地的尽头。在这里，反人工智能的人文知识主义与阿米什人的节俭主义相结合，产生了这样一支人类社群。康纳一开始对公社嗤之以鼻，认为它太极端了，他们为了防止人工智技术的渗透而切断了与外界的一切联系，甚至切断了电力和电话。但他总是对这个想法很感兴趣。当这个想法充斥了他的大脑时，他向阿娃推荐了它。社区现在已经放松了管制，允许使用特定设备，但仍然仅限数字通信，这让整个转变更加容易接受，至少在康纳看来是这样。

在守夜第二天，阿娃去上班后，他就离开了。来到加拿大时，他已经将智能助手重置为“保镖机器人模式”，只有在他生病的母亲和患有自闭症但能自理的哥哥试图联系他时，它才会发出提醒。出于健康原因，他保留了医疗和生物物理输出功能，可以测量他的手势和软件使用的细微差别，尽管他知道只有在他到镇上去的少数情况下，助手才能上传数据，而且机器将传送比他真正想要分享的更多的信息。然后，他开始说服自己，这才是唯一真正的、个人的、“真实”的生活方式。

在最初的一年里，他很少离开这个社区。他和一个小伙子合住了几个月，那位小伙子帮他适应新环境。在这个过程中，他慢慢盖起了自己的小木屋。接下来的几个月里，他接待了一位新的来访者，虽然最初他们发生了冲突，但最终双方还是建立了信任。

正是这个人说服他重新使用智能助手的治疗机器人功能，康纳对他那位临时室友的容忍度后来有所提高，这也并非巧合。当康纳终于把自己的永久小屋建好时，他搬了进去，开始享受社区的日常生活。他开始为自己的暴躁脾气道歉，但似乎每个人都对他的暴躁脾气一笑了之，然后嘲笑康纳在非常激动的时候会做多少工作。

不过，今晚不会发生这样的事了。黄昏的余晖落在翻耕过的田野上，昆虫的嗡嗡声汇成一首交响乐，仿佛在奏响生命的乐章。剩下的工作，也许是半个上午的工作量，就要等到明天了。这次，他会放手的，他对自己说，又咯咯地笑了笑，感到精神焕发。他离开犁，让马重新回到饲料槽和水槽；他看了看表，意识到他有足够的时间洗个澡，还能赶上社区晚餐的尾声。

他冲了个凉水澡，冲到一半的时候就改变了主意，突然想要明天一早进城去，他上周错过了与哥哥的联系。他觉得要骑 21 英里上坡的山路的话，休息一下会比较好。所以，今天他没有选择参加打牌和聊天，而是在事项板上记下了他耕地的进度，然后回去睡觉了。

第二天，像往常一样，他的智能助手在他骑车时启动了，在离城镇约两英里的地方，那句“欢迎回来，康纳，有一段时间没见了！”总是能把他从有节奏的踏板冥想状态中拉回来，但这永远不足以让他想把踏板换成别的东西。外部世界还有一些部分是他渴望与之产生虚拟联系的。当他沿着最后半英里来到市郊时，他的助手会给他关于世界新闻的最新消息，以及关于他的母亲或哥哥的最新琐碎细节。康纳逛了几家商店，把他的背包装满了食物，还为其他兄弟姐妹带了一些指定物品，然后去酒吧享受他最喜欢的消遣：一块奶油牛排、一瓶啤酒和一块奶酪蛋糕。

“康纳！”当康纳进门的时候，服务员叫了他一声。于是康纳大步走过去，给了他一个熊抱。他们互相寒暄时，康纳总感觉有人在房间对面盯着他看。这家伙穿着不太合身，他那昂贵的黑色皮裤和那件粗斜棉布夹克看起来太干净太平整了。该死的，当托尼照例为他点单时，康纳心想，这家伙看起来真眼熟。这时，他正朝他们走来。

“托尼，”康纳说，他忽然想起来了，“他是弗拉基米尔，这家伙是我大学时最要好的朋友之一。天啊，弗拉德，你在这里干什么呢？”康纳最后一次见他时，弗拉德在旧金山的一个非营利组织里从事程序员工作。他们俩都笑了，跳了起来，给了彼此一个深深的拥抱。

“你哥哥说，我会在这里找到你的，”弗拉基米尔说，“几年前，你就从地球上消失了。”

“嗯，这就说来话长了。”康纳一边说着，一边拿起啤酒，朝桌子点了点头，弗拉基米尔的双橡木波旁威士忌正在那里等着他。

几块牛排下肚，啤酒喝到了第三瓶，时间差不多过去了两个小时。康纳一直在向弗拉基米尔倾诉自己与阿娃已经结束了，言语中交织着痛苦和绝望。他的身体提醒他，他已经不再像以前那样能喝了，可能需要清醒一下，但他已经喝得精神恍惚。他告诉弗拉基米尔，阿娃的智能助手建议她和康纳放慢节奏，然后他们决定继续下去。但这之后，他们的感觉就不一样了。情况越来越糟，经历了守夜以后，他已经受够了。他只是无法放手。

当弗拉基米尔告诉他阿娃的近况时，他的脑子更加混乱了。阿娃最近在与埃米莉见面，她是一位比较有名的保守派专家。“右翼分子是吗？意料之中。也许我们也需要人工智能来把她们分开，对大家都好。”把话说出来的感觉很好，但这话一说出口，康纳就后悔了。当看到弗拉基米尔微微一笑，然后迅速转移话题时，他更加担心了。

“看，我得走了，伙计，”康纳说，“信不信由你，我得让骡子把地犁完。”

弗拉基米尔笑了，康纳也不由自主地笑了起来。大家都对两个人过去 15 年的生活发生的荒谬改变感到兴奋。他们再次互相拥抱，弗拉基米尔买了单，康纳也向托尼挥手告别。他跳上自行车向西北方向转弯，然后重新回到他的新世界。

“对不起，康纳，”他的智能助手说，“我有几件事要提醒你。我可以继续吗？”康纳同意了，助手接着说：“第一，你的生命体征和生物特征读数看起来很好。更加整洁的生活和清洁的饮食正在改善你的健康。第二，你没有给你哥哥打电话。我现在可以尝试联系他，但他似乎正在接受治疗。我们得等待 90 分钟，或者再试一次。”

康纳说：“给他留一条信息，告诉他我很好，我会过几天再联系他，如果他有急事可以联系我。哦对了，告诉他我见到了弗拉基米尔。他们两个一直关系很好。”

“搞定，”机器人回答说，“还有一件事。利奥去世已经三年了，阿娃正准备举办一场纪念活动。”

康纳在前轮飞出之前停下了车。他注意到智能助手在对他的治疗谈话中很爱刨根问底。它询问了很多关于他过去生活的事情，问他为什么看老照片，并想知道为什么康纳可能会更多地想起阿娃——就像他前一天耕作时想的那样。

他不发一言地骑了几分钟，沉浸在被邀请的消息中。

“她给你发了份请柬，”助手说，“我想你应该听听。需要我继续吗？”

康纳从自行车的座上立起来，奋力地向前面陡峭的斜坡骑了上去。

朱尔斯和加布里埃尔（母亲和父亲）

她闻到了一丝女儿身上淡淡的香水味，这一定是午餐时她们拥抱的时候，香水擦到了她的外套上，朱尔斯又笑了起来。阿娃的智能助手给她推荐了一款她从未用过的玫瑰香水，从那以后，她再也不用其他香水了。她就此跟阿娃开了一会儿玩笑，但女儿和她一样，被这个想法逗乐了，最后她们俩都笑了。“这很适合她。”朱尔斯对一只拴在外面的金毛猎犬说。她俯下身，在狗耳朵后面轻轻抓了一下，然后转身向市中心走去。

她查了查手机，看到几条她丈夫加布里埃尔和另一个女儿薇洛发来的几条短信。虽然如今的通信技术已经可以实现无缝衔接，但她仍然喜欢老式的短信，而且每次坐下来和别人聊天时，她总会关掉手机。她快速翻阅了加布里埃尔的信息，只想确认在哪里会见他们的退休计划师。她又停下来读了薇洛的留言。小女儿还在苦苦思索她事业的下一步该怎么办。虽然一下子收到一堆短信，但也正因为这些短信，朱尔斯意识到她真的需要参加一次他们的"葡萄酒芝士"之夜。她让老助手 Siri 选择下周的几个晚上，然后问问薇洛能否邀请阿娃一起参加。朱尔斯觉得有很多话要和她们说。

她们大概不会喜欢这个主意吧，她想。当她看到加布里埃尔在办公室外面等着时，她感到更加焦虑了。

"午餐怎么样？"他问道，探过身来飞快地吻了她一下。

"太好了！ 阿娃向你问好。她让我告诉你，那双鞋真的是反人类。"

加布里埃尔爆发出一阵大笑，然后假装愤怒。上周，他和阿娃一起购物时，不顾阿娃的极力劝阻买下了那双蓝色的绒面鞋。他情不自禁地陶醉在猫王的传奇故事中，就在人行道上撅起嘴唇，哼唱着《温柔地爱我》。他总是知道如何让朱尔斯开心。他陪着她经历了被确诊为乳腺癌，遇上第一位可怕的肿瘤学家，又在几个月后不可思议地迎来了阿娃的出生的一系列事情。现在，由于关心他们的长期退休和护理计划，他再次缓解了她的焦虑。他们都很紧张，但至少可以抱着乐观的心态考虑这件事。

退休计划师把他们讨论的选项放到了嵌在墙上的面板上。他知道不能用全息投影技术，在他们第一次见面时，朱尔斯就被全息投影技术弄得心烦意乱。有些客户喜欢 3D 渲染以及四处走动，体验护理环境，或者与模拟护理机器人互动。朱尔斯并不喜欢这些。所以，他带来了 HomeCare 3T 机器人的视频，这是大多数 70 岁以上老人的常规选择。薇洛一提这个建议，加布里埃尔就非常喜欢：这样他们待在家里的时间可以更长，更有安全感，还有一点被陪伴的感觉。“有点儿像家里多了个孙子！”他在感恩节晚餐后开了个玩笑，嘲笑两个女儿异样的眼神。

不过，他们都知道，朱尔斯不喜欢这样。她渴望人类的陪伴，尽管多年来她与薇洛的企业家朋友们开发的人工智能和机器人有着令人惊讶的自然互动，但这永远替代不了人类的互动。如今 65 岁的她，在经历了一辈子的医生、检查和你所能想象到的每一次医疗保健技术的更新迭代之后，想要一个有血有肉的人来交流，来依靠。此外，这个 HomeCare 3T 机器人从未达到它宣传的效果。过去 10 年的贸易战限制了美国对机器人的投资，中国、特别是日本的护理机器人的能力已经远远超出了 HomeCare 机器人的能力。

退休顾问注意到了朱尔斯脸上的尴尬神情，开始播放下一段视频。新场景展现的是一个山间的湖泊，一条盘山的原始公路蜿蜒而过，挺拔葱郁的竹子在微风中轻轻摇曳。一对银发夫妇手挽手慢悠悠地走着，一路有说有笑。视频最后是一个特写镜头，老太太俯下身，将头靠在老伴的肩膀上，两人都心满意足地望着远方。“太完美了！我们就要这个！”加布里埃尔一边说，一边大笑起来。

“是的，这段视频很多地方都很棒，”这位顾问笑着说，“全息图能让你更好地理解它，我可以通过屏幕带你看看这些设施。”

这就是它要解决的问题：有些人负担不起美国高昂的医疗费用。自从保险公司开始坚持使用更加便宜、更加初级的机器人伴侣，而且拒绝报销其他费用后，人类护理对大多数人来说成了一种承受不起的奢侈品。自那之后，大部分退休人士的选择少之又少。他们尽可能长时间地照顾自己，希望在生命的最后时刻，能够负担得起时间较短的人类护理费用。他们可以满足于普通的 HomeCare 3T 计划，即一直待在家里。或者，他们可以加入正在兴起的“退休旅游”热潮，前往中国、德国或其他少数几个国家，这些国家能在坚持以人为本的同时控制成本。这些医疗天堂很早就投资了高质量的机器人，它们可以帮助提升那些从国外移民而来的专业护理人员的技能水平。

这位顾问在屏幕上展示了中国的护理设施。他告诉朱尔斯和加布里埃尔，工作人员看起来不像中国人，因为他们确实不是中国人。尽管中国人口众多，但中国企业仍然无法招募到足够多的国内员工。因此，这一行业招募并培训了来自“一带一路”沿线国家的数千名护理人员，这就像 10 年前大量叙利亚和伊拉克的工人涌入德国一样。这位顾问还说，这个机构还提供了半退休计划，年轻的居民可以陪伴和照顾他人，这既可以填补一些空缺，还可以赚点儿钱来抵消成本。“他们有一个非常好的系统来匹配同伴，”这位顾问说，“我有几位客户都对它赞不绝口。我可以帮你联系他们中的一位。”

朱尔斯挺喜欢这个主意，她知道阿娃和薇洛会喜欢的，算法可以帮助他们平稳地过渡。但她也知道孩子们宁愿他们待在家里。薇洛经常去中国，阿娃可能会考虑搬到欧洲去。但这就够了吗？

不管怎样，朱尔斯知道他们没有太多的选择，但那天下午，当她和加布里埃尔回到家的时候，她很感恩，因为她知道大多数人甚至都没有这样的选择。阿娃给他们每人发了一张全息图，说自己感觉好多了，并感谢朱尔斯与她共进午餐。他们在离家几个街区的一家咖啡馆里坐下来喝了杯葡萄酒，点了一块巧克力蛋糕，稍微放松了一下。当天晚些时候，他们决定将选择范围缩小到一开始期待的二者之一：中国或德国。

“那么，‘你好’，还是‘Guten Tag’[①]？”加布里埃尔问。

朱尔斯咯咯地笑了。只需要从A和B两个选项中做出选择，这让她松了口气。她知道自己更喜欢哪一个，也认为加布里埃尔应该与她的想法一样。但她同样感到了一种兴奋和怀疑交织的双重感觉。她能应付的。

薇洛（妹妹）

薇洛一直是个科学神童，连续四年在初中的科学展上获奖，其中一次是在她五年级的时候，她说服老师让她参加一个机器学习程序，这个程序帮助她的同学成功与七年级的老师配对。没有

① 德语的“你好”。——译者注

人会想到，她八年级的科学项目最终会成为她开创性的环保模型的核心，但众人也不会对此感到惊讶。

然而，进行纯科学研究的问题在于它没有回报。薇洛开发了缪尔模型，以她最喜欢的国家公园命名。她发布了模型的代码和白皮书，解释了这个系统的灵感来源，并对关于该系统可能进行的新研究方向做了一些初步说明。有了这些，她下定决心，不能再向父母借钱了。她找了一些她咨询过的研究生帮忙，很快就加入了一个投资基金公司，该基金公司需要一个人工智能平台，以帮助它平衡全球投资者群体的政治和文化的敏感性与更高的回报。"如果我能通过投资合适的公司来帮助它们提高价值，谁会关心我是不是在推销自己。"她对自己说，也对她的姐姐和男朋友这样说。阿娃对此心存疑虑，但她可以看出，她妹妹已经下定了决心。

不到两年，就连薇洛也开始有所顾虑。事实证明，这个先进的平台比她预想得还要成功，但随着他们不断试探边界，局面变得越来越清晰：尽管该公司对可持续投资很感兴趣，但利润对它来说仍然是第一位的。美国监管机构两次提出对代码进行审查，都被公司援引颁布了10年之久的《算法商业机密法》拒绝了。中国和欧洲从上到下都要求提供代码，所以该公司甚至没有在这两个市场注册。薇洛觉得要是它注册过就好了，这并没有别的原因，只是她希望有人确认一下这个平台是否走得太远了。

"你就是想让每个人都知道你的代码有多棒。"她的丈夫打趣道。薇洛不能完全否认这一点。她很自豪地看到，这个平台能从相关数据集的任何组合中，巧妙地梳理出各种见解。她已经开始在家里对她的缪尔模型修修补补，想办法把一些相同的技术应用到这个模型中，但她知道，只要她泄露一行代码，基金公司就会把她告上法庭。她已经获得了所有想要的物质财富，但现在，她希望自己可以轻松回到学术界，就像她当年轻松跳到商业界一样。她的丈夫在求婚之前，从上海搬到了旧金山，担任加州大学伯克利分校的计算机科学系主任。这是一个很有声望的职位，甚至连他的公司和中国政府都帮助他顺利过渡。但是，当她站在他们怀俄明州的小木屋里，凝视着落地窗外那棵盘根错节的黄松时，薇洛的脑海里一片空白，她什么也看不见，只看见她理想道路上的障碍。

她盯着树和山看了一会儿，然后把虚拟现实视频发给了母亲。她总是喜欢把家当作一个世外桃源。最近，她开始在那里花更多的时间，研究可以做些什么。她扩展了自己的投资项目，私下里摸索着如何利用人工智能技术来超越现有的传感器系统，并从不同的自然过程中学习。森林是如何解决污染的？海洋如何应对石油泄漏？这与这家投资公司提出的问题并没有太大区别——到底是什么让人类和机器决定在动荡的市场中购买一只股票？追求利润的动机遵循了人工智能旧有的简化主义倾向，将复杂问题归结为一小组关键变量，而且这效果非常好。但是薇洛总是充满好奇心，不想简单地只要一个“好”。她想利用人工智能来拥抱和享受复杂的世界，有序地化解、处理和改善生活中的混乱状况。

当薇洛去基金公司工作时，她母亲毫不掩饰自己的不满。现在，当她坐在怀俄明州的桌前，她仍然希望她对环境的热情能够安抚母亲。薇洛的智能助手响了，她点了点头。“阿娃要和你妈妈一起吃午饭。她与医生的预约已经结束，她似乎有点儿苦恼。你要我帮您接通她的电话吗？”

“不，我晚点再打，”薇洛回答道，“但是，让阿娃的智能助手在午饭后找时间放点戴夫·布鲁贝克的歌。她会喜欢的。”她摆摆手，不再理会系统的后续询问，然后走下楼去。她需要出去徒步旅行来清理一下头脑。

她回来的时候，天几乎已经黑了，房间已经切换到了夜晚模式。从外面看，暮色随着寒意从山上慢慢降临，但他们的屋子显得温馨暖人。她走进厨房，开始把剩下的菜放在炉子上炖着，这时她的智能助手响了，并为她接通了阿娃的电话。在平静的徒步旅行之后，这突然的响声让薇洛震了一下，但她能听到阿娃声音中的急迫：“我和爸爸谈过了。我想他们要搬到德国去。”薇洛呆住了。她知道爸爸妈妈在考虑搬到国外去，但她总是认为他们会想办法待在家里，即使这意味着放下他们的自尊，让女儿们参与进来。

“他们不能去德国，阿娃，”她说道，“这样我们就几乎看不到他们了。”

阿娃无奈地叹了口气。他们以前就谈过这个问题，但是他们的想法一点儿也没有改变。爸爸妈妈绝对应该待在家里。如果他们不待在家里，那么薇洛和阿娃对他们应该去哪里有着不同的想法。但她们还是可以解决这个问题的。“阿娃，告诉你一件事，”薇洛说，“如果我告诉他们，我辞职了，要去研究自然复杂性的理论，你觉得他们会改变主意吗？我可能会带走我的一些代码，即使我会被起诉。”

短暂的停顿之后：“真的吗？你确定要这么做吗？他们可能……”

埃米莉和阿娃（女朋友和主角）

她下定决心再听一遍，尽力确保自己没有表现出被这条信息影响了。“厚脸皮，该死的恐龙皮伪装。”她告诉自己，然后她告诉智能助手播放这条信息。

“我对你了解很多，埃米莉，”智能助手播放的声音说道，“我知道你不相信你自己在节目上说的话。我知道你在和别的女人约会。我知道你对她的前男友做了什么。我也知道，你不知道我接下来要做什么。”

“就这些。没有号码，什么也没有。”埃米莉尽可能自信地说。

她之前曾报告过有电话威胁者。有时她的经理们会支持她，有时只是含糊地说些“坚持到底”之类的话。她通常视若无睹，然后回到家向阿娃诉苦。她们俩可能会一起为此苦恼一两天，然后就都过去了。但是这一次不同，这次更加私密，并且与阿娃有直接联系。在她的观众中，怎么会有人知道阿娃呢？连她的老板都不知道阿娃。

NewsHive的安全平台对大数据和语音数据进行了快速扫描，马上标记了这条信息，并通知了当地警方和联邦当局。埃米莉注意到，当老板看到安全系统关于FBI的提示时，脸上有多惊讶。她已经接受了这一天终将到来的事实，但不是像现在这样。她只是认为它可能会泄露出去，或者一些争议会说服公司或黑客更深入地挖掘她的数据，并开始建立联系。对来电者的调查将直接指向阿娃。一个极右、保守、笃信圣经的权威人士，实际上是一个住在旧金山的中立偏左派的女同性恋者？是啊，谁都不会喜欢这样的。

在接下来混乱的几个月里，埃米莉几乎要崩溃了。在公司，她的经理坚称他们并不在意，希望她继续工作，至少到合同期满。他们可以开始创建一个新的虚拟角色，以备不时之需，但他们希望埃米莉亲自把工作移交给继任者。她越来越倾向于阴谋论，用数据来支持她的论点，尽管这些数据早就被揭穿，但她的追随者仍然相信这是可信的。

在家里，阿娃觉得埃米莉越来越疏远她，她开始担心埃米莉是否开始相信她在节目中说出来的废话。阿娃现在几乎每天都要面对她。她们的关系应用程序过去只是协调日历，但现在管理着更多的个人互动，它让她们不断陷入争执之中，敦促阿娃把事情公开化，并促使埃米莉将工作和家庭生活分开。调查进行了7个月后，当阿娃提出办一个派对来纪念利奥，并说她想邀请康纳时，矛盾彻底爆发了。

“一定是康纳干的，”埃米莉气愤地说，“你难道看不出来这正是他想要的吗？他想让我们吵得不可开交。他希望再次回到你的生活中。”她夺门而出，阿娃听到她在下楼梯的时候滑倒了。埃米莉在从前门走到大街的路上一直怒气冲冲。当天晚上，她没有回来，第二天早上，阿娃向她们共同的朋友网络发出了警报，试图尽量让它显得随意，不要引起太多的关注。

“你到底去哪儿了？”当埃米莉走进来时，她问道。

“我去见了几个人，”埃米莉说，“你不会想知道他们是谁。”

阿娃非常清楚不该再追问，埃米莉永远也不会透露这些联系人。埃米莉洗完澡后，她们喝着解百纳，试着搞清楚到底怎么回事，这一切为什么发生得这么快。她们就这样静静地坐着，坐了将近一个小时。终于，阿娃打破了沉默，她让智能助手打开灯，然后看着埃米莉。“不是康纳干的，”她说，“他离开我的时候真的很痛苦，但从来没有针对过你。”

“我知道，”埃米莉说，她的下巴绷得很紧，“这些都没有任何意义，所以我的人侵入了我们所有的共享系统，想看看能否找到任何的蛛丝马迹。结果就是，一小段恶意代码将我们的几个智能助手开放给了一个虚拟数据流。有人在监视我们所有的信息，并输入假数据。我们的应用程序在识别异常方面做得很好，但是这个家伙非常厉害，非常难以被察觉。不过最终，你的保镖机器人开始向不同的地方发送一些假数据流，看看它是否能识别攻击者。有人想把我们分开，但这个人不是康纳。”

埃米莉开始浑身发抖。阿娃满眼泪水，她不知道这是否会让情况变好。“它被修好了吗？”她问道。

埃米莉说：“是的，我在联系人中设置了一个陷阱，终于把它清除了，并把所有的资料都交给调查人员了。FBI 早已有了你的数据，他们已经追踪这个家伙几个月了。前段时间，他们的代码取证团队获得了一些关于他的线索，然后他们的人工身份识别团队开始追踪他的数字足迹。很明显，他喜欢喝伍德福德的波本威士忌，他们用这个信息追踪到他在加拿大的一个小镇。他们预测到了他的入境地点，并将他当场逮捕了。他是俄罗斯人，但是在美国读的高中。”

第二天，在阿娃下班后爬山回家时，回忆使她感到双腿发软。几年前，康纳在一个派对上将她介绍给了一位俄罗斯的老同学。她环顾四周，发现没有人注意到她摔倒了。她的大脑飞速运转。直觉告诉她，康纳肯定不会这么做，但她还是要知道。她拿出智能助手，告诉保镖机器人自己的回忆。

“我知道你们的联系，”它像往常一样用康纳的声音回复道，这听起来让阿娃很不舒服，“我们正在调查两人最近的一次会面。你必须清楚，康纳这么做的可能性虽然很低，但仍然存在。”

阿娃回到家，径直走到柜台，拿起那半瓶解百纳。她躺在沙发上，思绪慢慢开始平静，调查人员已经实施了逮捕，这一切结束了。“谁知道我会和埃米莉怎么样，”她想，“但不管怎样，我都要从康纳本人那里听到回答。”她把康纳加入纪念故友利奥的邀请名单中。关于这个决定，有些事情是肯定的，阿娃把头靠在沙发的扶手上。

灯光自动暗了下来，扬声器里传来海浪拍打海滩的声音。当锁“咔哒”一声打开时，她已经睡着了。埃米莉回家了。

第八章

一个值得塑造的世界

1215年1月的一个早晨，又湿又冷，这对英格兰国王约翰来说并不那么好过。他刚从法国回来，被战争拖累得疲惫不堪、经济拮据，现在又不得不面对后院那群愤怒的男爵。这些男爵想要终结他那套不受欢迎的“强权”的统治。因此，为了安抚他们并保住王位，国王和大主教在伦敦召集了25名反叛贵族，共同协商制定一份自由宪章。这部宪章会赋予各方一系列的权力，对国王的自由裁量权进行制衡。

那年冬天，会议开启了一个艰难的谈判过程，充满了紧张和对权力与道德权威的争夺。但是，到那年6月，各方敲定了一项协议。它提高了贵族在王室决策中的透明度和代表权，限制了税收和封建支付，甚至为农奴确立了一些有限的权利。这就是著名的《大宪章》。虽然它不完美，充满了特殊的利益条款，并与其他较小的宪章冲突，但它确立了世界上最早的人权原则之一。

《大宪章》还需要300多年的时间和多次迭代，才能成为财产权、公平税收、司法程序和政府最高法律的参考文件。几个世纪以来，这份具有争议性的文件在法律上一直受到挑战，尽管如此，它还是引发了一场关于在英国境外加强民主治理的对话。当殖民者到达北美海岸时，他们为殖民地制定了自己的宪章，并最终通过了《宪法》和《权利法案》，这使得《大宪章》中的理想得以实现，无论贵贱贫富，每个公民都享有他们应有的权利。

今天，我们很少把《大宪章》看作一个具有约束力的法典范例，而是更多地把它看作人类朝着权力与受权力支配者之间的平等关系迈进的分水岭。它也标志着历史上一个难以驾驭的时期的开始，这一过渡时期包括不同大陆和大洋之间的人员流动，新的政治结构的出现，以及在日益互联的世界中发展中国家之间可能出现的许多致命冲突。它为权力之间的对话奠定了基础，最终导致了启蒙运动、文艺复兴和宪政民主，而宪政民主是几个世纪以来人们用流血和冲突换来的。尽管它确实导致了一些错误，但也可以公平地说，至少对西方国家来说，它为制度、政治和政府监管框架提供了肥沃的土壤，这些最终促进了贸易和投资的经济增长，并通过欧洲和美洲大陆社会力量之间的辩证关系推动着人类和文明的进步。

当我们把更多的判断和决策委托给人工智能系统时，我们面临的一些关于价值观、权力和信任的问题，与几个世纪前约翰国王和他的贵族们讨价还价的问题如出一辙。不同权力阶层和收入阶层的人类将如何参与并实现代表作用？我们应该让强大的智能系统优先解决哪些社会问题？我们将如何管理这个由机器精英统治的勇敢新世界，让人工智能反映社会的价值观和利益，并为人类世界中最困难的问题找到答案？此外，我们将如何平衡世界各地不同社会之间相互冲突的价值观、政治制度和文化规范？

这些问题已经远远超出了科技和经济的范畴。认知计算机系统现在几乎影响了世界上大多数最大的工业化国家中人民生活的方方面面，而且正迅速渗透到发展中经济体。然而，我们不能把“妖怪”放回瓶子里，也不应该尝试这么做。正如我们在本书中反复提到的，人工智能及其相关的先进技术可以让我们的生活变得更美好，引领人类进入成长和发展的新领域。人类的进化正在迎来爆发式的发展机遇，这不同于我们过去千年经历过的任何事情。然而，爆发式发展和革命性变化都是混乱的、模糊的、充满道德风险的。我们需要利用人工智能系统为人类和经济增长带来的巨大潜力，但要做到这一点，我们需要考虑认知系统（就像生活中数以万计的细菌和病毒）会给我们的大脑和社会带来什么样的连锁反应。因此，当我们将新的应用程序投入市场时，我们还需要落实保障良好基础设施的关键要素，包括尊重多样性的社会文化规范的数字化，适当的传感器和数据搜集技术，以及规范开发和部署的治理机构、政策和法律。

由于认知系统渗透到生活的各个领域，所以这些结构不能由技术、商业或政府专家独自构建，也不能在不了解各种人工智能应用及其潜力的宽泛政策中加以规定。我们需要一系列历史学、人类学、社会学和心理学方面的专业知识，以多样化的视角思考不同群体的价值体系，以及这些先进技术将对他们产生什么影响。我们需要弄清楚哪些应用引发了哪些问题，如果想要发挥它们的潜力，那么我们就不能过度或过少地限制它们。最重要的是，我们需要确保听到最广泛的声音，尊重人们的价值观，这样人工智能才能为全人类的共同利益服务。

为了实现这一目标，我们已经提出并开始制定一份现代的数字版的《全球人工智能经济大宪章》，这是一份兼容并蓄、集体制定的宪章，其中包含了指导人工智能相关技术发展的目标和责任，为人机共存的未来奠定了基础。通过整合经济、社会和政治背景，这份宪章将开始塑造集体价值观、权力关系和信任度。作为这个共享世界中的人类，我们对控制人工智能系统的人类和组织充满了期待。

我们将需要一份充满活力的宪章，它具有足够的可塑性，能够适应人工智能可能带来的不可避免的破坏。它应该建立一个全球治理协会，具有相互认可的核查和执行能力。我们将其命名为“寒武纪大联盟”，以表明人类成长机会的大爆发可能类似于地球历史上寒武纪时期的生命大爆发。大联盟应包括公共部门、民营部门、非政府组织和学术机构，它们的共同目标是基于共同商定的准则支持赋予人类权力。它应该鼓励提高透明度和可解释性，从而增进人类和机器智能之间的信任和平等。它应该促进一种更强大的共生智能关系，增强人类的力量和潜力，而不仅仅是提高机器的效率。

无论如何，使用人工智能及其同类技术既可能促成巨大的进步，也可能造成可怕的后果。如果没有宪章或国家组织来规定和监督它，那么我们不仅可能无法减轻其对人类安全的严重威胁，也可能错过一个前所未有的发展人类、促进理解的机会。

继续发展丰富的现有倡议网络

有些时候，想法比时代超前，但也有时候，创新跟不上时代的发展。泽普·霍赫赖特（Sepp Hochreiter）已经看到了这两种困局。霍赫赖特是奥地利林茨大学林茨生物信息研究所的负责人，他在人工智能领域因发明 LSTM（长短期记忆网络）而闻名。这个过程可以让人工智能系统记住某些信息，而不需要存储它所消耗的每一个比特和字节的数据。当霍赫赖特和尤尔根·施米德胡贝试图在 20 世纪 90 年代中期发表这一观点时，没有人对此感兴趣。一些会议甚至拒绝了这一研究报告。现在，LSTM 几乎使所有类型的深度神经网络都变得更加有效，为可行的自动驾驶提供了平台，并使得语音处理程序的效率大大提高。

霍赫赖特说，虽然这个观点一开始无人问津，但他将自己的技能应用到了生物信息学的深层数据需求中，他在那个领域可以做很多事情。现在，他正在推动医药研究领域的突破。对于任何新药，我们都必须权衡其潜在的有效性和副作用。当今药物的构成极其复杂，有毒元素通常潜伏在分子结构最不起眼的角落和缝隙中。霍赫赖特和同事开发了一款人工智能模型，它可以识别出许多这样的有毒亚结构。然而，它并不局限于识别已知的毒素，而是开始发现新的、可能会产生类似不良影响的结构，这些亚结构往往更小，且以前并不被制药研究人员所知。霍赫赖特说：“我有一个神经网络，它对你所使用的化学物质更为了解。它不会退休，只会夜以继日地工作。它也不会离开你的公司，只会一直待在那里。但你必须将数据转化为可以用来做决定的知识。我是否要使用这种化合物？你必须先将数据转化为知识，然后根据知识来做出决策。”

我们可以从霍赫赖特的发现中振作精神，这不仅是因为治疗疾病的强大新药的未来很乐观，也是因为将历史知识与对未来的看法融合起来很有价值。幸运的是，我们可以从一些先驱者身上汲取关于人工智能管理的灵感。令人振奋的是，商业、专业和学术领域中涌现出一些新的治理倡议和组织。然而，很少有组织可以将这些不同的利益有机结合在一起。还没有一种全面的方式可以促进各方达成广泛有效的全球“宪章”。约翰·C. 黑文斯和制定 IEEE《人工智能设计的伦理准则》的委员会，可能已经代表了最全面的全球意见，因为他们从世界各地的开发人员、伦理学家和其他跨学科的人工智能专家那里广泛征求意见。该文件将有助于为 IEEE 成员建立人工智能开发的技术标准。它对其他领域的影响还有待观察。

其他一些人，比如耶鲁大学讲师、黑斯廷斯中心高级顾问温德尔·瓦拉赫提出了传播这种思想的方法，并考虑在更广的范围内建立一个治理结构，将由政府、民营企业和公民社会机构组成的“治理协调委员会”纳入其中。[①] 世界上的一些数字巨头也在展望潜在的结果，思考如何做好准备。人工智能合作组织（Partnership on AI）或许是企业界最广为人知的关于人工智能的组织，苹果、亚马逊、脸书、谷歌、微软和IBM，以及美国公民自由联盟、国际特赦组织等都是其成员。该组织也与OpenAI合作。后者是一家非营利性的人工智能研究公司，最初由埃隆·马斯克和彼得·蒂尔等人赞助成立，旨在寻找通往安全人工智能发展的道路。事实上，许多商业部门的巨大努力都是通过基金会或非政府组织的架构来运作的，经常需要多个学科学者的参与，并需要保持与政策制定者的联系。

专于学术研究的机构也可以将商业利益和政治利益结合在一起，但它们很少能共同构建真正的治理架构。在英国，一些世界著名的思想家们聚集在剑桥的生存风险中心和人类未来研究所。这两个机构都希望制定相关战略和协议，为先进技术创造一个安全有益的未来。剑桥大学利文休姆未来智能中心精心打造了一种中心辐射模式，通过组建一支由顶尖人才组成的团队，引领全球努力，并建立与政策制定者和技术人员的联系。斯坦福大学已经开展了一项名为AI100的百年研究，旨在研究并预测这些技术在生活各个方面不断引起的高级连锁反应。

国际组织和准国家组织也纷纷加入了这场游戏。联合国区域

---

① Wendell Wallach, and Gary Marchant, “An Agile Ethical/Legal Model for the International and National Governance of AI and Robotics,” Association for the Advancement of Artificial Intelligence (2018).

间犯罪和司法研究所成立了人工智能和机器人技术中心。2016年下半年，世界经济论坛在旧金山成立了“第四次工业革命中心”，希望打造一个值得信赖的平台，集聚政界、商界及社会其他部门的利益相关方，共同协作，探索设计有利于先进科技有益发展的政策规范和伙伴关系。2018年，世界经济论坛在日本开设了第二个中心，希望协助制定一些以人为本的可靠治理标准，并期待获得各国拥护。世界经济论坛也将利用其号召力来推广这些标准，并计划在更多国家建立新的中心。世界经济论坛还成立了人工智能和机器人全球未来理事会，这个理事会汇集了来自世界各地的政府、企业和学术界领袖，为该中心的人工智能和机器人技术制定路线图，并共同探讨这些技术的全球治理架构。

世界经济论坛将该中心设定为一个“实干派智库”，运行一些务实的试点项目来看效果，而不是提出一些无法付诸实践的抽象理论，该中心的全球人工智能主管凯·弗思-巴特费尔德这样说。这些项目是其与合作政府、企业、民间组织和学术机构共同创建的，目的是让那些合作政府能够试点这些政策，然后再进行推广实施。该中心的人工智能团队已经开始尝试各种技术治理的新方法。其中一个项目建立了一个资源库，教授和其他教师可以上传他们在人工智能和计算机科学课程中教授的关于道德和价值观的课程。这些资源将被共享给世界各地的其他教师，从而让老师们结合本地的情况和文化习俗因地制宜、因材施教。这一倡议可以在发展全球最佳实践的同时，兼顾世界的多元化。

他们还支持一个由该中心的无人机团队创建的引人注目的实

地项目，这个团队与卢旺达政府合作，非常了不起。这一项目在非洲使用医用无人机，帮助当地建立自主飞行标准，几个月以来已有其他几个国家采用了这一标准。卢旺达的农村妇女在分娩时面临着严重的风险，如果出现大出血，医务人员无法及时将血液输送至偏远地区。因此，他们开始使用无人机将血液快速配送至有需要的诊所。截至 2018 年 5 月，来自硅谷的 Zipline 公司已在卢旺达全国用 5 000 多架无人机配送了 7 000 单位血液。[①] 然而，卢旺达航空当局最终还是反对在国家空域不受管制地使用无人机。因此，各方人士走到了一起，与世界经济论坛中心共同制定了世界上首部基于性能的无人机交通监管法规。无人机运营商必须满足一定的安全和运营标准，航空监管机构也将对国家空域内无人机的使用负责。这可能会使卢旺达的空域向各种各样的创新者和创意敞开大门。监管机构可以指定某些安全标准，但他们也会批准合格的无人机执行任务。“目前，我在无人机团队中的同事已经收到了其他国家的请求，它们希望用这种模式来帮助实现无人机送货的商业化。”弗思-巴特费尔德说。

包容才能有效

所有这些举措都在提升全球对人工智能价值、权力和信任的认知。然而，我们认为，目前的每项举措都至少有三个不完美之

① Sarah Salinas, “The Most Important Delivery Breakthrough Since Amazon Prime,” CNBC, May 22, 2018.

处。首先，许多行动都是自上而下的，或者是由技术精英、社会精英或政治精英所推动的。无论初衷有多好，一个小而强大的小群体只能引导我们到一定程度，而人工智能已经开始渗透到我们生活的方方面面，且通常是以非常私密和身份塑造的方式影响我们的。如果我们吸取前车之鉴，那么这应该是一场齐心协力的运动，远离世界历史上那些最黑暗的“赢者通吃”的权力掠夺。为了全人类的共同利益，我们需要付出艰苦努力，制定一份被广泛接受的“宪章”。要更好地完成这项工作，我们可以借鉴世界经济论坛的模式，或者可以考虑其他不相关的领域，比如可以引入一些非政府组织，它们虽然与技术毫不相关，但对人类生活模式和人类情况有着全面而深刻的了解。

其次，没有一个论坛获得了明确的授权，可以评估和促进人工智能对社会经济地位低下阶层的社会影响。我们可能会开发新方法，利用先进的技术，让更多的公民参与决策过程。那么，我们能否在这场认知能力的游戏中，让他们发出声音，来共同决定我们应该在哪些领域加大投入？

再次，迄今为止，西方代表和西方思维模式似乎主导了几乎所有的领导组织。人工智能跨越了地理界限和社会阶层。因此，我们需要一份新的“宪章”，代表社会各个阶层的不同利益——无论是技术、哲学、神学、社会经济，还是商业、文化等领域。那些技术主流之外的声音，比如南美洲和非洲农民的声音，也应该被听到。正如卢旺达无人机案例所表明的那样，这些地区是新的经济增长中心，适合当地环境和文化的创新将从中涌现出来，这些地区的价值体系可以为全球方法提供参考。

要解决以上三个问题，每个国家的政府都应该思考并明确说明它对即将到来的变革所持的立场，以及人民应该如何引导它。在人类发展中如此重要的关键时刻，我们不能听天由命，只有观点明确的人才能对共同的未来愿景做出有意义的贡献。这并不需要有严格的先后顺序，因为一个多方利益相关的论坛可以表明国家的立场。但随着国家立场开始形成，我们可以开始进行现代数字化宪章的国际协调和谈判。各国甚至可能会任命人工智能大使，他们可以直接与国家领导人联系，并且相互之间能快速沟通，从而在应对快速变化的问题和情况时做出及时反应。（其实，这样的网络甚至可能包括一些重要的民营部门代表，如脸书和其他大型平台上的通用用户协议已经代表了它们自己的一种准国家社会契约。）大使们能够并且应当带来各种利益和能力，包括传统的产业技能、商业利益、社会和人道主义关切，以及计算机科学专业知识。他们可以为全球数字发展贡献本国的特长，以帮助协调、解决全球社会最混乱地区的问题。在理想的情况下，一份被广泛采纳、共同执行的协议将概述指导这些努力的原则。该协议以正式文件的形式存在，并由一个支持组织在必要时进行协调、监控和执行。

作为第一要务，大联盟需要具有智库的功能，能够进行诊断和优先级排序。工作人员可以据此跟踪分析人工智能的全球发展情况，评估其对社会体系的影响，并在公开大会上安排专题讨论。为了实现这一目标，大联盟将在人工智能部署的优先领域进行案例研究，确定存在的问题和二级社会效应，以及各个案例参与者的激励方案。这可以避免过于泛泛而谈的对话，避免聚焦于一些模糊的概念性术语，而不采取具体行动或负起责任。（这个世界最不需要的就是没有方案或不采取行动的无休止的讨论，但我们也需要避免过度行动和过度干预，这可能扼杀创新，阻碍更多的技术突破。）

这听起来可能与已经存在的全球治理组织类似，如联合国、国际电信联盟、世界贸易组织和国际货币基金组织等机构。然而，它有着实质性的不同。为了将诚信合作嵌入商业主导、广泛存在于我们生活中的事物中，我们需要让民营部门代表直接参与进来并授予他们权力，比如创造未来世界的社会企业家、人工智能发展滞后的国家政府，以及在社会生活不同领域代表弱势群体或无声群体的非政府组织。不论是布雷顿森林体系，还是管理域名和IP 地址的 ICANN（互联网名称与数字地址分配机构），这些独立的非政府组织都还没有合适的切实可行的全方位计划或能力来处理这些庞大复杂的社会科技体系所涉及的人类学、法律、伦理、政治、经济等各方面的问题。

不过，正如特里·克雷默在世界信息电信会议上的经历所表明的那样，这是一个难以把握的平衡（见本书第五章）。克雷默说，会议负责人希望制定一套全球公认的互联网规则，但他关闭了许多讨论的大门，这些讨论本来可能会达成一致的意见。他说，各国政府在主要议题上达成一致已十分艰难，如果各方无法就构建怎样的未来形成相互的理解，那么要达成协议更是难上加难。当尘埃落定，美国和其他 55 个少数派国家都选择不签署会议条约。

当然，许多其他协议也成了政治愿望的牺牲品，遭到长期忽视。从应对气候变化的《巴黎协定》到《伊朗核问题协议》，从英国脱欧到美国威胁退出《北美自由贸易协议》，现在各种跨国条约变得越来越难以维持。在当前的新局势下，人们的期望落空，信任受损，民粹主义或孤立主义言论有所抬头。人们对未来经济和政治关系的焦虑和愤怒将成为星星之火，越来越多的世界人口感到全球经济被一小群势力强大的精英所劫持，其他所有人都无法插手或发出声音。

一个兼容并包、尊重各方、自下而上的方法可能有助于恢复信任，并让我们的协议有望避免落入与许多其他全球协议同样的命运。但这同样面临着巨大的障碍——来自世界上许多国家。诚然，政府代表是不可或缺的，但政府本身缺乏灵活性和相关的专业知识来推动有益的和负责任的创新。民营部门和民间社会人士的共同参与能对科学社会发展的重要细节给予更多的关注，因为他们的工作就处在科技前沿。各方都是平衡中的一环。避免过度监管并突破创新天花板的唯一办法，就是邀请民营和民间部门参与进来。反过来，建立有效权威的唯一途径就是让政府部门参与其中。

通过已有的小规模政府互动建立一个联盟，并以此为基础进行拓展或许是可行的。这样一方面可以获得精英决策者和企业实体的支持，另一方面也可以让其他不那么强大但同样重要的利益相关者参与讨论。英国在人工智能发展方面有着强大的商业和学术影响力，它对欧盟的数据管制法规持怀疑态度，更接近于美国的做法。而对于德国、法国、比利时，以及从某种程度上说，加拿大和一些北欧国家，它们的哲学理念更为一致。对主要关注人类至上、人道主义和民主的人们来说，这些国家与梵蒂冈形成的新兴联盟展现出一条更有希望的前进道路。美国或英国是否会加入它们的行列，这个脆弱的联盟能否聚集足够的全球影响力来说服其他民主国家甚至非民主国家，这些疑问还有待观察。已经清楚的是，世界各国对人类和机器的角色仍然存在着不同的政治和哲学观点。

当所有这些国家的政府都与大型跨国公司和其他有实力的实体联合起来制定一项有效的规则时，它们也应与全球各基金会、非政府组织、教育和科技组织以及小企业代表通力合作，让广泛的重要利益相关者参与其中，否则它们可能永远无法在谈判桌上获得一席之地。事实上，大部分的工作都可以由一些全球基金会来领导。因为这些组织已经广泛地开展了人类发展的项目，对全球社会有着深入的洞察力，它们可以利用可观的捐赠资金投资计算能力和其他所需的资源，公正地测试项目，并召集一群积极的利益相关者。

解决方案不会一蹴而就

全球人工智能的环境错综复杂，它严重依赖于价值观，且关系重大，我们该如何取得进展呢？毕竟，即使是与大家同仇敌忾的问题做斗争，我们也往往无法在国际社会中取得最佳效果。OPCW（禁止化学武器组织）已经帮助限制了化学武器的开发和部署，但没有协议是百分百奏效的。如果 OPCW 能够做到，那么国际社会可能就会注意到叙利亚内战中使用化学武器的情况，并成功制止这一行径。如果《核不扩散条约》有完美的历史记录，我们就不会面临当前伊朗和朝鲜核问题的紧张局势。

然而，在人工智能领域，两个关键因素给我们带来了前进的希望。首先，全球形势变幻莫测，世界人民需要应对更加复杂的挑战，新型或实验性的治理形式正在出现。尽管治理网络的性质因环境而异，但总体而言，我们可能会看到网络治理正在脱离传统的指挥控制模式，该模式会强制执行严格统一的规则。相反，更为灵活的新模式开始兴起，它们推动更广泛的参与性访问，适应不断变化的现实情况，并鼓励国家和其他利益相关方打通持续对话的渠道。由于这些新模式促进了广泛参与者之间的持续互动，它们寻求获得一种更有效的合法性形式，并有望监管快速变化和深入普及的人工智能领域。

其次，由于参与者众多，它们之间复杂的相互作用给国内外联盟留下了充足的空间。这些伙伴关系可以防止各国关系进一步激化，并为找到解决方案提供更有创造性的空间。政府、民营机构和非政府组织代表可以确定优先事项，发展精英团队支持它们，将关键问题作为滩头阵地，即使未能获得全球认可，起码可以为某些价值观和目标建立一个立足点。例如，在就业方面，人们可能会想到工会结成联盟共同保护成员；机器人公司担心遭到强烈反对；国家政党关注的是选票；国际劳工组织支持工人权利；大学培养适应未来工作的学生；公司希望保持高效优质的劳动力。这样的集群将有助于形成一套着眼全局、基于设计思维的方法，从而找到新的解决方案，而僵化的政治立场只会阻碍这种解决方案的形成。

这些模型仍然对问责和执行提出了疑问。幸运的是，由于参与性制度依赖于分享最佳实践、开发切实可行的综合解决方案，它们不需要由一成不变的强硬谈判立场和庞大僵化的利益集团来维持。如果某个大国或大公司退出了，其他国家或公司会来填补空缺，尽管这只会在退出者付出代价的前提下才会起作用，无论是地缘政治关系还是全球市场地位上的代价。一个现成的例子就是联合国全球契约组织，这是一个自愿参与的企业责任组织，已有来自 145 个国家和地区的约 12 000 家公司和其他机构加入其中。该组织的成员都承诺遵守关于人权、劳工、反腐败和环境方面的十项原则。关于成员责任问题的批评仍然不绝于耳，但该组织已经开始着手解决其中一些问题。其中一项就是努力邀请受到伤害或削弱的公民社会团体代表加入，向违规者提出挑战，公开讨论需要哪些必要的变革。该倡议还包括一个程序，要求成员报告其进展情况，当成员无法达标时，它可能会遭到公开羞辱。违规者和落后者可能会被报告给拥有强大权力的国家机构，无论是法院还是监管机构，都可以对它们的违法行为进行正式的审计和惩罚。

这并不是一个无懈可击的解决方案。因为在当今世界上，中国、美国、欧洲以及其他国家和地区的政府和公司都对治理和监管抱有截然不同的看法。我们没有放之四海而皆准的解决方案，但即使是确保继续进行谈判对话也是有意义的。与其解决某个单一的问题，相互竞争的利益集团可能会在部分问题上取得进展，并为未来建立更广泛的协议。在全球范围内，人们已经开始关注人工智能的网络安全、自动系统的安全性以及自动化带来的失业问题。尽管各国和各企业之间存在着巨大的政治和经济差异，但大家在这些问题上仍然有许多共同点。共同的协议可以开始形成一个平台，在这个平台上，问责和执行的机制就可以确立。

关于价值观、权力和信任的各种观点

前方的任务可能就像是西西弗斯的大石头，代表着永无止境的苦力。但我们不要忘记，先进的技术会带来社会效益。即使是最弱势的人民也可以并且应该在社会和价值观方面拥有发言权，我们可以利用人工智能技术赋予他们权利。移动电话平台可以搜集并提供关于行为准则及其影响评估的反馈意见，不论是非洲撒哈拉以南地区的农民，还是印度孟买的家庭主妇，抑或美国华尔街的经纪人，都可以快速进行连接。我们希望管理人工智能系统的发展，让它帮助我们实现目标，将数以百万计的数据点综合成一幅关于各种价值观、人类选择和发展潜力的代表图像。当然，这种发展不是一蹴而就的，它首先需要结合各种现有利益。但是，任何成功的全球化倡议都需要一个清晰的计划来搜集最广泛的民众的态度，并有一个机制来整合反馈。

要建立治理机制，我们应该广泛征求各方意见，并仔细思考人工智能的整合将如何影响我们的价值观、权力和信任。

- 在使用人工智能时，我们应如何平衡个人选择与社会利益之间的关系？如果你选择退出人工智能推荐的癌症预防项目，你的保险公司有权知道这件事吗？在知道后，它有权提高保费吗？
- 我们应该如何应对那些决定不使用人工智能的人？如果你拒绝参加一个基于人工智能的视频面试，你有多大的机会得到你梦寐以求的工作、最适合你发挥才能的工作或者任何潜在的工作？
- 人工智能应在多大程度上支持社会政治进程，如选举、舆论形成、教育和育儿？我们如何防止对人工智能的不良应用？如果国家把社交媒体当作战场，你怎么知道什么是真相，谁是真实的，你的选票是否算数？
- 我们如何有效地遏制数据集的腐败和数据集中对个人或群体的潜在歧视？如果网络安全系统不能保护你的数据，那么你的自动驾驶汽车还能继续行驶吗？如果不能，那么警察会公平地对待你吗？
- 政策和准则应该在多大程度上定义人工智能系统对人类和

自然的尊重？如果人工智能能够解决粮食危机或应对气候变化灾难，那么，你会因此改变你的饮食习惯或度假计划吗？

- 在人工智能项目的研究、开发、推广和评估中，我们应该在多大程度上重视社会效益？如果电脑或机器人接手了你的工作，而政府付钱，让你什么都不用做，那么你还会努力保住工作吗？你会找一份新的工作，让生活有目标吗？
- 如何将针对新就业和个人成长机会的员工晋升和培训融入人工智能驱动的自动化生产和工作流程中？如果你的老板给你分配了一个人工智能伙伴，它会不断地让你学习新技巧和经验，变得更加高效，你会选择留下还是离开？
- 如何通过人工智能促进不同利益相关方之间持续且有效的交流？如果你按月给人工智能一定的预算，并告诉它你的喜好，你会放心让它处理你的所有交易吗？
- 什么样的永久性国际机构最能促进关于人工智能的辩论和治理，从而实现人类和经济效益的最大化？如果一组国际组织人士指导了代表你做决定的人工智能体，那么这个团队需要做些什么来确保你对这些系统的信任呢？

当然，无论是智库还是大联盟的机制，都无法同时解决所有这些问题。我们需要关注一些最为重要、迫在眉睫的问题，比如保持安全、保住工作、保证我们对自己的生活方向有发言权。每个议题都需要一位领导者，温德尔·瓦拉赫和加里·马钱特称之为“议题管理者”[①]，他们要在不同的文化中推动这一议题的辩论和解决。毕竟，这些担忧会跨越国家和地区的界线，尤其是欧洲和美洲大陆与俄罗斯、中国等国存在着政治和文化观点上的分歧。召开大会可能可以首先作为一项跨越大西洋的努力，将志同道合的国家聚集在一起，然后引入中国、俄罗斯和其他一些持有不同意见的国家。虽然这不是一些人所期望的，但这可能有助于两个主要地缘政治力量在人工智能发展上取得平衡，这种平衡可能会明确我们的分歧和共性，或许还可以为更具建设性的对话提供一个平台。

我们从过去的治理模式中学到了什么

我们过去的多国条约和治理模式或许不能让我们感到乐观，但它们确实为我们建立一个保护价值、平衡权力、维护信任的机制提供了指导。让所有人都接受一个共同的模式已经足够困难，但事实可能证明，要监控人工智能的发展并实施新的全球医疗标准，将是一场更加艰难的战斗。当我们向国际治理专家和相关从业者询问类似有效条约的例子时，大部分人不约而同地提到了一个协议：《蒙特利尔破坏臭氧层物质管制议定书》(后简称《蒙特利尔议定书》)。他们说，它旨在减少氟氯碳化物的排放，降低对

---

① Wendell Wallach, and Gary E. Marchant, “An Agile Ethical/Legal Model for the International and National Governance of AI and Robotics,” Association for the Advancement of Artificial Intelligence (2018).

臭氧层的损害，是在应对全球问题方面最广为接受、实施最迅速的全球条约。

扬·塔林在花了 4 年时间研究一篇全球合作论文中的这些问题之后，得出了同样的结论。这位 Skype 的联合创始人最近参与创立了生存风险研究中心和生命研究所。他的论文首先关注的是人类在公地悲剧中的经验：当个体都为自身利益而行动时，人们会消耗、破坏或忽视对共享空间或资源的必要维护。他的论文接着探讨了我们有什么可用的技术手段来避免未来发生这种悲剧，以及我们可以用这些工具来做些什么。塔林说："没有一个国家在限制森林砍伐或全球变暖方面竭尽全力。这是人类活动的结果。那么，我们如何超前两步思考呢？"推动人工智能技术进步的商业、政府和经济激励机制并不适用于一般的人工智能治理。塔林说："人工智能的安全问题似乎是一个公地悲剧的问题。"

那么，《蒙特利尔议定书》的效果为什么很好呢？首先，它定义了一个共同的问题：地球大气臭氧层的空洞减少了地球对太阳有害辐射的保护，增加了人类患皮肤癌和其他疾病的可能性。这是任何人都不喜欢看到的，不管人们的政治信仰如何。其次，它用一种实实在在的、容易理解的方式来解决这个被普遍接受的问题，获得了足够的公众支持来应对行业的反对。再次，它制定了包括财政激励在内的各种条款，帮助各国逐步淘汰氟利昂。最后，它也有利器——对于那些拒绝参与的国家采取一定的贸易制裁行动。由于种种原因，这些制裁措施在后来的多国谈判中并没有发挥作用。控制使用化学武器和地雷的全球协议、管理核能使用和追踪小型武器流动的全球协定都有许多相同的性质。然而，它们当中没有一个拥有《蒙特利尔议定书》那样的独特特征，比如制裁或普遍接受一个关键问题，因此也没有一个能像《蒙特利尔议定书》一样成功。

2015 年达成的《巴黎协定》给人们上了一课。参与国再次面临一个共同的问题，发达国家承诺帮助发展中国家进行污染减排投资。然而，随着各国的环境和经济利益产生冲突，全球各地对该协议的政治立场各不相同。已经享受了工业化好处的国家和处于工业化早期阶段的国家之间出现了裂痕，奥巴马总统的气候变化特使托德·斯特恩称之为"防火墙之隔"。[①]不出意料，后一批国家想要享受前一批国家在一个世纪前已经享受过的工业自由。

然而，巴黎的代表们确定，不同于之前的包括 1997 年的《京都议定书》在内的相关协定，任何协议都需要发达国家和发展中国家统一执行。《巴黎协定》还允许各国制定自己的减排战略和目标，只要这些计划支持全球气温上升不超过 2℃的共同愿景。各国还需要在巴黎会谈之前提交各自的减排目标，以接受公众监督。平等对待和公开监督的结合摧毁了"防火墙之隔"，也反映了一些富裕国家在运用私人和公共援助为发展中国家提供补贴的行为。因此，《巴黎协定》实现了之前的协议很少达成的成就：一个自下而上的结构不仅促进了全球承诺，而且通过保持足

① Todd Stern, *Why the Paris Agreement Works*, The Brookings Institution, June 7, 2017.

够的灵活性、允许各国采取不同的方法，有效地解决了焦虑问题。尽管特朗普总统宣布美国将退出该协定，仍有175个国家和地区积极参与其中。

不幸的是，人工智能并不具有那些促成了气候协议的成功要素。除了人工智能对就业的威胁显而易见之外，其他大部分风险都不是立即可见的。很少有人知道认知计算究竟会对他们的生活产生多么深刻的影响。（机器人统治者的反乌托邦故事在这方面几乎没有帮助。从这个意义上说，如果天网不把一个肌肉发达的终结者从未来送过来，那么人工智能又会有多大的威胁呢？）再加上贸易的快速全球化和跨国竞争与合作的不断变化，我们对未来人工智能的指导必须采取不同的形式，并从新旧权威来源的结合中获得合法性。

帕特里克·科特雷尔（Patrick Cottrell）研究各种国际组织的合法性和成功案例（或失败案例），例如国际联盟、国际奥林匹克委员会等。科特雷尔在职业生涯的早期曾从事外交工作，在美国国务院任职，后又回到学术领域。他目前在林菲尔德学院教授政治学。在那里，他撰写了《国际安全制度的演进与合法性》一书。科特雷尔解释说，大多数传统的政府间组织，尤其是联合国，都会通过它们所散发的“象征性力量”而获得很高的信任度。他说：“它们代表着某些普世的原则，比如和平与繁荣将造福全人类。”但这些组织通常诞生在“二战”后一个不同寻常的环境中，往往由主权国家组成，并不一定具备处理21世纪治理挑战的能力。它们的设想通常无法轻易地适应跨国威胁，如难民、恐怖主义、气候变化和网络安全威胁。这些威胁跨越国界，特别是在网络上，它们在一个完全不同的维度运作。

科特雷尔指出，为了应对这些变化，应该有一个跨学科机构开展全球治理工作，探索如何应对这些挑战，尤其是要进行关于“新治理”的学术研究。人工智能未来的普及速度和不确定性要求这些模式必须具备更大的灵活性和更广泛的参与度，并且通常与联合国等现有治理机构分开运作。正如科特雷尔所指出的，这种做法认识到各方广泛参与的重要性，需要大家积极创造新的知识，不断迭代解决问题的方法，因为许多成功都是从不断试错中取得的。他说：“我们无法预见这些事情的结果，或完全无法预料它们的后果。但我们可以从技术、政策和行业的角度来建立一种机制，说明我们应该用什么样的指导方针来管理人工智能的研究、伦理、人工智能应用的双面性。”

正如科特雷尔所说，如果合法性是合作的社会基础，这类治理机构的合法性就将源于它传播的规范和标准的包容性和稳健性。它可能仍然是一个监督机构，但它的标准将与科技的发展和机制的完善共同进步，以此传播最佳实践。如果它不能适应各方，不从广泛的参与者中生成标准，它就无法起作用。科特雷尔指出，尽管如此，与联合国或世界贸易组织等现有全球治理支柱结盟，将有助于提高这一新型人工智能管理机构的可信度。在这一点上，一个寒武纪大联盟可以与现有跨国组织合作，确立共同的价值观，建立共识。各国政府都可基于这些共识开展谈判，从而达成更具包容性的条约。然而，它仍然可以适应各个国家的政府，这些政府管理着各自的国家，也是国内民事诉讼的“看门人”。它还可以容纳整个人工智能网络的各方参与者，这些独立的实体仍然在先进技术治理方面享有共同的利益。只有这样，我们才能确保创新不会被先入为主的恐惧、过于广泛的限制或政府间的争执所扼杀。“联合国全球契约或许是我们如今可以学习的一个例子。”科特雷尔说道。这一自愿倡议要求首席执行官们致力于实现联合国的可持续发展原则。它与政府保持着密切的联系，但它“很明显是由企业成员所组成的，尽管它被设立在联合国内部。这也让这一组织反应更敏捷”。

这种敏捷性并不能使它对各种利益相关者都具有包容性，但它在数字技术领域尤为重要，因为数字技术的性能和规模变化将会非常快。传统的马拉松式的跨国治理将永远无法跟上这种速度。即使是网络化的、基于解决方案的方法也不可能达到同样的速度，但它至少行动足够迅速、灵活，能够在迅速变化的人工智能生态体系中做好监测，负起责任，并不断与时俱进，接受新的使命。计算机科学家可以轮流进出网络的不同部分，包括寒武纪大联盟的智库，在进入时签署承诺和保密协议。毋庸讳言，薪酬将成为一个问题，因为人工智能的人才价值很高。但对于这一挑战，人工智能领域可能会从现有战略中获得一些想法。例如，新加坡的做法是定期轮换公务员，使公共部门及其公民在多个行业学习和分享知识与技能。它仍然需要提供与民营部门相比有竞争力的薪酬来吸引人才，但通过这种方式，它可以最大限度地利用稀缺资源。

民营部门与非政府组织的联盟

勒内·豪格（René Haug）可以说是一位怀疑论者。作为瑞士驻联合国代表团前副团长，豪格认为没有什么证据表明政府之间会很好地合作。在 OPCW 中，它们显然没有好好合作。而在人们看来，这一倡议已经得到了全球民众的广泛支持。“如果可以从 OPCW 中得出任何启示，那就是政府不希望智能技术内部运作的有关信息被讨论和传播。”豪格说道。他现在在北加州经营着一个葡萄园。对商业机密信息实施监视、强制执行和保护的系统部署起来很昂贵，几乎不可能得到广泛采用。政府经常通过漏洞回避监视、执行和保护要求，使保密协议成了一纸空文。豪格承认，就连 OPCW 也难逃这样的命运。例如他说，美国和其他代表团对该组织为其服务器安装强加密软件的必要性提出了质疑，联合国安理会的 5 个常任理事国基本上都要求不受限制地访问这些数据库中的所有信息，包括商业机密信息。各国还可以要求其情报官员在 OPCW 中任职，从而消除了多边组织为民营部门保守机密、维护其竞争力的任何机会。这种对国家利益进行干预的做法被证明是完全错误的。豪格说：“失去了对商业机密的保护，你就失去了民营部门。”

爱德华·劳伦斯（Edward Laurance）是美国加州蒙特雷国际研究院的名誉教授。他说，联合国监控和控制小型武器流动的项目也遇到了类似的挑战。多年来，劳伦斯和他的同行在推动这些项目的过程中，采取了三个具体的步骤，从许多方面模仿了《蒙特利尔议定书》的成功之处。他说，第一步，他们获得了足够的有数据支持的证据（智库功能）来说服国家领导人，小型武器的扩散将给所有的国家，而不仅仅是枪支暴力最严重的国家带来实际的社会和经济问题。劳伦斯说："每个人都开始意识到自己无法置身事外，即使他们并没有参与。"

第二步，工作组制定了关于小型武器贸易的自愿性标准和认证，然后指派核查各国遵守情况的联络人。他们推动缔结条约，该条约求同存异，虽然不能被完全遵守，但至少确立了一套可接受的做法。劳伦斯解释说："我们最终设计了一份双边证书，由武器接收国或购买国签署，上面申明'不能将这些武器出售至国外，或将它们用于本国人民身上'。"这就打造了一个道德边界，并且可以将不遵守规则的国家明确划归为局外人。

第三步，也是障碍最大的一步，与履行这些协议所需要的人才和技能有关。联合国和其他政府人员可能具备缔结条约所需程序的专业知识，但外交官和机构管理人员往往缺乏专业技术来执行该条约。劳伦斯说，对小型武器而言，因为军事专家通晓武器知识，许多国家都得到了他们的帮助，但监督和执行先进技术的相关法规还需要更为专业的技术骨干。为此，私人顾问和专业学者必须参与其中。劳伦斯说："这种多样性很好，不要过分依赖任何一种资源，因为政府会出于政治原因淡化问题，不尊重科学，甚至退出协议。这时，需要有人站出来并提供各个国家和主要利益相关方的联络点和专业知识。"需要有人保持对话和辩论的大门敞开，哪怕采取小步的措施，因为在艰难时期，我们也难以迈出更大的步伐。

民营部门和非政府组织的强大联盟可能在这方面发挥至关重要的作用。尽管政府和公共政策经常发生变化，这些民营部门和民间机构的广泛参与可能会带来更高的一致性和更长远的共识。例如，由于不少美国商界领袖支持《巴黎协定》的目标，如果这些商界领袖和公民领袖能够参与谈判，那么特朗普总统退出该协定的可能性也会大大降低。在一个“大政府”的国家，政治精英被许多公民所憎恶，尤其是那些投票支持特朗普的选民和有影响力的民营机构，如工会、美国商会、中小企业协会、宗教组织和顶级商业领袖。如果他们是协议中的利益相关者，他们就可能对民众的情绪施加影响。

然而，就目前的情况来看，很少有人工智能和先进技术方面的问题能够吸引公众足够的注意力，从而为国际治理提供一条清晰的途径。唯一的例外可能是自主武器。致命自主武器就像是杀手机器人，但它所涉及的领域远比好莱坞在科幻大片中所描述的领域更加广泛。根据设计，这些军用机器人可以在无人干预的情况下选择和攻击军事目标。随着视觉识别技术的进步以及小而便宜、快速又低能耗的计算设备的广泛应用，致命自主武器的“自主”部分实现起来越来越容易。一个青少年可以花 50 美元买一块电脑主板，用它来识别人脸。她可以将它装在一台价值 800 美元的能够承重的无人机上。令人感到不安的是，基于无人机的致命自主武器似乎不受军事协议的制约。

2017 年 11 月，加州大学伯克利分校教授、人工智能专家斯图尔特·罗素在日内瓦举行的联合国特定常规武器公约会议上发言。他认为，自主武器很容易成为大规模杀伤性武器，因为它们便宜到可以一次性使用，可以有效找到特定目标，而且如果人为进行大量部署，它们可以“占领半个城市”。罗素还分享了一段视频，展示了手掌大小的微型无人机如何通过面部识别来寻找目标，并用小型炸药炸死他们。

如幽灵般的小而廉价的“屠杀机器人”让人感到震惊和畏惧。这段视频迅速在网上疯传，让许多人对人工智能产生了反乌托邦的恐惧，但这确实值得大众和政府关注。自2015年以来，已经有数个团体在为彻底禁止使用致命自主武器而奔走。在本书撰写时，美国的政策禁止致命自主武器自动开火，一部分是因为在计算机代码中，要捕捉到决定何时杀死谁的所有因素极其困难。然而，更令人感到庆幸的是，对致命自主武器的监管最终可能会为我们将来制定广为接受的治理条款提供一些初步经验。或许这也为接下来更艰难的讨论奠定了基础。

机器能让我们成为更好的自己

正如前面的全球条约所表明的那样，如果不能让各方尽可能广泛地参与辩论，形成共同的价值观，并在权力间找到适当的平衡，特别是在政治和商业力量的此消彼长之间把握平衡，那么我们就无法对人工智能建立足够的信任。全球社会此前在治理问题上并没有良好的合作记录。但此时此刻，这样的合作可能比以往任何时候都更为重要。我们不仅需要减轻人工智能可能给人类带来的严重风险，还需要利用这个千载难逢的机会为先进技术建立一个丰富的生态系统，让强大的人工智能以超越我们想象的方式改善人类和世界。我们比人类历史上的任何时候都更能抑制人性最恶的一面，充分发挥人类的创造力、想象力和探索力。鉴于我们的全球集体能力，从科学洞察到创业热情，我们可以拓展前沿领域，在这场新兴的认知革命中释放潜力。

我们也面临着巨大的障碍，其中许多都挑战着人类存在的意义。一种模仿人类的强大智能，在某种方面甚至超越人类本身，它既让我们着迷，又让我们害怕。我们将它与自身做比较，看它究竟是不是一种威胁，而大多数西方国家都认为，这是一种威胁。仅凭这一点，我们就无法充分利用它的全部能量，在人类、人工智能和其他智能之间建立起富有成果的共生伙伴关系。我们的人类精神及使命，使我们达到了地球上其他生命都无法企及的高度，我们拥有更大的智慧和力量，但我们并不总是在负责任地利用这种优势。如果我们真的能负责任地利用这种优势、使用我们创造的技术，那么我们就是在创造奇迹。在过去的一个世纪里，5 亿人摆脱了贫困，人类的平均寿命延长了 20 年，并且人类实现了在月球表面行走（也许很快就能在火星表面行走）。

是什么驱使我们攀登这些高峰？我们心怀渴望，希望生活有意义，并希望为我们自己和子孙后代做点儿贡献。我们中的一些人用极权主义或激进的方式来看待这些事情，但大多数人不这么看。我们艰苦奋斗，努力拼搏，守望相助，以各种方式创造或大或小的人类福祉，保护自然环境。我们大多数人都不会把别人抛在后面。我们会勇往直前，驶向新的彼岸，我们的行动也许有时会显得过于自负和自我放纵，但我们通常会回过头来为他人指明穿越广阔天地的道路。有时，是那些头脑最迟钝的企业家对我们的生活产生了最大的影响。有时，是那些行为笨拙的科学家指引我们登上月球、潜入海底，在攀登知识高峰的旅途中永不满足，不断拓宽宇宙、思想和灵魂的边界。伟大的人类思想家不会休息，除非我们进步与成长，与周围的人建立伙伴关系。

我们从同理心、想象力和创造力中汲取养分，即使在最强大的人工智能系统中，这些特质也几乎不存在，但它们在人类身上如此丰富，无论人们的国籍、种族、社会经济阶层或教育水平如何。我们的思想相互碰撞，以一种令人着迷的创造性摩擦激发新的灵感。然而，每当我们靠近另一个人来分享一个新的想法或一种新的情感时，我们就会将这种同理心、想象力与创造力深度融合在一起，这让我们能够合作、创新、梦想、爱和创造。

我们总是在创造的同时毁灭。我们创造了下一个时刻、下一个月、下一年、下一个世纪的世界。我们制造了冰冷僵硬的工具，却用它们来建立温暖的社会和情感纽带。我们建造了用来居住的房屋和家，我们修建了连接邻里的道路，我们建立了一种使我们成为邻居的关系，我们创造了新的技术和经济，将全球联系起来，为子孙后代积累财富和知识。

我们基于英美原则追求全球化，即商品、服务和资本的自由流动，这导致了许多社会难以承受的失衡。现在，我们正在解构这一模式，它也正以一种全新的全球化形式出现，其特点是全球数据经济不再由华尔街和伦敦金融城（也就是伦敦作为金融中心）来引领，而是由数字领域的企业家引领。这同样会导致失误和危机。随着时间的推移，我们将会消除一些元素，并带着其他元素一起前进。但毫无疑问，全球数据经济的自动化机器将会继续存在。

这是因为新机器也可以进行创造。它们可以创造未来的模型，而且通常比人类的眼光更好、更有洞察力。它们可以从大量复杂的数据集和人类大脑无法处理的微妙模式中获得见解。人工智能系统已经在与我们一起创造世界了，但它们是以一种截然不同的方式来创造的。它们无法分享人类存在的经验和数百万年的生物进化，因为这些进化在我们的大脑中已被编码，作为人类生存的基础记忆而存在。这种共享的经验形成了一种机器无法共享的纽带。我们中的许多人通过各种宗教或哲学信仰来表达这些联系，几乎所有的信仰都是为了公正、正义、关怀和爱而奋斗。己所不欲，勿施于人。认知机器能够并且应该模仿所有内容。它们可以复制我们、为我们赋能。但它们不是我们，因为它们从来没有从原始的黏液中爬出来，经历细胞试错、成功和失败、快乐和痛苦、满足和挫折，站在珠穆朗玛峰顶或月球表面，高举它们的手臂，向全人类高呼。它们的学习并没有被情感强化。它们的身体并不是为了给大脑提供各种内在和外在的感觉，这些感觉增强了人类与环境的联系以及人类生存和进化的能力。

当我们建立更深层的共生智能关系时，我们不能忘记，人类是独一无二的——不一定更好或更坏，但一定是独一无二的。是的，我们是众多物种中的一种，我们可能要面临一种可能性，那就是机器可能会与我们一起进化成另一个物种。但即使这样，我们也要避免把大脑想象成简单的计算机模拟的冲动，就像艾伦·贾萨诺夫在他的《生物心理学》一书中所写的那样："大脑的奥秘掩盖了身体的感觉、情感和认知之间复杂的相互作用，以及对构成人类整体的认知。"[①] 有一天，我们可能用硅或其他基质复制人类的大脑，但人类的认知仍然需要与身体和环境进行一系列复杂的互动。人类的聪明才智可能让我们有一天发明出一种"复制剂"，将智能大脑与类人身体连接起来，并利用周围物理环境的多种刺激。但在那之前，这与我们今天所拥有的人工智能发展水平仍然相距遥远，机器仍在社会和精神方面受到限制。

这是可以理解的，因为我们必须避免落入陷阱，将人类和机器等同起来，把两者作为竞争对手，争夺智能金字塔的顶端。机器智能和人类智能协同互补比两者过度竞争要强得多。我们的"湿件"大脑在某些认知场景下效率非常低——混乱、兴奋、争吵，我们容易分心、容易走神。然而，人类大脑还处在起步阶段。我们会将一个领域的概念嫁接到另一个领域，尽管这经常会让朋

---

① Alan Jasanoff, *The Biological Mind* (New York: Basic Books, 2018).

友们皱起眉头或转动眼珠进行思索。当我们盯着夕阳西下或看着小草生长时，我们每秒钟都在浪费数百万条指令，而这时，我们正在与某个遥远的概念发生奇妙的联系，进而得到某个天才的想法。我们思想的随机波动会让自己捧腹大笑，怀着喜悦的心情锚定疯狂的想法，直到多年以后，当最不经意的事件激发了这个想法时，才会显露出它的古怪。

具有神经网络能力的认知机器可以帮助我们成为更有效的传感器和更快的处理器，因此，我们可以建立更多的联系，做出更好的决策。它可以帮助我们构建更强大的科学架构、人类社区或生态弹性。它可以通过模拟难以想象的复杂情况和运行场景来帮助人们制定策略，增强人们选择最佳路径的能力。我们需要智能机器来帮助人们解决最严重和最棘手的问题，如气候变化、医疗保健以及和平共处，但这也需要我们的愿景、精神、目标、灵感、幽默和想象力。通过与人工智能的分析和诊断能力相结合，我们可以翱翔到新的高度，更深入全面地了解自然，探索更深邃的宇宙，以前所未有的方式在宇宙中树立人类的地位。这也许是有史以来我们第一次可以实现对人性的渴望，加强环境保护，走出零和游戏，优化我们日常生活中的众多变量。

如果将这些被我们称为人类的感知、感觉和思考的生物的独特贡献与人工智能机器的纯粹认知能力结合起来，那么人们将创造一种共生的智能伙伴关系，它有可能将我们和世界带向新的高度。有些事情可能会出错，我们可能在每个转折点上深思熟虑。钟摆将在极度乐观和深切的担忧之间摇摆不停。我们每前进两步，都会后退一步，并不断重复。

这就是为什么我们现在必须参与其中，开始对话和辩论。我们丰富的人类多样性将建立起价值观、权力和信任的共同基础。这就是我们在一个智能机器的世界里构建人类未来的基石。

后 记

劳拉·D. 泰森　约翰·齐斯曼

智能机器和系统正在逐渐渗透到世界各地的经济和社会的各个领域，并不断影响着我们的工作、收入、学习和生活方式。我们的日常生活已经被各种数字平台所塑造，我们在亚马逊上购买商品和服务，我们通过脸书了解朋友的动态、展示自己的动态，我们通过谷歌获取海量信息，媒体上充斥着全自动机器人在工厂“上班”的故事。

正如《所罗门的密码》所表明的那样，新兴的人工智能工具的泛滥正在加速智能平台和自动化系统的力量增长。这些工具的功能和应用是多种多样的，但是正如格罗思和尼兹伯格所观察到的：在其核心，所有不同类型的人工智能技术都有一个共同的目标，即获取数据、处理数据并从数据中学习，正是数据量的爆发式增长使得人工智能技术突飞猛进。

至少从理论上讲，长期来看，具有先进的推理和抽象能力的人工智能系统，能够以与人类同级甚至更高的水平来执行原来由人类智能才能胜任的任务。格罗思和尼兹伯格将这种状态称为“通用人工智能”，另一些人则把它称为“奇点”。人们担心具有通用人工智能的机器可能会主宰人类，这样的恐惧为一些新闻故事、小说和电影提供了灵感。通用人工智能的阴霾引发了人们关于人工智能对人类意味着什么的深刻思考。

无论我们是否实现了通用人工智能，在特定的应用程序中模仿人类智能的狭义人工智能工具正在迅速发展，这导致了媒体所称的“机器和系统中出现了智能行为”。格罗思和尼兹伯格对这些新工具的深入研究表明，人工智能会带来各种各样的机遇，也有无数的挑战和担忧需要解决。

这些工具所产生的影响已经显而易见了。想想脸书这样的平台能够将广告和信息定向发送给特定的群体甚至个人，从而影响政治讨论和选举结果，并为全球各地的人们提供新的交流方式。我们拥有触手可及的信息和非凡的沟通能力。我们可以随时获取大量相关信息，进行极为便捷的人际交流，但是这些信息和交流往往会占用我们大量的时间。突然之间，这不仅仅是一场信息和不实信息之间的战争了。还有一些令人不安的迹象表明，布满监控的社会正在慢慢形成，也有证据表明，即使最聪明的算法也可能步入程式化，而不是弥补人类自身判断的偏见和缺陷。

智能工具和系统正在迅速普及，它们的力量随着人工智能工具的发展而不断增强，改变了商品和服务的创建、生产和分配方式。公司需要调整它们的流程、产品和服务以适应新技术，维持或赢得竞争优势。但是，由此带来的好处会惠及劳动力吗？当我们的社会变得越来越富有，我们是否会看到生产力的大幅提高？抑或随着收入增加越来越不平等，我们的贫富差距将进一步拉大？我们会看到工作和工人的快速转移，因技术进步而导致的失业，以及社会和经济之间不平等的日益加剧吗？

乐观主义者宣称，未来是人们创造的。这说起来容易，做起来难。在一个人工智能机器和应用程序日益纷繁复杂的世界里，各种可能性和挑战都存在着巨大的不确定性。加州大学伯克利分校有一个跨学科教员小组，名为智能工具和系统时代的工作（wits.berkeley.edu）。这个小组的工作重点就是思考由人工智能驱动的自动化对工作的影响。麦肯锡全球研究所[①]、经济合作与发展组织[②]、世界经济论坛[③④]，以及包括肯尼和齐斯曼[⑤]在内的个别学者已经达成了广泛的共识。他们都发现，一些工作即将消失，一些工作即将产生，而且大多数的工作，包括企业之间的市场竞争方式，都将被改写。人们也普遍认为，智能工具和系统不

① James Manyika, et al. *Jobs lost, jobs gained: What the future of work will mean for jobs, skills, and wages*, McKinsey Global Institute, November 2017.

② Ljubica Nedelkoska and Glenda Quintini, “Automation, skills use and training,” OECD Social, *Employment and Migration Working Papers*, No. 202, (OECD Publishing, Paris: 2018).

③ *Towards a Reskilling Revolution: A Future of Jobs for All*, World Economic Forum, January 2018.

④ *Eight Futures of Work: Scenarios and their Implications*, World Economic Forum, January 2018.

⑤ Martin Kenney and John Zysman, “The Rise of the Platform Economy,” *Issues in Science and Technology*, 32 (3): 61-69, 2016.

会导致技术性失业——新创造的就业机会将抵消被消灭的旧岗位——但新工作将与被替代的工作在技能、职业和工资方面有所不同。此外，自动化将继续偏向高技能型人才，技术转移和丢失工作的最大风险将落在低技能水平的工人身上。因此，一个关键问题就是，智能工具和系统所带来的新任务和新工作将如何影响工作的质量。即使大多数人保住了自己的工作，他们干的活儿是否还能让他们维持原来的生活水平？

尽管人们普遍认为，具备人工智能的自动化将造成工作任务的明显错位，但关于这种变化发生的幅度和时间，仍然存在相当大的不确定性和争论。许多的例行任务将被转移或改变，但有多少工作将被完全取代？长途卡车司机会成为历史吗？或者在一个拥有人工智能和自动驾驶汽车的未来，卡车司机能否在旅程开始和结束时执行关键性的任务管理，然后在卡车穿越结构化的高速公路时打个盹儿，而货物就会随车运至目的地？一些面临着技术工人严重短缺问题的日本公司，已经开始转向人工智能、机器学习和数字平台系统，让经验较少但并非技术水平较低的工人来承担更为艰巨的任务。一般来说，当前人类完成的重复性劳动将变为由机器来执行的重复性任务，工人负责监控和评估机器的执行情况。什么样的新工作或新任务会被创造出来？即将消失的重复性工作和新创造的工作之间在技能和工资上的差异是什么？像优步这样的数字平台是否会创造大量的临时工作，优步是否将成为提供富有创意的新工作安排的新型运输公司？这一切将不仅取决于技术本身，还取决于劳动者的政治影响力和劳动力市场的法律法规，这些特征在不同国家之间有着明显的差异。

对公司、社区、经济体和社会来说，适应新的技术转型从来都不是一件容易的事。我们只需要看看第一次工业革命期间的经济和社会经历的动荡，就可以窥见一斑。推动我们研究的关键在于，技术发展能否以及如何创造并维持高质量的就业机会和高技能工作。我们是否可以行动得足够迅速，赶上技术变革的高速发展，甚至走在技术前面？我们如何激励企业和公民社会团体参与定义未来的技能和工作？这些也是《所罗门的密码》中提出的问题：人工智能技术应如何服务于人类的宗旨，给人类带来福祉，适应不同国家和地区迥异的政治和文化目标？

数字系统本身的基本安全性也构成了重大的经济和社会挑战。对那些从数字人工智能工具中寻求竞争优势的公司来说，确保其财务、智能和运营资产是至关重要的。网络安全已经跃升为最大的商业风险，企业需要对系统进行大量投资，以防止竞争对手、个人或政府进行网络攻击。看一看能源行业。对那些试图将可再生能源引入电网的社区来说，数字控制系统尤为重要，但它也容易受到网络黑客的破坏。事实上，正如海军上将詹姆斯·斯塔夫里迪斯所说的那样，这种工业或行业弱点很快就会成为潜在的战略弱点，就像爱沙尼亚所发现的那样。企业和机构层面的网络安全突然成了网络冲突的一部分，既包括国家之间的网络冲突，也包括作为非政府主体攻击工具的网络冲突。

各国政府面临的公共政策挑战形式多样、困难重重，且往往互相矛盾。《所罗门的密码》让我们对几个国家不同的应对方式有了很好的了解。第一大挑战是如何挖掘人工智能工具的潜力。然而，这一点现在只引发了政策辩论。人工智能社会的相关政策是否要求对工具本身的开发进行广泛的投资？目前中国显然在这样做，以色列也在将人工智能作为其基本防御战略的一部分。我们是否需要政策来支持我们在整个经济中广泛采用人工智能，就像德国在略有争议的工业 4.0 计划中所做的那样？它是否要求人们对教育和培训进行投资和重新规划？或者，政府是否应该袖手旁观，鼓励人工智能创造颠覆和混乱，效仿优步的座右铭“不要请求许可，要请求原谅”，然后在事后收拾烂摊子？

为了适应不断变化的科技机遇和挑战，现有各领域的机构，从学校到司法系统，再到国防系统，都需要不断改革。除了现有机构的内部变革困难重重之外，合适的改革目标目前尚不明确。教育就是一个很好的例子。让学生学习写代码很重要吗？还是让他们在用好不断更新的数字化工具之外，培养他们的同情心和创造力等人类技能更为重要？或者说这些能力一样重要？我们是否需要在中学推行深层次改革，或者假定学生们会学习如何阅读、写作、推理和写代码？今后，一系列的纳米技能认证是否会取代一部分的高等教育呢？如果果真取代了，那么公共系统或营利性机构是不是合适的必要技能的提供者？重新设计教育体系来满足新技术时代的需要，远比简单扩大现有的教育体系、招收更多的学生、延长教育时间困难得多。

第二大挑战是在人工智能工具日益强大的数字时代维护网络安全，防止可能的数字技术滥用。在这里，明确什么是私人网络安全，什么是网络冲突和网络战争中的公共责任，是至关重要的。谁来负责投票系统、新闻、金融系统和能源系统的完整性？芬兰这样的社会并没有像美国这样把这些问题严格地区分开。

第三大挑战是数字化或人工智能系统本身的管理问题。在这里，出现了一系列广泛而令人生畏的挑战。例如，我们关于市场竞争、欧洲竞争政策和美国反垄断政策的基本规则，都在逐渐地适应那些拥有全球能力的主流平台玩家，他们有能力塑造我们看待世界的方式，并且控制着海量的信息和数据。当占主导地位的公司向消费者提供“免费”的产品和服务，以换取有价值的信息时，如何衡量市场的力量？如果人工智能引擎的黑匣子中隐藏了带有偏见的判断，那么我们该如何执行反歧视政策呢？我们需要什么样的国际规则来保护隐私、消除偏见？这些规则应该由哪些机构制定？

最后一个挑战在我们看来既是一种道德责任，也是一种实际需要，那就是为个人和社区提供社会保护、贡献社会能力，来适应由人工智能驱动的技术变革所带来的巨大变化。仅仅为那些生活被技术变革破坏的人们提供过渡期必要的帮助，还不足以确保社会、经济和政治稳定。为那些流离失所的人们描绘美好的未来、创造新的工作机会将是至关重要的。

《所罗门的密码》包含了一个强烈而清晰的信息：人工智能工具和它所支持的系统与平台的发展速度比预想中要快，这要归功于计算能力、半导体和数据存储方面的突破。这些进步为个人、企业和国家带来了挑战，要求各方迅速做出反应。那些能积极使用并适应这些新技术的人将会占据上风。相反，那些不接受或者不适应的人可能会被抛在后面。对国家来说，未能制定有效政策以维持相对公平的结果将与未能采取措施一样具有破坏性。《所罗门的密码》翔实的分析和示例，涵盖了由人工智能工具和系统的部署引发的一系列问题和议题，为应对未来的选择和辩论提供了一个极好的起点。

致谢

本书有两位作者，但为此书付出过努力的人要比这两位作者多得多。没有人比我们的妻子，安·里迪博士和伊丽莎白·克里默教授的牺牲更大，她们不惜牺牲家庭度假时间，耐心地给予我们时间，并支持我们的研究和写作。如果没有她们的慷慨和爱，这一切都不可能完成，我们对此表示最深切的感激。

作为进入大众市场图书出版业的新人，我们只能依靠一批优秀人才的帮助。如果不是因为我们的代理、Aevitas Creative 创意公司埃斯蒙德·哈姆斯沃思先生独具慧眼，这部作品可能早就夭折了。他预见到我们的核心理念可以从现有的关于人工智能的书籍中脱颖而出。杰西卡·凯斯，即 Pegasus 图书公司的编辑，也看到了同样的潜力，她指导我们完成了手稿，并帮助我们将其打磨成今天你们所看到的版本。她在 Pegasus 的团队，包括文字编辑米根·奥布赖恩和校稿人玛丽·赫恩，让我们避免了很多尴尬的错误。如果有任何错误，责任都在我们本人。

早在这些杰出的专业人士对我们的提案和手稿施展“魔法”之前，一群朋友和顾问帮助我们完善了想法，指引我们走上了出版之路。我们的朋友克里斯和亚力山德拉·巴拉德是成功的系列作者。他们帮我们把关，让我们初步了解到，要就一个发展迅速、技术性强的主题写一本面向大众市场的书籍，作者需要做哪些准备。同样重要的是，他们将我们介绍给了丹·泽尔，一位作家（现在是 Cambrian.ai 的主编），他帮助我们把写作风格从适合专业人士阅读的类型转变为面向大众读者的类型。丹真的是一位不可多得的合作者，他会对我们的想法做出及时的回应，适应我们的转变和观点，而且非常温柔耐心。随着时间的推移，我们从合作关系变成了紧密的朋友三人组，我们进行了许多写作静修，在 18 个月的时间内不仅完成了大量工作，还从中收获了很多快乐。

还有许多人帮助我们进入出版业，完成了出版过程，在此我们要感谢几位关键人物：畅销书作家迈克尔·刘易斯为我们提供了宝贵的见解，帮助我们聚焦写作方向和写作过程；玛丽莲·哈夫特的法律专长使我们能够专注于报告和写作，而不是研究合同；杰夫·利森帮助我们了解市场上的现有观点，并让我们的观点脱颖而出；约翰·贝克博士（凤凰城）、巴斯卡尔·查克拉沃尔蒂博士（波士顿）、作家布赖恩·克里斯蒂安（伯克利）、马克·埃斯波西托教授（洛桑）、里恩·卡恩（迪拜）、乔安妮·劳伦斯（波士顿）和乔恩·特克曼（伦敦）从全球不同的视角和个人创作经历为我们提供了很好的建议和例子。

与我们分享非凡知识的贡献者名单太长了，读者可以在书中看到他们的名字，请把每一次提到人名的地方当作一声“谢谢”。然而，我们要特别感谢一些书中没有提到姓名的贡献者，他们在圆桌讨论会和私人会议上分享了关于人工智能的真知灼见：德国联邦总统弗兰克·瓦尔特·施泰因迈尔、德国总理办公室的国务部长多萝西·巴尔、公众参与和数字经济顾问塞德里克·欧、法国总统理爱丽舍宫科学与创新顾问蒂埃里·库永、法国教育兼研究和创新部研究高级顾问琼–菲利普·布古安博士、德国外交部国务秘书沃尔特·林德纳、彼得·维蒂格大使、汉斯–乌尔里希·苏德贝克总领事及其外交部的同事沃尔夫冈·多尔德大使、玛丽亚·高斯、卡特琳·厄斯·登·西潘、维托·塞西尔、德国教育和科学部创新政策问题司的吉塞拉·菲利普森伯格和卡塔琳娜·厄布、德国劳工和社会事务部的副部长迈克尔·勋斯坦、德国财政部长顾问兼副总理马克斯·纽芬德。

一群富有影响力的人帮助我们进入新的网络圈子，在我们未经历过的地方搜集观点。我们在书中提到了其中的一些，但是有几位特别值得感谢。如果没有洪小文博士、马金颖女士和微软亚洲研究院团队的奉献，我们无法了解中国的人工智能生态系统，也就无法完成本书。北京大学的高文院士、王亦洲教授和蔡女士帮助我们建立了初步联系，微软上海加速器首席执行官周健在我们研究技术的过程中提供了宝贵的指导意见。我们还要感谢德国总理赫尔穆特·科尔的前国家安全顾问兼波音德国公司总裁兼宝马公司董事会成员霍斯特·特尔切克、英特尔公司的托马斯·诺贝特、英国电视四台的安格拉·尚、英国塔夫茨大学弗莱彻学院的杰拉德·希恩和多萝西·奥斯祖拉克，以及田纳西大学的戴维·里迪。他们帮助我们接触到丰富的资源，认识了一些有识之士，他们为人工智能对世界各地的个人和社会所产生的影响提供了最全面的图景。

我们希望写一本书，在技术的复杂性和引人入胜的叙述之间保持平衡，我们取得的成功大部分都归功于我们的朋友和同事，他们对本书的各个章节都进行了批判性回顾。他们包括：帕迪·德阿莱、亚历山德拉·巴拉德、克里斯·巴拉德、约翰·贝克、托马斯·巴杰克曼–佩特森、艾米·切利科、帕特里克·科特雷尔、萨拉·库尔托、约翰·法吉斯、考林·菲雷什、帕斯卡莱·冯、肯·戈德堡教授、欧文·古德、里恩·卡恩、特里·克雷默、乔安妮·劳伦斯、伯特兰·穆莱、莫伊拉·马尔登、埃里克·彼得森、安·里迪博士、托马斯·桑德森、克里斯平·萨特维尔、彼得·斯通和伊丽莎白·扎博罗夫斯卡。

还有一些人花了大量时间仔细阅读了整个手稿，提供了宝贵的反馈和评论。我们对他们付出的时间和慷慨深表谢意：贝斯·康斯托克、布拉德·戴维斯、比尔·德雷珀、马克·埃斯波西托教授、伊芙琳·法卡斯博士、肯·戈德堡、蒂莫西·库格尔、埃里克·彼得森、阿拉蒂·普拉巴卡尔、戴维·普特南爵士、彼得·施瓦茨、詹姆斯·斯塔夫里迪斯、沙希·塔鲁尔、劳拉·德安德里亚·泰森教授、吉姆·怀特赫斯特和约翰·齐斯曼教授。

重要的是，如果没有塔夫茨大学弗莱彻学院霍特国际商学院和加州大学伯克利分校计算机科学系毕业生的慷慨帮助，我们就无法建立起我们的网络，形成国际视野。特别是亚历山德拉·科兹尔斯卡、迈克·库兹涅佐夫和布鲁纳·席尔瓦提供了宝贵的全球洞察力和市场营销专业知识。马西埃·阿库纳、朱莉安·弗罗特和文森索·奥蒂耶洛打开了世界各地的大门，发现新的人工智能应用程序，帮助我们了解主流市场和小众市场。霍特国际商学院全球各地的学生们帮助我们开阔了视野：凯拉什·巴夫那、莱恩·博伊森·彼得森、阿德里安·塞瓦略斯、玛丽亚·多尔古舍瓦、特蕾西·卡特里娜·伊班克斯、拉亚·埃斯特班、埃莉奥诺拉·费雷罗、罗德里戈·古拉特、罗伯特·格鲁纳、弗朗西斯科·圭拉、贾斯明·耶森克、约瑟夫·空、乔纳森·库尔尼亚万、布里奇特·莱科塔、阿尔琼·马诺哈尔、马克西米利安·梅勒尔、厄尔高·马蒂冈、雨果·阿纳斯·梅考乌伊、安娜·莫利内洛、亚历山大·诺伊卡姆、巴巴通德·奥拉尼朗、奥尔加·坦西尔·帕尔马、安娜·波多尔斯卡亚、阿龙·萨拉蒙、苏海勒·舍尔萨德、杰维杰·辛格、苏克迪普·辛格、托拜厄斯·斯特劳布、蔡长宏、乔治·旺、塔特姆·惠勒和埃绍·怀特。

这些学生代表了新一代具有批判性思维和企业社会责任意识的领导者。当我们进入以人机合作为标志的新时代时，他们的激情、精力和思想将不断激发我们对未来的希望。

奥拉夫·格罗思和马克·尼兹伯格